"十四五"职业教育国家规划教材

高等职业教育数字艺术设计
新形态一体化教材

Premiere Pro CC 2021
案例教程（第3版）

Premiere Pro CC 2021 Anli Jiaocheng

李 涛 组 编

陈 丹　崔学勇　张天骐　主 编
王鹏亮　陈长印　田伟然　刘花丽　副主编

中国教育出版传媒集团

高等教育出版社·北京

内容提要

本书为"十四五"职业教育国家规划教材，也是高等职业教育数字艺术设计新形态一体化教材。

本书详细讲述Premiere Pro CC 2021的视频、音频编辑功能和操作技巧。全书共分10章，第1章讲解影视基础知识，带领读者走入视频编辑世界；第2章讲解Premiere的功能、操作界面及工作流程等；第3章介绍视频编辑基础知识；第4~7章介绍Premiere的主要应用，分别从视频转场、视频特效、创建与编辑字幕、音频编辑四大模块着手，通过多个实用的小案例帮助读者更好地掌握Premiere的各项功能；第8~10章分别介绍设计电子相册、宣传片和栏目片头3个完整的大案例，旨在让读者熟练掌握Premiere的应用。

本书配有微课视频、授课用PPT、案例素材、习题答案等丰富的数字化学习资源。与本书配套的数字课程"Premiere Pro案例教程"在"智慧职教"平台（www.icve.com.cn）上线，学习者可登录平台进行在线学习，授课教师可调用本课程构建符合自身教学特色的SPOC课程，详见"智慧职教"服务指南。授课教师也可登录"高等教育出版社产品信息检索系统"（xuanshu.hep.com.cn）搜索并下载本书配套教学资源，首次使用本系统的用户，请先进行注册并完成教师资格认证。

本书可作为高等职业院校艺术设计类和计算机类专业相关课程的教材，也可作为相关培训机构的教学用书或影视后期制作人员与爱好者的参考用书。

图书在版编目（CIP）数据

Premiere Pro CC 2021案例教程 / 李涛组编；陈丹，崔学勇，张天骐主编. --3版. --北京：高等教育出版社，2023.4（2024.7重印）

ISBN 978-7-04-058058-7

Ⅰ.①P… Ⅱ.①李… ②陈… ③崔… ④张… Ⅲ.①视频编辑软件-高等职业教育-教材 Ⅳ.①TN94

中国版本图书馆CIP数据核字（2022）第015383号

Premiere Pro CC 2021 Anli Jiaocheng

策划编辑	刘子峰	责任编辑	许兴瑜	封面设计 杨立新	版式设计 杜微言
责任校对	马鑫蕊	责任印制	高 峰		

出版发行	高等教育出版社	网　　址　http://www.hep.edu.cn
社　　址	北京市西城区德外大街4号	http://www.hep.com.cn
邮政编码	100120	网上订购　http://www.hepmall.com.cn
印　　刷	天津市银博印刷集团有限公司	http://www.hepmall.com
开　　本	850mm×1168mm 1/16	http://www.hepmall.cn
印　　张	16.25	
字　　数	450千字	版　次　2012年11月第1版
购书热线	010－58581118	2023年4月第3版
咨询电话	400-810-0598	印　次　2024年7月第5次印刷
		定　价　59.80元

本书如有缺页、倒页、脱页等质量问题，请到所购图书销售部门联系调换
版权所有　侵权必究
物　料　号　58058-C0

"智慧职教"服务指南

"智慧职教"（www.icve.com.cn）是由高等教育出版社建设和运营的职业教育数字教学资源共建共享平台和在线课程教学服务平台，与教材配套课程相关的部分包括资源库平台、职教云平台和 App 等。用户通过平台注册，登录即可使用该平台。

● 资源库平台：为学习者提供本教材配套课程及资源的浏览服务。

登录"智慧职教"平台，在首页搜索框中搜索"Premiere Pro 案例教程"，找到对应作者主持的课程，加入课程参加学习，即可浏览课程资源。

● 职教云平台：帮助任课教师对本教材配套课程进行引用、修改，再发布为个性化课程（SPOC）。

1．登录职教云平台，在首页单击"新增课程"按钮，根据提示设置要构建的个性化课程的基本信息。

2．进入课程编辑页面设置教学班级后，在"教学管理"的"教学设计"中"导入"教材配套课程，可根据教学需要进行修改，再发布为个性化课程。

● App：帮助任课教师和学生基于新构建的个性化课程开展线上线下混合式、智能化教与学。

1．在应用市场搜索"智慧职教 icve"App，下载安装。

2．登录 App，任课教师指导学生加入个性化课程，并利用 App 提供的各类功能，开展课前、课中、课后的教学互动，构建智慧课堂。

"智慧职教"使用帮助及常见问题解答请访问 help.icve.com.cn。

系列教材序言——奔赴未来

一件好的作品，技术决定下限，审美决定上限。技能的训练如铁杵磨针，日久方见功力；美感的培养则需要博观约取，厚积才能薄发。优秀的作品哪怕表面上只有寥寥几笔，背后却蕴藏着创作者的眼界、见地和训练的积累。而正是艺术和技术的结合，让人脱颖而出。

身处数字时代，职业技能的学习掌握是生存的基本条件之一。图像表达既需要艺术的体验，也需要技术的习得。技能起到的支撑作用，可以让创意得以实现，是谓从心所欲而不逾矩。如何打造一套数字艺术设计新形态一体化系列教材，让学习者达到艺技双得心手双畅的程度，是这套教材的构思初心。

如何围绕典型工作任务进行分析，将工作领域转换为学习领域，从而构建科学实用的理实一体化教学过程，继而设计出具有科学性职业性的学习情境，既是培养学生工作能力的前提，也是职业教育改革关注的难点。

我们从行业、产业以及头部企业对专业人才的需求入手，对相应岗位群所需进行调研分析，经过历次研讨，明确了技能与专业的职业领域，分析了对应工作岗位的工作任务。按照学生认知规律，将具有教学价值的典型工作任务设计为教学技能包，通过专业课程体系、工作情境再现等方式，完成了从工作任务到技能提取再到教学实践的三重转换。

在过程中，我们避免软件说明或案例罗列式的旧形态，在技能梳理上秉承"少即多，多则惑"的理念，力求更加简洁、准确，将传授"方法"和获取"技能"作为本套教材的核心，最终"磨"出了这套教材。希望教材的最终呈现能够符合构思它的初衷。

这是个充满机会的世界，作为数字艺术设计类学科的莘莘学子，用面向未来的技能武装自己，做一个丰沛热情的人、敢于实践的人，你将永远不会缺少舞台。为了帮助学习者更好地掌握数字艺术相关技能，我们建立了"良知塾"课证融通教育平台，希望能从更丰富的角度帮到大家，共同精进。

阿尔文·托夫勒曾说过：21世纪的文盲，将不再是不识字的人，而是那些不学习、不肯清空自己、不愿重新学习的人。愿大家摈弃浮躁，脚踏实地，带着开放的心，做一个新时代的水手，乘风破浪，奔赴未知的码头，构建全新的未来。

系列教材主编　李涛
于北京

前言

本书内容

本书为"十四五"职业教育国家规划教材,因其案例式编写思想,"教、学、做"一体化的立体模式而获得了广大数字艺术设计爱好者的一致好评。全书共分10章,第1章讲解影视基础知识,带领读者走入视频编辑世界;第2章讲解Premiere的功能、操作界面及工作流程等;第3章介绍视频编辑基础知识;第4~7章介绍Premiere的主要应用,分别从视频转场、视频特效、创建与编辑字幕、音频编辑四大模块着手,通过多个实用的小案例帮助读者更好地掌握Premiere的各项功能;第8~10章分别介绍了设计电子相册、宣传片和栏目片头3个完整的大案例,旨在让读者熟练掌握Premiere的应用。

本次修订主要内容

随着软件版本及相关技术的不断更新和设计内容的不断丰富,为了满足数字艺术设计应用型人才培养需求,加快推进党的二十大精神进教材、进课堂、进头脑,同时能及时反映产业升级和行业发展动态,编者紧跟设计行业理念、技术发展,并结合目前最新的数字艺术类课程教改成果,从以下几个方面对教材内容进行了修订更新:

1. 软件版本升级为Premiere Pro CC 2021,增加部分新功能讲解,更新并优化了案例的操作步骤介绍,同步录制了更加精致、清晰的微课视频,手机扫描二维码即可随扫随学。

2. 在各章现有学习要求的基础上,深入挖掘平面设计师应当具备的核心能力与素质,在章首页通过二维码的形式进行教学指引,重点培养学生的美学修养与镜头表达能力、艺术创新创作思维、设计师职业道德与工匠精神、民族文化自信与文化传承精神等基本职业素养,落实新时代德才兼备的高素质艺术设计类人才培养要求。

3. 在各章案例赏析、行业知识、设计师经验等模块中更新或补充了大量具有中国元素或者能体现中式传统及现在美学特色的经典设计作品,如中国风电子相册制作、传统婚庆礼服设计、民族品牌经典宣传片等,通过兴文化、展形象等方式提炼展示中华文明的精神标志和文化精髓,增强学生的文化自信与美学修为,并激发其文化创新创造活力,为推动我国文化事业和文化产业的繁荣发展打下坚实基础。

4. 在附录部分补充了与平面设计相关的1+X职业技能等级标准及证书简要介绍,突出书证融通特色,也方便教师按照章节结构灵活安排课时,强化职业技能培养在当代文化文艺人才队伍建设中的关键作用,并体现高质量技能型人才的自主培养特色。

5. 丰富了配套实训和课后练习,新增了更多教学资源并同步更新在线数字课程,推动现代信息技术与教育教学的深度融合,落实国家文化数字化战略要求。

配套教学资源

本书提供立体化教学资源,包括教学课件(PPT)、高质量微课视频、案例和拓展训练的素材及源文件、课后练习答案等。微课视频以二维码形式在书中相应位置出现,随扫随学,以强化学习效果。通过众多的配套资源,希望能为广大师生在"教"与"学"之间铺垫出一条更加平坦的道路，力求使每一位学习本书的读者均可达到一定的职业技能水平。

  本书由李涛组编，陈丹、崔学勇、张天骐担任主编，王鹏亮、陈长印、田伟然、刘花丽担任副主编，参与编写的还有李睿。由于编者水平有限，疏漏之处在所难免，恳请广大读者批评指正。

编 者
2023年6月

案例教学设计

[项目创设] 描述工作情境，明确项目应达到的能力目标，并进行项目分析。

[随扫随学] 微课以二维码方式呈现，方便学生随扫随学。

[制作思路] 进行任务分解，提炼出制作的重点步骤。

[资源介绍] 向读者指明案例的素材和教学视频文件在智慧职教网站中的位置。

[图解步骤] 通过图片方式展示项目的制作步骤，使读者对项目有更直观的认识。

[工具详解] 针对一些重要工具进行深入介绍，让读者更全面地掌握该工具的使用方法和技巧。

[行业知识] 紧扣项目制作流程，介绍相关行业中的一些常识和经验，让读者增加对行业的了解。

[设计师经验] 向读者介绍设计师的从业经验，帮助读者更合理、高效地完成项目制作。

[拓展训练] 让读者自己动手进行职场操练，以此来巩固和提高学习效果。

Chapter 1 影视编辑基础

1.1 景别 ···································· 2
 1.1.1 远景 ······························ 2
 1.1.2 全景 ······························ 2
 1.1.3 中景 ······························ 3
 1.1.4 近景 ······························ 3
 1.1.5 特写 ······························ 4

1.2 运用镜头的技巧 ······················ 4
 1.2.1 推拉镜头 ·························· 4
 1.2.2 摇镜头 ···························· 5
 1.2.3 移镜头 ···························· 6
 1.2.4 跟镜头 ···························· 6
 1.2.5 升降镜头 ·························· 7

1.3 镜头组接的基本知识 ·················· 7
 1.3.1 镜头组接的规律 ···················· 7
 1.3.2 镜头组接的节奏和时间长度 ·········· 9
 1.3.3 镜头组接的方法 ···················· 10

1.4 色彩原理 ······························ 10
 1.4.1 光源色、物体色、固有色 ············ 10
 1.4.2 色彩的属性 ························ 11
 1.4.3 三原色 ···························· 11

1.5 数字视频基础 ·························· 12
 1.5.1 视频的概念和分类 ·················· 12
 1.5.2 电视制式 ·························· 12
 1.5.3 常见视频术语 ······················ 13
 1.5.4 线性编辑与非线性编辑 ·············· 14

1.6 常见文件格式 ·························· 16
1.7 知识与技能梳理 ························ 19
1.8 课后练习 ······························ 19

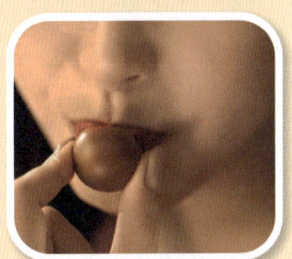

Chapter 2 Premiere Pro CC 2021的基础知识

2.1 认识Premiere ·· 22
    2.1.1 Premiere的发展史 ···························· 22
    2.1.2 Premiere的功能 ······························ 22
    2.1.3 Premiere的应用领域 ·························· 23
    2.1.4 Premiere Pro CC 2021的新增功能 ············· 23

2.2 Premiere Pro CC 2021的操作界面 ··············· 24

2.3 素材的导入、管理和捕捉 ························· 29
    2.3.1 整理素材 ······································· 29
    2.3.2 项目设置 ······································· 30
    2.3.3 素材的导入 ····································· 31
    2.3.4 预览素材 ······································· 33
    2.3.5 管理素材 ······································· 33
    2.3.6 捕捉素材 ······································· 35

2.4 Premiere的工作流程 ······························· 37
    2.4.1 创建项目 ······································· 37
    2.4.2 导入素材 ······································· 39
    2.4.3 编辑与整合素材 ······························· 41
    2.4.4 添加字幕 ······································· 43
    2.4.5 添加转场和特效 ······························· 45
    2.4.6 添加背景音乐 ·································· 46
    2.4.7 视频输出 ······································· 47

2.5 Premiere的输出设置 ······························· 48
    2.5.1 输出类型 ······································· 48
    2.5.2 常用输出格式 ·································· 49
    2.5.3 项目打包 ······································· 53

2.6 知识与技能梳理 ······································ 54
2.7 课后练习 ··· 54

Chapter 3 视频编辑基础知识

3.1 编辑视频素材的基本方法 ················ 56
- 3.1.1 使用时间线 ·········· 56
- 3.1.2 轨道命令 ············ 56
- 3.1.3 关键帧动画 ·········· 58
- 3.1.4 使用监视器 ·········· 61
- 3.1.5 复制、移动和修剪素材 ········ 62
- 3.1.6 分离与组合音频、视频素材 ····· 63
- 3.1.7 调整素材播放速度 ·········· 64
- 3.1.8 设置标记点 ·········· 65

3.2 编辑视频素材的高级方法 ················ 66
- 3.2.1 设置入点、出点 ············ 66
- 3.2.2 剪辑素材 ············ 67
- 3.2.3 脱机文件 ············ 71
- 3.2.4 插入和覆盖编辑 ············ 71
- 3.2.5 提升和提取编辑 ············ 72

3.3 案例——制作倒计时片头 ················ 73
3.4 案例——素材的编辑技巧 ················ 76
3.5 案例——设置素材标记 ·················· 80
3.6 案例——制作位移和旋转动画 ············ 82

3.7 案例——制作完整影片 ·················· 85
3.8 知识与技能梳理 ·························· 93
3.9 课后练习 ································ 93

Chapter 4 视频转场

- **4.1 视频转场概述** ·········· 95
  - 4.1.1 视频转场的作用 ·········· 95
  - 4.1.2 视频转场的方法 ·········· 95
- **4.2 应用视频转场** ·········· 97
  - 4.2.1 转场特效 ·········· 97
  - 4.2.2 添加视频转场 ·········· 99
  - 4.2.3 编辑视频转场 ·········· 100
- **4.3 视频转场特效** ·········· 102
  - 4.3.1 3D运动转场特效 ·········· 102
  - 4.3.2 划像转场特效 ·········· 103
  - 4.3.3 擦除转场特效 ·········· 103
  - 4.3.4 溶解转场特效 ·········· 105
  - 4.3.5 缩放转场与页面剥落转场特效 ·········· 106
- **4.4 案例——制作附加溶解过渡效果** ·········· 106
- **4.5 案例——飘入的文字** ·········· 108
- **4.6 案例——阳光饮品** ·········· 111
- **4.7 知识与技能梳理** ·········· 115
- **4.8 课后练习** ·········· 116

Chapter 5 视频特效

- **5.1 视频特效概述** ·········· 118
  - 5.1.1 添加、删除、复制视频特效 ·········· 118
  - 5.1.2 编辑视频特效 ·········· 120

5.2 调整类特效 ············· 121
    5.2.1 调整类特效类别 ············ 121
    5.2.2 案例——调整色阶 ············ 124
5.3 模糊与锐化特效 ············· 126
5.4 通道类及颜色校正类特效 ············· 129
    5.4.1 通道类特效类别 ············ 129
    5.4.2 颜色校正类特效类别 ············ 132
5.5 案例——制作素描效果 ············· 136
5.6 案例——为画面添加边框 ············· 139
5.7 知识与技能梳理 ············· 143
5.8 课后练习 ············· 143

Chapter 6 创建与编辑字幕

6.1 字幕的历史与分类 ············· 145
    6.1.1 字幕的历史 ············ 145
    6.1.2 字幕的分类 ············ 145
6.2 Premiere的字幕编辑窗口 ············· 146
6.3 字幕安全区 ············· 147
6.4 制作字幕的方法与技巧 ············· 148
6.5 案例——《穿靴子的猫》 ············· 151
6.6 知识与技能梳理 ············· 154
6.7 课后练习 ············· 154

Chapter 7 音频编辑

- 7.1 使用Premiere录音 ········· 157
  - 7.1.1 音频基础知识 ········· 157
  - 7.1.2 操作系统设置 ········· 158
  - 7.1.3 打开音频编辑工作界面 ········· 159
  - 7.1.4 录音 ········· 160
  - 7.1.5 调节增益 ········· 161

- 7.2 调节音量 ········· 161
  - 7.2.1 调节素材片段 ········· 162
  - 7.2.2 音频的淡入/淡出 ········· 162
  - 7.2.3 对轨道音量进行整体调整 ········· 163
- 7.3 音频特效 ········· 163
  - 7.3.1 案例——为录制的语音降噪 ········· 163
  - 7.3.2 案例——使用均衡特效 ········· 164

  - 7.3.3 案例——使用延迟特效 ········· 167
  - 7.3.4 案例——制作混响效果 ········· 168
- 7.4 "基本声音"面板 ········· 169
  - 7.4.1 音频剪辑分类 ········· 170
  - 7.4.2 "基本声音"面板的应用 ········· 171

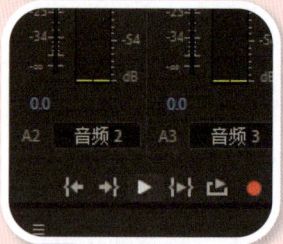

- 7.5 知识与技能梳理 ········· 172
- 7.6 课后练习 ········· 173

Chapter 8 设计电子相册

- 8.1 电子相册的基础知识 ·············· 175
  - 8.1.1 电子相册 ················ 175
  - 8.1.2 制作电子相册的相关软件 ······· 175
  - 8.1.3 电子相册的特色 ············ 176
- 8.2 电子相册经典案例欣赏 ············ 176
- 8.3 设计电子相册 ·················· 178
- 8.4 知识与技能梳理 ················ 207
- 8.5 拓展训练——设计宝贝电子相册 ······ 208

Chapter 9 设计宣传片

- 9.1 认识宣传片 ··················· 210
  - 9.1.1 城市形象宣传片 ············ 210
  - 9.1.2 企业形象宣传片 ············ 210
- 9.2 宣传片经典案例欣赏 ·············· 211
- 9.3 设计风景旅游宣传片 ·············· 213
- 9.4 知识与技能梳理 ················ 222
- 9.5 拓展训练——设计运动鞋广告宣传片 ···· 222

Chapter 10 设计栏目片头

10.1 栏目片头的基础知识 ······ 224
    10.1.1 栏目片头 ······ 224
    10.1.2 栏目设计风格 ······ 224
10.2 宣传片经典案例欣赏 ······ 225
10.3 设计栏目片头 ······ 227
10.4 知识与技能梳理 ······ 240
10.5 拓展训练——设计城市上空片头 ······ 240

Chapter 1

影视编辑基础

 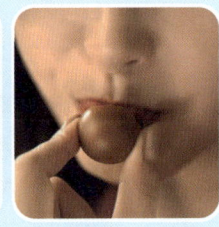   

  随着影视产业的高速发展，视频编辑技术也得到了快速的提高。如今，计算机网络技术日益成熟，借助于计算机的非线性编辑已经成为影视后期编辑的主流。它具有信号质量高、制作水平高、节约投资、保护投资、网络化等方面的优点。Adobe公司推出的基于非线性编辑设备的音视频编辑软件Premiere在影视制作领域取得了巨大的成功，已经成为应用广泛的视频编辑软件。本章主要讲解视频的基础知识及Premiere的相关内容，带领读者走进视频编辑世界。

学习要求	知识点 \ 学习目标	了解	掌握	应用	重点知识
	景别	🚩			
	运动镜头的技巧	🚩			
	镜头组接的基本知识	🚩			
	色彩原理	🚩			
	电视制式		🚩		
	帧速率和像素比				🚩
	线性编辑与非线性编辑			🚩	
	常见文件格式			🚩	

能力与素质目标

1.1 景别

影视编辑技术和摄像技术是密不可分的，剪辑是将拍摄的画面进行分段重组的过程。因此，在了解剪辑技术之前，首先需要学习影视摄像的构图和景别知识。景别是指由于摄影机与被拍摄物体之间距离的不同，造成被拍摄物体在电影画面中所呈现出范围大小的区别。在电影中，导演和摄影师利用复杂多变的场面调度和镜头调度，交替地使用各种不同的景别，可以使影片剧情的叙述、人物思想感情的表达、人物关系的处理更具有表现力，从而增强影片的艺术感染力。不同的景别会产生不同艺术效果，一部电影的影像就是这些能够产生不同艺术效果的景别组合在一起的结果。景别是影视作品的重要手段。影视画面的景别大致可划分为以下5种。

1.1.1 远景

主题占画面的比例最小，画面内容大多以环境为主，特点是视野广阔，因此能够起到介绍场景、展示巨大空间或展现事物的规模与气势的作用，同时可以达到抒发情感的目的。

远景可带给观众广阔的视野，常用来展示事件发生的时间、环境、规模和气氛，如表现开阔的自然风景、群众场面、战争场面等。远景画面重在渲染气氛，抒发情感。在绘画艺术中讲究"远取其势，近取其神"，这一点影视作品和绘画是相通的。远景画面的处理，一般重在"取势"，不拘泥于细节。在远景画面中，不注重人物的细微动作，有时人物处于点状，故不能用于直接刻画人物，但可以表现人物的情绪。因为影视画面是通过画面组接表情达意的，通过承上启下的组接可以含蓄地表达人物的情绪。拿奥斯卡获奖影片《卧虎藏龙》来做例子，角色李慕白牵着马走在路上，画面中可以看到广阔深远的景象，节奏上也比较舒缓，展示了人物活动的空间背景或环境气氛，如图1-1所示。

图 1-1

1.1.2 全景

全景画面中除了含有被摄对象的全貌以外，还包含少量的周围环境，其特点是有明显的内容中心。在全景画面中，无论是人物还是景物，其外部轮廓及周围的背景都能够得到充分展现。

全景画面中包含整个人物形貌，既不像远景那样由于细节过小而不能很好地进行观察，又不会像中近景画面那样不能展示人物全身的形态动作。在叙事、抒情和阐述人物与环境关系的功能上，起到了独特的作用，如图1-2所示。

图 1-2

1.1.3 中景

中景是叙事功能最强的一种景别,当主体人物(成年人)仅有膝盖及以上部分能够出现在画面中时,即属于中景画面。

在包含对话、动作和情绪交流的场景中,利用中景景别可以最好地表现人物之间、人物与周围环境之间的关系。中景的特点决定了它可以更好地表现人物的身份、动作及动作的目的。当有多人时,可以清晰地表现人物之间的相互关系,如图1-3所示。

图 1-3

1.1.4 近景

主体人物只有上半身进入画面,更容易展现人物在进行心理活动时的面部表情和细微动作。也就是说,近景能够细致地表现出被摄对象的精神面貌及其他主要特征,因而比其他景别更容易与观众产生交流。

近景中的环境退于次要地位,画面构图应尽量简练,避免使用杂乱的背景抢夺视线,因此常用长焦镜头拍摄,利用其景深小的特点来虚化背景。人物近景画用人物局部背影或道具做前景可增加画面的深度、层次和线条结构。近景人物一般只有一人做画面主体,其他人物往往作为陪体或前景处理。"结婚照"式的双主体画面,在电视剧、电影中是很少见的。

在创作中,经常把介于中景和近景之间表现人物的画面称为"中近景"。就是画面为表现人物大约腰部以上的部分镜头,所以有时又把它称为"半身镜头"。这种景别不是常规意义上的中景和近景，在一般情况下，处理这样的景别时，是以中景作为依据，还要充分考虑对人物神态的表现。正是由于它能够兼顾中景的叙事和近景的表现功能，所以在各类电视节目的制作中，这样的景别越来越多地被采用，如图1-4所示。

图 1-4

1.1.5 特写

画面的下边框在成人肩部以上的头像，或其他被摄对象的局部称为特写镜头。特写镜头被摄对象充满画面，比近景更加接近观众。

特写是放大表现被摄对象某一局部的画面，目的就是通过更加细致的展示，来揭示特定的思想或其他深层次的含义。虽然内容比较单一，却能够起到放大形象、深化主题的作用，因此在表达、刻画人物的心理活动和情绪特点时，能够达到震撼人心的效果，如图1-5所示。

图 1-5

1.2 运用镜头的技巧

在影视制作中，尤其是在前期拍摄中，需要对镜头的表现技巧非常熟悉，什么样的镜头技巧表现什么样的主题内容，都要熟知于心。

1.2.1 推拉镜头

镜头的推、拉技巧是一组在技术上相反的技巧，在非线性编辑中可以使用其中一个而实现另一个的技巧。推镜头相当于沿着与物体之间的直线距离向物体不断走近观看，而拉镜头则是摄影机不断地离开拍摄物体。

推镜头在拍摄中动作要准确、敏捷、均匀,所以常常需要利用专门的轨道移动车或能平稳移动的其他工具来辅助拍摄。拉镜头和推镜头正好相反,它是摄影机不断地远离被拍摄对象,也可以用变焦镜头来拍摄(从长焦距逐渐调至短焦距部位)。拉镜头的作用有两个方面:一是为了表现主体人物或者景物在环境中的位置。摄影机向后移动,逐渐扩大视野范围,可以在同一个镜头中反映局部与整体的关系。二是为了满足镜头之间的衔接需要,如前一个镜头是一个场景中的特写镜头,后一个是另一个场景中的镜头,这样两个镜头通过这种方法衔接起来就显得更加自然。

镜头的推拉和变焦距的推拉效果是不同的。例如,在推镜头技巧上,使用变焦镜头的方法等于把原主体的一部分放大后来观察。在屏幕上的效果是景物的相对位置保持不变,场景无变化,只是原来的画面放大了。在拍摄场景无变化的主体,要求连续不摇晃地以任意速度接近被拍摄物体的情况下,比较适合使用变焦镜头来实现。而移动镜头的推镜头等于接近被拍摄物体来观察,在画面上的效果是场景中的物体向后移动,场景大小有变化。这在拍摄狭窄的走廊或室内景物时,效果十分明显。移动摄影机和使用变焦镜头来实现镜头的推拉效果有着明显的区别,因此在拍摄构图中需要有明确的意识,不能简单地将两者互相替换。镜头推拉效果范例如图1-6所示。

(a) (b)

图 1-6

1.2.2 摇镜头

这种镜头技巧是法国摄影师狄克逊在1896年首创的拍摄技巧,也是根据人的视觉习惯加以发挥的。摇镜头技巧的拍摄方式是,摄影机的位置不动,只是变动镜头的拍摄方向,这非常类似于人站着不动,而通过转动头来观看事物。

摇镜头分为好几类,可以左右摇,也可以上下摇,还可以斜摇或者与移镜头混合在一起。摇镜头的作用对所要表现的场景进行逐一展示,缓慢的摇镜头技巧,也能造成拉长时间和空间的效果,给人表示一种加深印象的感觉。

摇镜头把内容表现得有头有尾,一气呵成,因而要求开头和结尾的镜头画面目的很明确,从一定被拍摄目标摇起,到一定的被拍摄目标上结束,并且两个镜头之间的一系列过程也应该是被表现的内容,用长焦镜头远离被拍摄对象进行遥拍,也可以造成横移或者升降的效果。

摇镜头的运动速度一定要均匀,起幅先停顿片刻,然后逐渐加速、匀速、减速、再停顿,落幅要缓慢,如图1-7所示。

(a) (b)

图 1-7

1.2.3 移镜头

这种镜头技巧是法国摄影师普洛米澳于1896年在威尼斯的游艇中受到的启发，设想用"移动的电影摄影机来拍摄不动的物体，使其发生运动"，于是在电影中他首创了"横移镜头"，即把摄影机放在移动车上，向轨道的一侧拍摄的镜头。

这种镜头的作用是为了表现场景中的人与物、人与人、物与物之间的空间关系，或者把一些事物连贯起来加以表现。移镜头和摇镜头有相似之处，都是为了表现场景中的主体与陪体之间的关系，但是在画面上给人的视觉效果是完全不同的。摇镜头是摄影机的位置不动，拍摄角度和被拍摄物体的角度在变化，适合于拍摄远距离的物体。而移镜头则不同，是拍摄角度不变，摄影机本身位置移动，与被拍摄物体的角度无变化，适合于拍摄距离较近的物体和主体。

移动拍摄多为动态构图。当被拍摄物体呈现静态效果时，移动摄影机，使景物从画面中依次划过，造成巡视或者展示的视觉效果；被拍摄物体呈现动态时，伴随摄影机移动，形成跟随的视觉效果，还可以创造特定的情绪和气氛。

移动镜头时，除了借助于铺设在轨道上的移动车外，还可以用其他的移动工具，如高空摄影中的飞机，表现旷野时的火车、汽车等。其运动按照移动方向大致可以分为横向移动和纵深移动。在摄影机不动的条件下，改变焦距或者移动后景中的被拍摄体，也能获得移镜头的效果，如图1-8所示。

(a) (b)

图 1-8

1.2.4 跟镜头

跟镜头是指摄影机跟随运动着的被拍摄物体拍摄，有推、拉、摇、移、升、降、旋转等形式。跟拍使处于动态中的主体在画面中保持不变，而前后景可能在不断地变换。这种拍摄技巧既可以突出运动中的主体,又可以交代运动物体的运动方向、速度、体态及其与环境的关系,使运动物体的运动保持连贯,有利于展示人物在动态中的精神面貌,如图1-9所示。

图 1-9

1.2.5 升降镜头

升降镜头是指摄影机上下运动拍摄的画面,是一种从多视点表现场景的方法,其变化的技巧有垂直升降、斜向升降和不规则升降。

在拍摄过程中,不断改变摄影机的高度和仰俯角度,会给观众造成丰富的视觉感受。如果能巧妙地利用前景,则可以增加空间深度的幻觉,产生高度感,升降镜头在速度和节奏方面如果运用适当,则可以创造性地表达一个情节的情调。它常常用来展示事件的发展规律或者处于场景中上下运动的主体运动的主观情绪。如果在实际拍摄中与镜头表现的其他技巧结合运用,能够表现变化复杂的视觉效果,如图1-10所示。

图 1-10

1.3 镜头组接的基本知识

镜头组接就是将电影或者电视里面单独的画面有逻辑、有构思、有意识、有创意和有规律地连接在一起,就形成了镜头组接,完整的镜头组接就形成了一部精彩的电影或电视剧。

1.3.1 镜头组接的规律

镜头的组接是为了将所拍摄的镜头串接成节目,增强艺术感染力,最大限度地达到表现节目的内涵,突出和强化被拍摄主体的特征。

1. 镜头的组接必须符合观众的思想方式和影视表现规律

镜头的组接要符合生活逻辑和思维逻辑。不符合逻辑，观众就看不懂。做影视节目时，要表达的主题与中心思想一定要明确，在这个基础上才能确定根据观众的心理要求（思维逻辑），确定选用哪些镜头，如何将它们组合在一起。

2. 景别的变化要采用"循序渐进"的方法

一般来说，拍摄一个场面时，"景"的发展不宜过分剧烈，否则就不容易连接起来。相反，"景"的变化不大，同时拍摄角度变换也不大，拍摄出的镜头也不容易组接。因此在拍摄时，"景"的发展变化需要采取循序渐进的方法。循序渐进地变换不同视觉距离的镜头，可以实现顺畅的连接，形成各种蒙太奇剧型。

3. 镜头组接中的拍摄方向、轴线规律

主体物在进出画面时，需要注意拍摄的总方向，从轴线一侧拍，否则在将两个画面接在一起时主体物就要"撞车"。

所谓"轴线规律"，是指拍摄的画面是否有"跳轴"现象。在拍摄时，如果摄影机的位置始终在主体运动轴线的同一侧，那么构成画面的运动方向、放置方向都是一致的，否则就"跳轴"了，跳轴的画面除了特殊的需要以外是无法组接的，如图1-11所示。

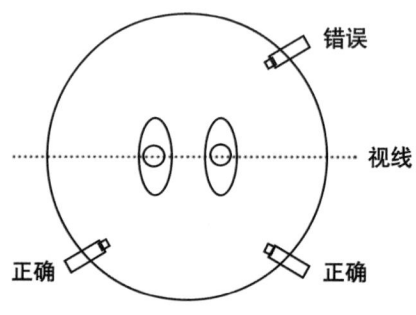

图 1-11

4. 镜头组接要遵循"动从动""静接静"的规律

如果画面中同一主体或不同主体的动作是连贯的，可以动作接动作，达到顺畅、简捷过渡的目的，简称为"动接动"。如果两个画面中的主体运动是不连贯的，或者它们中间有停顿时，那么这两个镜头的组接，必须在前一个画面主体做完一个完整动作停下来后，接上一个从静止到开始的运动镜头，这就是"静接静"。在"静接静"组接时，前一个镜头结尾停止的片刻称为"落幅"，后一个镜头运动前静止的片刻称为"起幅"，起幅与落幅时间间隔为1~2秒。运动镜头和固定镜头组接时，同样需要遵循这个规律。如果一个固定镜头要接一个摇镜头，则摇镜头开始要有起幅；相反一个摇镜头接一个固定镜头，那么摇镜头要有"落幅"，否则画面就会给人一种跳动的视觉感。为了达到特殊效果，也有"静接动"或"动接静"的镜头。

5. 镜头组接影调色彩的统一

影调是指以黑的画面而言。黑画面上的景物，不论原来是什么颜色，都是由许多深浅不同的黑白层次组成软硬不同的影调来表现的。对于彩色画面而言，除了影调问题还有色彩问题。无论是黑白还是彩色画面组接都应该保持影调色彩的一致性。如果把明暗或者色彩对比强烈的两个镜头组接在一起（除了特殊的需要外），就会使人感到生硬和不连贯，影响内容的通畅表达，如图1-12所示。

镜头组接的节奏和时间长度对于组接镜头有很重要的意义。在拍摄影视节目时，每个镜头的停顿时间长短，首先根据要表达的内容难易程度，观众的接受能力来决定，其次还要考虑画面构图等因素。例如，由于画面选择的景物不同，包含在画面中的内容也不同。远景、中景等镜头大的画面包含的内容较多，观众需要看清楚这些画面上的内容，所需要的时间就相对长些，而对于近景、特写等镜头小的画面，所包含的内容较少，观众只需要短时间即可看清，所以画面停留时间可短些。

另外，一幅或者一组画面中的其他因素，也对画面长短起到制约作用。例如，同一个画面亮度大的部分比亮度暗的部分更能引起人们的注意。如果该幅画面要表现亮的部分时，长度应该短些；如果要表现暗的部分时，则应该长一些。在同一幅画面中，动的部分比静的部分先引起人们的视觉注意。如果重点要表现动的部分时，画面要短些；表现静的部分时，则画面持续长度应该稍微长一些。

影视节目的题材、样式、风格及情节的环境气氛、人物的情绪、情节的起伏跌宕等是影视节目节奏的依据。影片节奏除了通过演员的表演、镜头的转换和运动、音乐的配合、场景的时空变化等因素体现以外，还需要运用组接手段，严格掌握镜头的尺寸和数量。整理调整镜头顺序，删除多余的枝节才能完成。也就是说，组接节奏是教学片总节奏的最后一个组成部分。

处理影片节目的任何一个情节或一组画面，都要从影片表达的内容出来处理节奏问题。如果在一个宁静祥和的环境中用了快节奏的镜头转换，就会使观众觉得突然跳跃，心理难以接受。然而在一些节奏强烈、激荡人心的场面中，应该考虑种种冲击因素，使镜头的变化速度与观众的心理要求一致，以增强观众的激动情绪，达到吸引和模仿的目的，如图1-13所示。

图 1-12

图 1-13

1.3.2 镜头组接的节奏和时间长度

镜头的组接除了采用光学原理的手段以外，还可以通过衔接规律，使镜头之间直接切换，使情节更加自然顺畅。下面介绍几种有效的组接方法。

连接组接：相连的两个或者两个以上的一系列镜头表现同一主体的动作。

黑白格的组接：为造成一种特殊的视觉效果，如闪电、爆炸、照相馆中的闪光灯效果等。组接的时候，可以将所需要的闪亮部分用白色画格代替，在表现各种车辆相接的瞬间组接若干黑色画格，或者在合适的时候采用黑白相间画格交叉，有助于加强影片的节奏、渲染气氛、增强悬念。

闪回镜头组接：用闪回镜头，如插入人物回想往事的镜头，这种组接技巧可以用来揭示人物的内心变化。

拼接：有时，在户外拍摄有很多次，拍摄时间也相当长，但可以用的镜头却很短，达不到所需要的长度和节奏。在这种情况下，如果有同样或相似内容的镜头，就可以把它们当中可用的部分组接，以达到节目画面必需的长度。

动作组接：借助人物、动物、交通工具等动作和动势的可衔接性及动作的连贯性、相似性，作为镜头的转换手段。

特写镜头组接：上一个镜头以某一人物的某一局部（头或眼睛）或某个物件的特写画面结束，然后从这一特写画面开始，逐渐扩大视野，以展示另一情节的环境。目的是让观众注意力集中在某一个人的表情或者某一事物时，在不知不觉中就转换了场景和叙述内容，而不使观众产生陡然跳动的不适感。

1.3.3　镜头组接的方法

声音转场：用解说词转场，这种技巧一般在科教片中比较常见。用画外音和画内音互相交替转场，像一些电话场景的表现。此外，还有利用歌唱来实现转场的效果，并且利用各种内容换景。

多屏画面转场：这种技巧有多画屏、多画面、多画格和多银幕等多种叫法，是近代影视艺术的新手法。把银幕或者屏幕一分为多，可以使双重或多重的情节齐头并进，大大地压缩了时间。例如在电话场景中打电话时，两边的人都出现在画面中，打完电话，打电话的人戏没有了，但接电话人的戏开始了。

镜头的组接技法是多种多样的，按照创作者的意图，根据情节的内容和需要而创造，也没有具体的规定和限制。在具体的后期编辑中，可以尽量地根据情况发挥，但不要脱离实际的情况和需要。

1.4　色彩原理

在人类物质生活和精神生活发展的过程中，色彩始终焕发着神奇的魅力。人们不仅发现、观察、创造、欣赏着绚丽缤纷的色彩世界，还不断深化着对色彩的认识和运用。人们对色彩的认识、运用过程是从感性升华到理性的过程。所谓理性色彩，就是借助人所独具的判断、推理、演绎等抽象思维能力，将从大自然中直接感受到的纷繁复杂的色彩印象予以规律性的揭示，从而形成色彩的理论和法则，并运用在色彩实践中。

1.4.1　光源色、物体色、固有色

物体色的呈现是与照射物体的光源色、物体的物理特性有关的。同一物体在不同光源下将呈现不同的色彩：在白光照射下的白纸呈白色，在红光照射下的白纸呈红色，在绿光照射下的白纸呈绿色。因此，光源色光谱成分的变化，必然对物体色产生影响。白炽灯下的物体带黄，荧光灯下的物体偏青，电焊光下的物体偏浅青紫，晨辉与夕阳下的景物呈橘红、橘黄色，白昼阳光下的景物带浅黄色，月光下的景物偏青绿色等。光源色的光亮强度也会对照射物体产生影响，强光下的物体色会变淡，弱光下的物本色会变得模糊晦暗，只有在中等光线强度下的物体色最清晰可见。

光的作用与物体的特征，是构成物体色的两个不可缺少的条件，它们互相依存又互相制约。只强调物体的特征而否定光源色的作用，物体色就变成无水之源；只强调光源色的作用不承认物体的固有特性，也就否定了物体色的存在。同时，在使用"固有色"一词时，切勿误解为某物体的颜色是固定不变的，这种偏见就是在研究光色关系和色彩写生时必须克服的"固有色观念"。

1.4.2 色彩的属性

1. 色相

色相即每种色彩的相貌、名称，如红、橘红、翠绿、湖蓝、群青等。色相是区分色彩的主要依据，是色彩的最大特征。色相的称谓，即色彩与颜料的命名有多种类型与方法。

2. 明度

明度即色彩的明暗差别，也即深浅差别。色彩的明度差别包括两个方面：一是指某一色相的深浅变化，如粉红、大红、深红，都是红，但一种比一种深；二是指不同色相之间存在的明度差别，如六标准色中黄最浅，紫最深，橙和绿、红和蓝处于相近的明度之间。

3. 纯度

纯度即各色彩中包含的单种标准色成分的多少。纯色的色感强，即色度强，所以纯度也是色彩感觉强弱的标志。物体表层结构的细密与平滑有助于提高物体色的纯度，同样纯度的油墨印在不同的白纸上，光洁的纸印出来的纯度高些，粗糙的纸印出来的纯度低些，物体色纯度达到最高的包括丝绸、羊毛、尼龙塑料等。

不同色相所能达到的纯度是不同的，其中红色纯度最高，绿色纯度相对低些，其余色相居中，同时明度也不相同。

1.4.3 三原色

原色又称为基色，即用以调配其他色彩的基本色。原色的色纯度最高，最纯净、最鲜艳，可以调配出绝大多数色彩（理论上，三原色可以调配出所有的颜色），而其他颜色不能调配出三原色。图1-14所示为色光加色法和色料减色法示意图，其中图(a)是色光的三原色：红（red）、绿（green）、蓝（blue）；图(b)是色料（颜料）的三原色：黄（yellow）、品红（magenta）、青（cyan）。

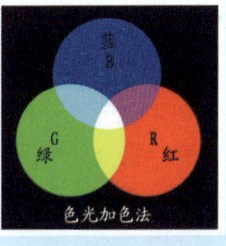

图 1-14

色光三原色是指红、绿、蓝三色，各自对应的波长分别为700nm、546.1nm、435.8nm，光的三原色和物体的三原色是不同的。光的三原色按一定比例混合可以呈现各种光色。根据托马斯·杨和赫尔姆豪兹的研究结果，这3种原色确定为红、绿、蓝(相当于颜料中的大红、中绿、群青的色彩感觉)。彩色电视屏幕就是由红、绿、蓝3种发光的颜色小点组成的。由这三原色按照不同比例和强弱混合，可以产生自然界中各种色彩的变化。颜料和其他不发光物体的三原色是品红(相当于玫瑰红、桃红)、品青(相当于较深的天蓝、湖蓝)、浅黄(相当于柠檬黄)。由英国化学家富勒斯特(1781—1868年)研究选定的这三原色可以混合出多种多样的颜色，不过不能调配出黑色，只能混合出深灰色。因此在彩色印刷中，除了使用三原色外还要增加黑色。

在美术上又把红、绿、蓝定义为色彩三原色，但是品红加适量的黄可以调出大红（红＝M100+Y100），而大红却无法调出品红；青加适量的品红可以得到蓝（蓝＝C100+M100），而蓝加绿得到的却是不鲜艳的青；用黄、品红、青三色能调配出更多的颜色，而且纯正并鲜艳。用青加黄调出的绿（绿＝Y100+C100），比蓝加黄调出的绿更加纯正与鲜艳，而后者调出的却较为灰暗；品红加青调出的紫是很纯正的（紫＝C20+M80），而大红加蓝只能得到灰紫等。此外，从调配其他颜色的情况来看，都是以黄、品红、青为其原色，色彩更为丰富、色光更加纯正鲜艳。

1.5 数字视频基础

数字视频就是先用摄影机之类的视频捕捉设备，将预期的外界影像转换成电信号，再记录到存储设备上。为了达到所需的效果，需要进行后期编辑。在此之前，有必要对视频的基础知识进行了解。

微课：
数字视频基础

1.5.1 视频的概念和分类

1. 视频的概念

人们在日常生活中看到的电影、电视、DVD、VCD等都属于视频（Video）的范畴。简单而言，视频是活动的图像，就如像素是一幅数字图像的最小单元一样，一幅幅静止图像组成了视频，图像是视频最基本的单元。在电视中把每幅图像称为一帧（Frame），在电影中把每幅图像称为一格。

因为视频是活动的图像，当以一定的速率将一幅幅画面投射到屏幕上时，由于人眼的视觉暂留效应，视觉就会产生动态画面的感觉，这就是电影和电视的由来。对于人眼来说，若每秒播放24格（电影的播放速率）、25帧（PAL制式电视的播放速率）或30帧（NTSC制式电视的播放速率），就会产生平滑和连续的画面效果。

2. 视频的分类

从视频信号的组成和存储方式来讲，视频可以分为模拟视频和数字视频。简单而言，模拟视频就是由连续的模拟信号组成的视频图像，电影、电视、VHS录像带上的画面通常都是以模拟视频的形式出现的。数字视频是区别于模拟视频的数字式视频，它把图像中每一个点（称为像素）都用二进制数字组成的编码来表示，可对图像中的任何地方进行修改，这也正是数字视频魅力无穷的原因。平时所说的开路电视（就是用天线接收的电视模式）就是模拟视频信号传送的画面，机顶盒和有线电视是数字视频信号传送的画面。

视频信号往往是和音频信号相伴的，一个完整的信号需要将音频和视频结合起来形成一个整体。经常使用的录像带就是将磁带分为两个区域，分别用来记录视频信号和音频信号，在播放时，将视、音频信号同时播放。

1.5.2 电视制式

在制作影视节目之前，需要对制式要求有所了解，电视信号的标准也称为电视制式。目前各国的电视制式标准不同，制式的区分主要在于其帧频（场频）的不同、分解率的不同、信号带宽及载频的不同、色彩空间转换关系的不同等。目前世界上主要使用的电视广播制式有PAL、NTSC、SECAM这3种，中国市场上买到的正式进口的DV产品都是PAL制式的。

NTSC制（National Television Systems Committee）：正交平衡调幅制是1952年12月由美国国

家电视标准委员会制定的彩色电视广播标准。其帧频为29.97帧/秒,场频为60 Hz。这种制式解决了彩色电视和黑白电视兼容的问题,但是也存在失真、色彩不稳定等缺点。采用这种制式的国家主要有美国、加拿大和日本等。

PAL制(Phase Alternation Line):正交平衡调幅逐行倒相制简称PAL制,是由德国在1962年制定的彩色电视广播标准。其帧频为25帧/秒,场频为50 Hz。它克服了NTSC制式因相位敏感造成的色彩失真的缺点,采用这种制式的国家主要有中国、德国、英国和其他一些西北欧国家。由于不同国家的参数不同,PAL制还分为G、I、D等制式。

SECAM制(Sequential Coleur Avec Memoire,法文):行轮换调频制是按照顺序传送与存储彩色电视系统的,是由法国研制的一种电视制式。其帧频为25帧/秒,每帧625行。特点是不怕干扰、色彩保真度高。采用这种制式的国家有法国、东欧和中东一些国家。

在Premiere非线性编辑系列软件中,每当新建一个工作项目时都会要求选择编辑模式,目的是匹配不同的电视制式,如图1-12所示。我国常用的模式是DV PAL制,帧频为25.00/秒,如图1-15所示。

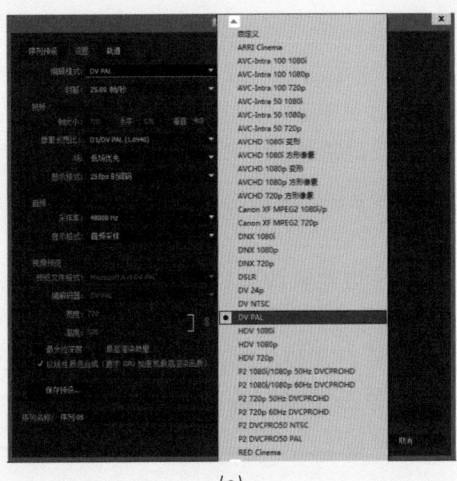
(a)

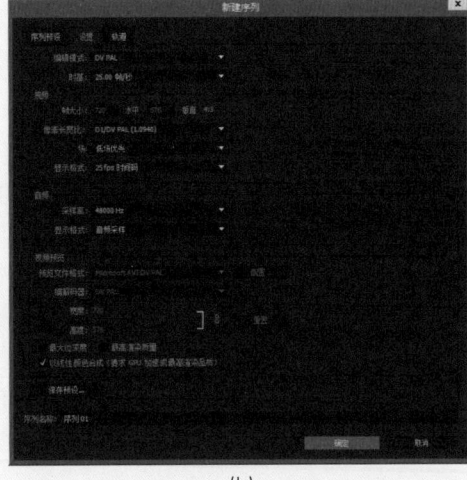
(b)

图 1-15

1.5.3 常见视频术语

每一行业都有自己的专用术语,在Premiere Pro CC 2021中制作视频或者影片时也使用一些专业的术语。对于刚刚接触视频编辑的读者,需要了解一些专业术语,才能更好地阅读和理解本书。下面介绍一些比较常见的术语。

1. 剪辑

剪辑就是一部电影或者视频项目中的原始素材,可以是一段电影、一幅静止图像或者一段声音文件。对于视频文件而言,可以把它们称为视频剪辑;对于声音文件而言,可以把它们称为音频剪辑。也有人把剪辑称为片段或者素材。

2. 采集

视频采集是指将模拟原始素材(影像或声音)数字化并将其导入计算机的过程。随着DV的普及,DV输出的数字信号可以直接通过IEEE 1394接口保存到计算机中。

3. 时基和帧速率

时基,即时间基准,是一个时间显示的基本单位。实践中可以通过指定项目时基来确定怎样调节项目内的时间。例如，一个30的时基表示每一秒被分成30单元。帧出现在编辑上的准确时间取决于用户指定的时基，因为一个编辑只能出现在时间分割处。使用不同的时基，可以把时间分割放在不同的位置。

帧速率即帧/秒(Frames Per Second，FPS)，是指每秒播放图片的帧数，也可以理解为图形处理器每秒能够刷新几次。对影片内容而言，帧速率是指每秒所显示的静止帧格数。在正常情况下，帧速率越高，就可以得到更流畅、更逼真的运动画面效果。也就是说，每秒播放的帧数（FPS）越多，所显示的动作就会越流畅。影片中的影像就是由一张张连续的画面组成的，每幅画面就是一帧，PAL制式是25帧/秒，NTSC制式是30帧/秒，而电影是24帧/秒。

4. 像素比

像素是构成位图的基本单位，像素比是指图像一帧的宽度与高度之比。像素分为方形像素（1.0像素比）和矩形像素（0.9像素比）。DV基本上使用矩形像素，在NTSC制的视频中是纵向排列的，而在PAL制的视频中是横向排列的。使用计算机图形软件制作生成的图像大多使用方形像素。在Premiere中，其像素的长宽比都是可调整的。

5. 位深

在计算机中，位(bit)是信息存储最基本的单位。用于表示物质的位使用得越多，其描述的细节就越多。位深表示的是像素色彩的位权量，其作用是用来描述一个像素的色彩。位深越高，图像包括的色彩就越多，就可以产生更精确的色彩和质量较高的图像。例如，一幅存储8位/像素（8位色）的图像可以显示256色，一幅24位色的图像可以显示大约1600万种颜色。

6. 视频压缩

编辑视频包括存储、移动和计算大量的数据，以及其他类型计算机文件的数据。许多个人计算机，特别是比较旧型号的个人计算机不能处理高数据传输速率（1秒钟内处理的视频信息的数值）和没有经过压缩的较大文件尺寸的视频。此时可以通过视频压缩来降低视频的数据速率，以适应用户计算机系统可以处理的范围。在捕捉源视频、预览编辑、播放Timeline和输出Timeline时，压缩设置是很有帮助的。在许多情况下，用户确定的设置并不一定适合于所有情况。

1.5.4 线性编辑与非线性编辑

了解线性编辑与非线性编辑的工作原理及区别是学习非线性编辑软件的基础。

1. 线性编辑

在传统的线性编辑中，对视频素材的编辑主要是在编辑机系统上进行的，编辑人员在放像机上重放磁带上已经录好的影像素材，并选择一段合适的素材打点，把它记录到录像机中的磁带上，然后在放像机上寻找下一个镜头并打点、记录，就这样反复播放和录制，直到把所有合适的素材按照需要以线性方式记录下来。常使用组合编辑将素材顺序编辑成新的连续画面，然后再以插入编辑的方式对某一段进行同样长度的替换。但要想删除、缩短、加长中间的某一段就不可能了，除非将那一段以后的画面抹去重录，这是电视节目的传统编辑方式，如图1-16所示。

2. 非线性编辑

非线性编辑是相对于传统上以时间顺序进行线性编辑而言的。非线性编辑借助计算机来进行数字化制作，几乎所有的工作都可以在计算机中完成，不再需要那么多的外部设备，对素材的调用也是瞬间实现的，不用反反复复在磁带上寻找，突破单一的时间顺序编辑限制，可以按各种顺序排列，具有快捷简便、随机的特性。它具有编辑方式的非线性、信号处理数字化和素材随机存取三大特点。非线性编辑只要上传一次就可以多次编辑,信号质量始终不会变低,并可选取任意的时间点加入各种特技效果,有效地节省了设备、人力,提高了效率。非线性编辑需要专用的编辑软件、硬件,在现在绝大多数的电视、电影制作机构都采用了非线性编辑系统,如图1-17所示。

在非线性编辑中,所有素材都以文件形式用数字格式存储在记录媒体上,每个文件都有其格式数据,通过存放的位置可以进行实时编辑和调用。这些素材除了视频和音频之外,还有图像、图形和文字。每种素材都有很多种格式,素材文件不仅资源丰富,兼容性也较好,而且不同的格式都可以在非线性编辑中使用,大大丰富了非线性编辑素材的选择范围。此外,在编辑视频中,字幕文件属于矢量图形,是最常涉及的素材,在非线性编辑的工作状态下,字幕的大小、位置、色彩及覆盖关系等可以在任何时候进行调整和重设,这大大增强了视频后期制作的灵活度与表现力。

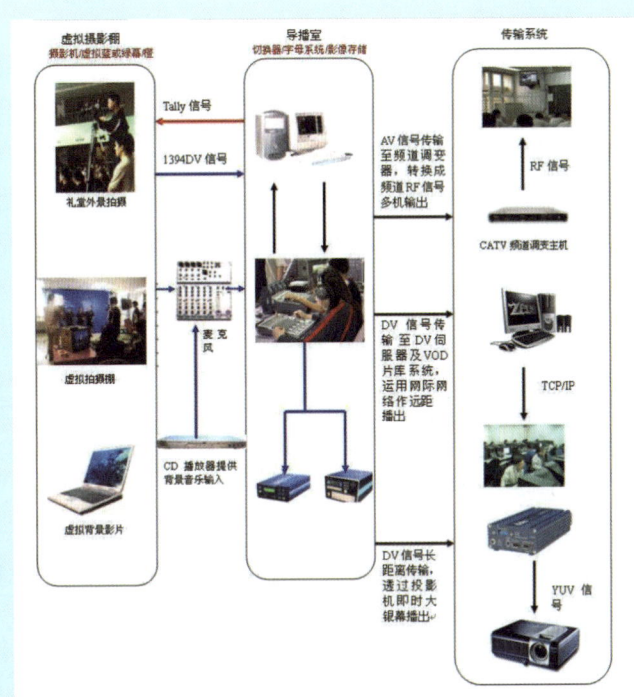

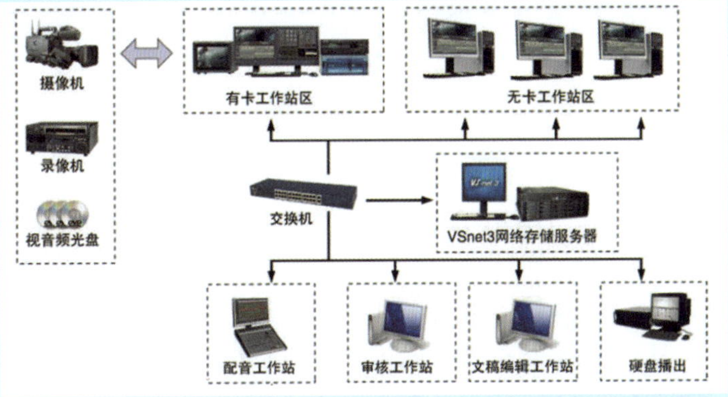

图 1-16

图 1-17

非线性编辑的实现需要软件和硬件的共同支持。非线性编辑系统是通过计算机实现的,它是计算机数字技术发展的成果。从软件系统来看,非线性编辑系统包括非线性视频编辑软件、图像处理软件、音频处理软件、二维动画处理软件、三维动画处理软件和影视特效软件等。其技术核心是将视频信息作为数字信息进行处理,其载体以计算机为核心,以数字技术为基础,使编辑制作进入了数字化时代,操作更方便,制作更快捷。从硬件系统来看,实时的图像和声音处理需要有高速的处理器、宽带数据传输装置、大容量的内存和外存等一系列硬件环境的支持,非线性编辑系统是由计算机、显卡、声卡、存储器、监视器和标准数字输出接口等硬件设备组成的。

3.非线性编辑的基本工作流程

任何非线性编辑的工作流程,都可以被简单地看成输入、编辑、输出这3个步骤。当然由于不同软件功能的差异,其使用流程还可以进一步细化。以专业为例,其使用流程主要分成如下5个步骤。

(1) 素材采集与输入

采集就是利用Premiere Pro将模拟视频、音频信号转换成数字信号存储到计算机中，或者将外部的数字视频存储到计算机中，成为可处理的素材。输入主要是把其他软件处理过的图像、声音等文件导入Premiere Pro中。

(2) 素材编辑

素材编辑就是设置素材的入点与出点，以选择最合适的部分，然后按时间顺序组接不同素材的过程。

(3) 特技处理

对于视频素材，特技处理包括转场、特效、合成叠加。对于音频素材，特技处理包括转场、特效。令人震撼的画面效果，就是在这一过程中产生的。而非线性编辑软件功能的强弱，往往也体现在这方面。配合某些硬件，Premiere Pro还能够实现特技播放。

(4) 字幕制作

字幕是节目中非常重要的部分，它包括文字和图形两个方面。在Premiere Pro中制作字幕很方便，几乎没有无法实现的效果，并且还有大量的模板可以选择。

(5) 输出和生成

节目编辑完成后，就可以输出回录到录像带上，也可以生成视频文件，发布到网上，或刻录VCD和DVD等。

1.6 常见文件格式

影视编辑所需文件主要有视频文件、音频文件和图片3大类。

1. 常见视频格式

视频格式可以分为适合本地播放的本地影像视频和适合在网络上播放的网络流媒体影像视频两大类。尽管后者在播放的稳定性和播放画面质量上没有前者优秀，但网络流媒体影像视频的广泛传播性使其被广泛应用于视频点播、网络演示、远程教育、网络视频广告等互联网信息服务领域。

AVI格式：AVI (Audio Video Interleaved，音频视频交错) 格式是将语音和影像同步组合在一起的文件格式。由微软公司开发，支持的播放软件有Windows Media Player、DivX Player、QuickTime Player、Real Player等，应用范围比较广，可以跨多个平台使用，它对视频文件采用了一种有损压缩方式，但压缩比较高，因此尽管画面质量不是太好，但其应用范围仍然非常广泛。

MPEG格式：MPEG (Moving Pictures Experts Group/Motin Pictures Experts Group，动态图像专家组) 格式是应用最为普遍的一种视频格式，家里常看的VCD、DVD就是这种格式。绝大多数播放软件均可播放该文件格式，如快乐影音、Windows Media Player、Real Player等。MPEG标准的视频压缩编码技术主要利用了具有运动补偿的帧间压缩编码技术以减小时间冗余度，利用DCT技术以减小图像的空间冗余度，利用熵编码则在信息表示方面减小了统计冗余度。这几种技术的综合运用，大大增强了压缩性能。MPEG格式包括MPEG视频、MPEG音频和MPEG系统（视频、音频同步）3个部分，MP3 (MPEG-3) 音频文件就是MPEG音频的一个典型应用；视频方面则包括MPEG-1、MPEG-2和MPEG-4这3个主要的压缩标准。

MPEG-1：制定于1992年，它是针对1.5Mbit/s以下数据传输速率的数字存储媒体运动图像及其伴音编码而设计的国际标准，也就是通常所见到的VCD制作格式。这种视频格式的文件扩展名包括mpg、mlv、mpe、mpeg及VCD光盘中的dat文件等。

MPEG-2：制定于1994年，设计目标为高级工业标准的图像质量及更高的传输速率。这种格式主要应用在DVD/SVCD的制作（压缩）方面，同时在一些HDTV（高清晰电视广播）和一些高要求视频编辑、处理上面也有相当的应用。这种视频格式的文件扩展名包括mpg、mpe、mpeg、m2v及DVD光盘上的vob文件等。

MPEG-4：制定于1998年，MPEG-4是为了播放流式媒体的高质量视频而专门设计，它可利用很窄的带宽，通过帧重建技术，压缩和传输数据，以求使用最少的数据获得最佳的图像质量。目前MPEG-4最有吸引力的地方在于它能够保存接近于DVD画质的小体积视频文件。另外，这种文件格式还包含了以前MPEG压缩标准所不具备比特率的可伸缩性、动画精灵、交互性甚至版权保护等一些特殊功能。这种视频格式的文件扩展名包括asf和mov等。

DivX格式：这是由MPEG-4衍生出的另一种视频编码（压缩）标准，也是通常所说的DVDrip格式，它采用了MPEG-4的压缩算法同时又综合了MPEG-4与MP3各方面的技术，就是使用DivX压缩技术对DVD盘片的视频图像进行高质量压缩，同时用MP3或AC3对音频进行压缩，然后再将视频与音频合成并加上相应的外挂字幕文件而形成的视频格式。其画质直逼DVD并且体积只有DVD的几分之一。这种编码对机器的要求不高，制作成本也要低得多，所以DivX视频编码技术可以说是一种对DVD造成威胁最大的新生视频压缩格式。

MOV格式：美国Apple公司开发的一种视频格式，默认的播放器是苹果的Quick Time Player。具有较高的压缩比和较完美的视频清晰度等特点，但是其最大的特点还是跨平台性，即不仅能支持Mac OS系统，也能支持Windows系统。

RM/RA/RMVB格式：RM/RA是RealNetworks公司所制定的音频/视频压缩规范Real Media中的一种。Real Media是目前Internet上最流行的跨平台多媒体应用标准，其采用音频、视频流和同步回放技术实现了网上全带宽的多媒体播放。RMVB是一种由RM视频格式升级延伸出的新视频格式，它的先进之处在于RMVB视频格式打破了原先RM格式那种平均压缩采样的方式，在保证平均压缩比的基础上合理利用比特率资源。例如，在静止和动作场面少的画面场景采用较低的编码速率，可以留出更多的带宽空间，而这些带宽会在出现快速运动的画面场景时被利用。这样在保证了静止画面质量的前提下，大幅地提高了运动图像的画面质量，从而在图像质量和文件大小之间力求保持平衡。

WMV格式：其英文全称为Windows Media Video，也是微软公司推出的一种采用独立编码方式且可以直接在网上实时观看视频节目的文件压缩格式。主要应用于微软公司出品的视频格式文件播放软件Windows Media Player。WMV的主要优点包括本地或网络回放、可扩充的媒体类型、部件下载、可伸缩的媒体类型、流的优先级化、多语言支持、环境独立性及扩展性等。

FLV格式：它是Flash Video的简称，FLV流媒体格式是随着Flash MX的推出发展而来的视频格式。由于它形成的文件极小、加载速度极快，使得网络观看视频文件成为可能，它的出现有效解决了视频文件导入Flash后，使导出的SWF文件体积庞大，不能在网络上很好使用等缺点，因此FLV成为了当今主流视频格式之一。

ASF格式：其英文全称为Advanced Streaming Format，它是微软公司为了和Real Player竞争而推出的一种视频格式，用户可以直接使用Windows自带的Windows Media Player对其进行播放。由于它使用了MPEG-4的压缩算法，所以压缩率和图像的质量都很不错（高压缩率有利于视频流的传输，但图像质量肯定会有损失，所以有时ASF格式的画面质量不如VCD是正常的）。

2.常见音频格式

动感的视频作品如果没有声音或音乐为其伴奏或配音，那这个作品无疑是美中不足的。Premiere支持多种音频文件格式，常用的音频格式有MP3、WAV、MIDI、WMA、MP4、CD、APE等。

MP3格式：MP3格式诞生于20世纪80年代，指的是MPEG标准中的音频层部分。MP3全称是MPEG Audio Laye-3，是目前数码播放器的第一大标准，应用最为广泛，以至于格式名称都成为播放器约定俗成的名字。这种格式将音乐以1:10甚至更高的压缩比进行压缩，节省了大量的存储空间，是一种有损的音频压缩编码技术。由于其文件小、音质好，因此有良好的发展前景。对于视频编辑来说，MP3格式音乐文件的来源最为广泛，制作也非常简单，与其他媒介和PC有很好的兼容性，在Premiere中可以对MP3进行任意的非线性编辑。

WAV格式：WAV是微软公司开发的一种声音文件格式，也称波形声音文件格式，是最早的数字音频格式，Windows平台及其应用程序都支持这种格式。这种格式支持MSADPCM、CCITTALAW等多种压缩算法。标准的WAV格式和CD一样，也是44.1kHz的采样频率，速率为88kbit/s，16位量化位数，因此WAV的音质和CD差不多，也是目前广为流行的声音文件格式，几乎所有的音频编辑软件都能识别WAV格式。

MIDI格式：MIDI(Musical Instrument Digital Interface)又称乐器数字接口，是数字音乐电子合成乐器的国际统一标准。它定义了计算机音乐程序、数字合成器及其他电子设备交换音乐信号的方式，规定了不同厂家的电子乐器与计算机连接的电缆、硬件及设备之间进行数据传输的协议。MIDI格式的最大用处是在计算机作曲领域。MIDI文件可以用作曲软件写出，也可以通过声卡的MIDI口把外接音序器演奏的乐曲输入计算机中，制成*.mid文件。

WMA格式：其英文全称是Windows Media Audio，是微软公司力推的一种音频格式。WMA格式是以减少数据流量但保持音质的方法来达到更高压缩率的目的，其压缩率一般可以达到1:18，生成的文件大小只有相应MP3文件的一半。WMA支持流技术，即一边读一边播放，因此WMA可以很轻松地实现在线广播，在微软公司的大力推广下，这种格式被越来越多的人所接受。

MP4格式：MP4采用的是美国电话电报公司（AT&T）所研发的以"知觉编码"为关键技术的音乐压缩技术，由美国网络技术公司(GMO)及RIAA联合公布的一种新的音乐格式。MP4在文件中采用了保护版权的编码技术，只有特定的用户才可以播放，有效地保证了音乐版权的合法性。另外MP4的压缩比达到了1:15，体积比MP3更小，但音质却没有下降。

CD格式：读者都很熟悉CD这种音乐格式，扩展名为cda，其取样频率为44.1kHz，16位量化位数，跟WAV一样，但CD存储采用了音轨的形式，又称为"红皮书"格式，记录的是波形流，是一种近似无损的格式。一个CD音频文件是一个*.cda文件，这只是一个索引信息，并不是真正的包含声音信息，所以不论CD音乐的长短，在计算机上看到的*.cda文件都是44字节长。不能直接复制CD格式的*.cda文件到硬盘上播放，需要使用抓音轨软件把CD格式的文件转换成WAV格式在计算机上播放或者编辑。

APE格式：APE是Monkey's Audio提供的一种无损压缩格式。与MP3这类有损压缩方式不同，APE是一种无损压缩音频技术。也就是说，从音频CD上读取的音频数据文件压缩成APE格式后，再将APE格式的文件还原，而还原后的音频文件与压缩前的一模一样，没有任何损失。APE的文件大小约为CD的一半，可以节约大量的资源。

3.常见图片格式

图形文件的格式是计算机存储一幅图的方式与压缩方法，要针对不同的程序和使用目的来选择需要的格式。不同的图形程序也有各自的内部格式，如PSD是Photoshop本身的格式，由于内部格式带有软件的特定信息，如图层与通道等，其他一些图形软件一般不能直接打开它。Premiere软件常用图像格式有十几种之多，下面对常见的几种格式分别进行简要介绍。

BMP格式：BMP格式是微软公司Windows应用程序所支持的，基本上所有的图像处理软件都支持BMP格式。BMP 格式可简单分为黑白、16色、256色、真彩色几种格式。在存储时，可以使用无损压缩方式进行数据压缩，既能节省磁盘空间，又不损害图像数据。随着Windows操作系统的广泛普及，BMP格式的影响越来越广泛，但是其劣势也比较明显，就是图像文件的体积比较庞大。

JPG格式：JPG格式是JPEG的缩写，JPEG几乎不同于当前使用的任何一种数字压缩方法，它无法重建原始图像。但是JPG格式以存储颜色变化的信息为主，特别是亮度变化，因为人眼对亮度变化非常敏感，所以它只是选择丢失那些不会引人注目的部分。在没有特别声明的情况下，其一般代表有损压缩方式。

GIF格式：GIF格式的文件目前多用于网络传输，它形成一种压缩的8位图像文件，可以随着它下载的过程，从模糊到清晰逐渐演变显示在屏幕上。GIF格式的不足之处在于它只能处理256色，不能用于存储真彩色图像。

PSD 格式：PSD格式是Photoshop的一种专用存储格式。PSD格式采用了一些专用的压缩方法，在Photoshop中应用时，存取速度很快。Adobe Premiere作为Adobe公司的又一款产品，与Photoshop有着千丝万缕的联系。在制作字幕、静态背景和自定义的滤镜时，图像格式一样，直接存储RGB三原色的浓度值而不使用彩色映射（调色板）。对存储为PSD格式的图片在Adobe Premiere中可以直接使用。

TIFF格式：TIFF 格式是由Aldus公司（1995年被Adobe公司收购）和微软公司联合开发的，它最早是为了存储扫描仪图像而设计的。TIFF格式的最大的特点就是与计算机的结构、操作系统以及图形硬件系统无关。它可提供黑白、灰度、彩色图像的高品质表现，是存储无损图像的最佳选择之一，也是印刷领域的常用格式。但是TIFF格式的缺点也较为明显，它的包罗万象造成结构较为复杂、变体很多、兼容性较差，需要大量的编程工作来全面译码。

Targa格式：Targa格式已被国际上的图形、图像制作工业广泛接受，它最早用于支持Targa和Atvista图像捕获板，现已成为数字化图像及光线跟踪和其他应用程序（如3ds Max）所产生高质量图像的常用格式。Targa格式的结构比较简单，属于一种图形、图像数据的通用格式。目前大部分文件为24位或32位真彩色，在多媒体领域有着很大的影响。由于它是专门为捕获电视图像所设计的一种格式，所以Targa图像格式成为电视转换高质量图像的一种首选格式。

1.7　知识与技能梳理

本章较为简略地介绍了视频编辑的一些基础知识，尤其是线性编辑与非线性编辑相关的基础知识。此外，对于使用Premiere时要涉及的一些知识，如电视制式、帧速率和像素比也进行了较为详细的介绍。在本章的学习过程中，要重点掌握使用Premiere时常见的视频、音频和各种图像的格式。

1.8　课后练习

一、选择题（请扫描二维码进入即测即评）

1．下列不属于常见音频格式的是（　　）。

A．WAV　　　　　　B．WMV　　　　　　C．JPEG　　　　　　D．APE

2．下列不属于常见视频格式的是（　　）。

A．RM　　　　　　　B．MPEG　　　　　　C．MP3　　　　　　D．AVI

1.8课后练习

3．我国普遍采用的视频制式为（　　）。

A．PAL　　　　　B．NTSC　　　　　C．SECAM　　　　　D．其他

4．我国采取的制式其帧频为（　　）。

A．24帧/秒　　　B．25帧/秒　　　C．29.97帧/秒　　　D．30帧/秒

二、简答题

1．目前世界上通用的电视制式有哪些？它们的帧速率和扫描线数分别是多少？

2．什么是"帧"？什么是"帧速率"？电视中"场"的概念又是什么？

3．简述非线性编辑的工作流程。

Chapter 2

Premiere Pro CC 2021的基础知识

随着视频编辑技术的不断发展，作为非线性视频编辑软件典型代表的Premiere，其功能也在不断完善。Premiere目前已经成为主流的视频编辑工具，它为高质量的视频提供了完美的解决方案。本章将详细介绍Premiere Pro CC 2021的基础知识。

	知识点　　　　　　　　　学习目标	了解	掌握	应用	重点知识
学习要求	Premiere的发展史	🚩			
	Premiere的功能介绍	🚩			
	Premiere的应用领域	🚩			
	Premiere Pro CC 2021的操作界面				🚩
	素材的导入、管理和捕捉			🚩	
	Premiere的工作流程			🚩	

能力与素质目标

2.1 认识Premiere

Premiere是全球著名的影视制作软件,它提供了更强大、高效的增强功能和先进的专业工具,包括尖端的色彩修正、强大的音频控制和多个嵌套的时间线。

2.1.1 Premiere的发展史

作为非线性视频编辑软件典型代表的Premiere,随着视频编辑技术的不断发展,其功能也在不断完善。Adobe公司相继推出过4.0、4.2、5.0、5.1和5.5等版本,且自5.0以后的版本都开始支持Windows各系列版本的操作系统。之后推出的Premiere 6.0为视频节目的创建和编辑提供了更加强大的支持,在进行视频编辑、节目预览、视频捕获及节目输出等操作时,可以兼顾效果和播放速度,同时也实现了更好的影音效果。另外,在Premiere 6.0中首次加入了关键帧的概念,读者可以在轨道中添加、移动、删除和编辑关键帧。自Premiere 6.0之后,Adobe公司又相继推出了Premiere 6.5、Premiere Pro 1.0、Premiere Pro 1.5、Premiere Pro 2.0、Premiere Pro CS3、Premiere Pro CS4、Premiere Pro CS5、Premiere Pro CS6、Premiere Pro CC、Premiere Pro CC 2015、Premiere Pro CC 2016、Premiere Pro CC 2017、Premiere Pro CC 2018、Premiere Pro CC 2019、Premiere Pro CC 2020和Premiere Pro CC 2021。

Adobe Premiere目前已经成为主流的DV编辑工具,它为高质量的视频提供了完美的解决方案。作为一款专业的非线性视频编辑软件,Adobe Premiere在业内受到了广大视频编辑专业人员和视频爱好者的好评。同时,Premiere还是一款相当专业的DV(Desktop Video)编辑软件,在普通计算机上,即使配置的是比较廉价的压缩卡或输出卡也可制作出专业级的视频作品和MPEG压缩影视作品。

2.1.2 Premiere的功能

Premiere具有十分强大的音、视频处理功能,使用该软件能将视频文件以帧为单位进行编辑和剪辑,并可以做到视频和音频的精确同步。

实时预览的特性:在Premiere中所进行的操作,如文字的添加、色彩的校正、音效的设置等,都可以随时进行预览,如图2-1所示。

字幕:Premiere可以为电影或视频产品添加各种字幕效果,还具备导出这些字幕为PRTL文件的功能,这些文件可以被导入其他Premiere项目中,如图2-2所示。

图 2-1

图 2-2

丰富多彩的滤镜效果制作：Premiere同Photoshop一样也支持滤镜的使用，Premiere提供了很多种滤镜效果，可对图像进行变形、模糊、平滑、曝光、纹理化等处理。此外，还可以使用第三方提供的滤镜插件，如FX软件等。

2.1.3 Premiere的应用领域

Premiere的用途非常广泛，可以满足不同用户的各种需要，包括个人录像的制作、各种宣传片的制作、电视电影的制作、多媒体教学的制作、广告的制作等，其主要用途如下。

数字电影、电视剧制作：使用Premiere进行数字电影制作非常方便，可以对音、视频进行反复的编辑、修改、剪接、添加视频特效等，可保持素材质量不变，并且可以输出到光盘中，这是使用录像带进行线性影视制作无法实现的。另外，电视剧中的片头和片尾字幕，也可以使用Premiere制作。

VCD、DVD制作：在毕业典礼录像、生日录像、婚礼录像、聚会庆典录像等制作方面，Premiere也大有用武之地。它可以方便地为录像添加字幕，配出优美动听的音乐，制作出高水平的VCD、DVD作品。

商业广告的制作：在信息数字化时代，许多企业为了宣传自己的产品采用了大量的数字视频广告，使用Premiere可以制作出精美的影视广告。

2.1.4 Premiere Pro CC 2021的新增功能

Premiere具有编辑功能强大、管理方便、特级效果丰富、捕捉素材方便、编辑方便、可制作网络作品等众多优点，不仅提供了多种人们意想不到的创意工具和精美素材来供用户随意使用，还由Adobe Sensei提供支持了各种强大的自动化工具，可有效地帮助用户节省视频剪辑时间，从而更好地专注于视频内容。而且，无论是MP3、MP4、GIF、AAC、3GP、AVI，还是数码相机、影片、原生文件等任何格式的素材，都可以轻松地导入并进行编辑，兼容性十分强大，可以很好地满足各种人群的使用需求。

另外，全新的Adobe Premiere Pro CC 2021与其上一个版本相比，为用户优化和更新了不少的新功能和细节。例如，提供了全新的ARRI ProRes的色彩管理，支持Rec.2100 PQ彩色工作空间，支持ProRes RAW的导入等功能，致力于为用户带来更加顺畅的使用体验。同时，该软件还增强了场景编辑检测功能，在使用该功能时，软件不仅会自动为用户分析视频，还会检测原始编辑点，并在文件中的每个编辑点自动添加剪切或标记，这样就可以轻松地帮助用户快速自动获得切割点，而无须通过手动慢慢地检查素材来寻找所需要的编辑点，非常的便捷实用。

1．ARRI ProRes的色彩管理

带有嵌入式LUT的ARRI ProRes格式的色彩管理简化了Premiere中的工作流程。对于HDR产品，用户可以切换至Rec.709 LUT并将其替换为HLG LUT。

2．支持Rec.2100 PQ彩色空间

HDR工作流现在包括对Premiere中Rec.2100 PQ色彩空间的支持，可提供更接近真实生活的、更宽的颜色和光线范围。借助Premiere对于Rec.2100 PQ色彩空间的支持，广播公司可以处理更加生动和更富动态的内容,如图2-3所示。

在Premiere的整个HDR工作流程中,对Apple ProRes和Sony XAVC Intra编解码器进行全面色彩管理和GPU加速。这不是单一的功能,而是一系列功能的组合,可用于在Premiere中导入、编辑和导出HLG内容,且着重于专业广播工作流程。

3. 导入对ProRes RAW的支持

Windows上的ProRes RAW导入支持现在可用于Intel和AMD GPU。现在,可以使用所有主要GPU在两个平台上导入ProRes RAW。

4. ProRes RAW到LOG颜色空间转换

Premiere中现已提供ProRes RAW到LOG色彩空间的转换。随着越来越多的摄影机拥有了ProRes Raw 录制功能,Premiere终于能够解码并处理ProRes Raw文件,如图2-4所示。

图 2-3

图 2-4

5. 性能提升

- Windows上使用AMD和nVIDIA GPU的新硬件解码为Premiere和After Effects中广泛使用的H.264和HEVC格式提供了更快的播放速度和响应时间轴性能。
- Premiere中更快的音频预滚动,可为大型项目或使用大量音频效果的项目提供响应性播放。不再等待在MAC OS和Windows上开始播放。

2.2 Premiere Pro CC 2021的操作界面

Premiere Pro CC 2021主要有音频、色彩校正、编辑、效果、元数据记录5种界面模式。默认是编辑模式,如图2-5所示。下面简单介绍编辑模式下界面中的几大模块。

1. 菜单栏

Premiere Pro CC 2021的大多数操作都可以通过菜单命令来实现,主要包含文件、编辑、项目、素材、序列、标记、字幕、窗口和帮助9个菜单。所有操作命令都包含在这些菜单及其子菜单中,如图2-6所示。

微课:
Premiere Pro CC 2021
操作界面基础知识

微课:
Premiere Pro CC 2021
界面实际操作

图 2-5

图 2-6

2. "项目"窗口

"项目"窗口主要用于导入、存放和管理素材，如图2-7所示。编辑影片所用的全部素材应事先存放在"项目"窗口中，然后调出使用。"项目"窗口中的素材可以用列表和图标两种视图方式来显示，包括素材的缩略图、名称、格式、出入点等信息。在"项目"窗口中也可以为素材分类、重命名或新建某些类型的素材。"项目"窗口按照不同的功能可以分为4个功能区。

预览区："项目"窗口的上部是预览区。在素材区单击某一素材文件，就会在预览区显示该素材的缩略图和相关的文字信息。对于影片、视频素材，选中后单击预览区左侧的"播放/停止"按钮，可以预览该素材的内容。当播放到该素材有代表性的画面时，单击"播放/停止"按钮上方的"标识帧"按钮，便可将该画面作为该素材缩略图，便于用户识别和查找。

素材区：素材区位于"项目"窗口的中间，主要用于排列当前编辑项目文件中的所有素材，可以显示素材类别图标、素材名称、素材格式等相关信息。默认显示方式是列表方式，如果单击"项目"窗口下方工具条中的"图标视图"按钮，素材将以缩略图方式显示，再单击工具条中的"列表视图"按钮，可以返回列表方式显示。

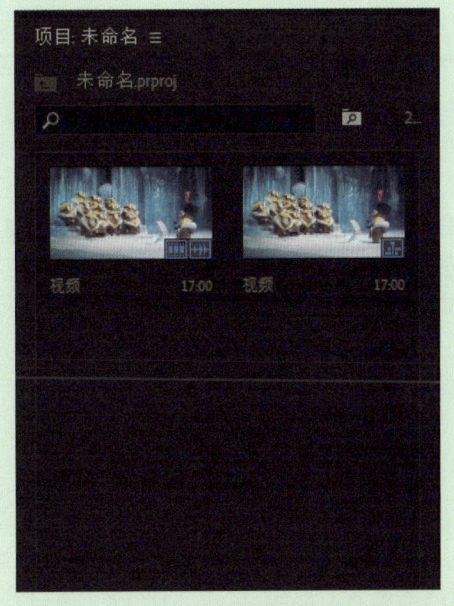

图 2-7

工具条：工具条位于"项目"窗口最下方，提供了一些常用的功能按钮，如"列表视图"按钮和"图标视图"按钮，还有"自动匹配到序列""查找""新建素材箱""新建项目"和"清除"等按钮。单击"新建项目"按钮，会弹出扩展菜单，用户可以通过选择不同的命令在素材区中快速新建"序列""脱机文件""字幕""彩条""黑场""彩色蒙版""通用倒计时片头""透明视频"等多种类型的素材。

下拉菜单：单击"项目"窗口右上角的扩展按钮，会弹出窗口菜单。该窗口菜单中的命令主要用于对"项目"窗口中的素材进行管理，其中也包括工具条中相关按钮的功能。

3. "监视器"窗口

"监视器"窗口分左、右两个面板，如图2-8所示。左侧是"素材源"面板，主要用来预览或剪裁"项目"窗口中选中的某一原始素材。右侧是"节目"面板，主要用来预览"时间线"窗口中已经编辑的素材（影片），也是最终输出视频效果的预览窗口。

图 2-8

"素材源"面板："素材源"面板的左上方是素材名称。单击右上角的扩展按钮，会弹出窗口菜单，其中包括关于"素材源"面板的所有设置，可以根据项目的不同要求及编辑的需求对"素材源"面板进行模式选择。面板中间部分是素材预览窗口，可以通过在"项目"窗口或"时间线"窗口中双击某个素材或者从"项目"窗口中将素材拖至"素材源"面板中的方式使素材显示在预览窗口中。预览窗口的下方分别是素材时间编辑滑块位置时间码、窗口比例、素材总长度时间码。面板的下部是时间标尺、时间标尺缩放器、时间编辑滑块、面板的控制器及功能按钮。控制器分左、中、右3部分，左边的功能按钮有"设置入点"、"设置出点"、"设置未编号标记"、"跳转到入点"、"跳到转出点"、"从入点到出点播放视频"。中间的功能按钮有"跳转到前一标记"、"步退"、"播放或停止"、"步进"、"跳转到下一标记"、"飞梭"（快速搜索）和"微调"工具。右边的功能按钮有"循环"、"安全框"、"输出"（包括下拉菜单）、"插入"、"覆盖"。

"节目"面板："节目"面板与"素材源"面板类似。"节目"面板的控制器用来预览在"时间线"窗口中选中的序列，为其设置标记或指定入点和出点，以确定添加或删除的部分帧。右下方还有"提升"和"提取"按钮，用来删除序列中的部分内容，而"修整监视器"按钮用来调整序列中编辑点的位置。

4. "时间线"窗口

"时间线"窗口是视频作品的基础，它提供了组成项目的视屏序列、特效、字幕和切换效果的临时图形总览。"时间线"窗口分为上、下两个区域，上方为时间显示区，下方为轨道区，如图2-9所示。素材片段按照播放时间的先后顺序及合成中层的先后顺序在时间线上从左至右、由上及下排列在各自的轨道上，可以使用各种编辑工具对这些素材进行编辑操作。

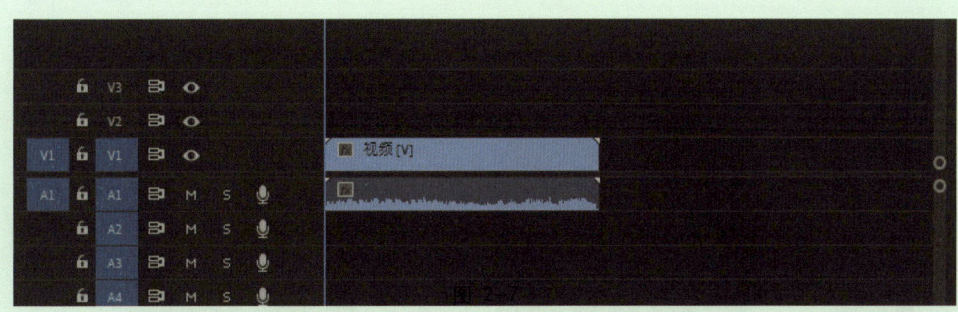

图 2-9

时间显示区：时间显示区是"时间线"窗口工作的基准，承担着指示时间的任务。它包括时间标尺、时间编辑线滑块及工作区控制条。左上方的时间码显示的是时间编辑线滑块所处的位置。单击时间码，可以输入时间，使时间编辑线滑块自动停到指定的时间位置。也可以单击时间编辑线滑块并水平拖动鼠标来改变时间，确定时间编辑线滑块的位置。时间码下方有"吸附"按钮（默认被激活），在"时间线"窗口轨道中移动素材片段时，可使素材片段边缘自动对齐。此外还有"设置DVD章节标记"和"设置未编号标记"按钮。时间标尺用于显示序列的时间，其时间单位以项目设置中的时基设置（一般为时间码）为准。时间标尺上的编辑线用于定义序列的时间，拖动时间线滑块可以在"节目"面板的预览窗口中浏览影片内容。时间标尺上方的标尺缩放条和窗口下方的缩放滑块效果相同，都可以控制标尺精度，改变时间单位。标尺下是工作区控制条，它确定了序列的工作区域，在预演和渲染影片时，一般都要指定工作区域，控制影片输出范围。

轨道区：轨道是用来放置和编辑视频、音频素材的地方。用户可以对现有轨道进行添加和删除操作，还可以将它们任意地锁定、隐藏、扩展和收缩。在轨道左侧是轨道控制面板，操作其中的按钮可以对轨道进行相关的控制设置。它们是"切换轨道输出"按钮、"切换同步锁定"按钮、"设置显示样式"按钮（包含下拉菜单）、"显示关键帧"按钮（包含下拉菜单），还有"到前一关键帧"按钮和"到后一关键帧"按钮。轨道区右侧上半部分是3条视频轨，下半部分是3条音频轨。在轨道的空白处右击，在弹出的快捷菜单中可以选择"添加轨道"或"删除轨道"命令来实现轨道的增减。

5. 工具箱

工具箱中包括很多对视频和音频进行编辑的重要工具，可以完成许多特殊编辑操作。除了默认的"选择工具"外，还有"轨道选择工具""波纹编辑工具""滚动编辑工具""速率伸缩工具""剃刀工具""错落工具""滑动工具""钢笔工具""手形工具"和"缩放工具"，如图2-10所示。

6."信息"面板

"信息"面板用于显示在"项目"窗口中所选中素材的相关信息，包括素材名称、类型、大小、开始及结束点等信息，如图2-11所示。

7."媒体浏览"面板

"媒体浏览"面板用于浏览计算机盘符中的素材文件。在计算机的盘符中找到素材后，直接拖入即可浏览，如图2-12所示。

 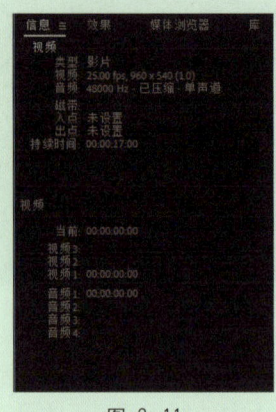 

图 2-10　　　　　图 2-11　　　　　　　　图 2-12

8．"效果"面板

"效果"面板中存放了Premiere自带的各种音频、视频特效和视频切换效果，以及预置的效果。用户可以方便地为"时间线"窗口中的各种素材片段添加特效。按照特殊效果类别分为5个素材箱，而每一大类又细分为很多小类。如果用户安装了第三方特效插件，也会出现在该面板相应类别的素材箱中，如图2-13所示。

9．"效果控件"面板

当为某一段素材添加了音频、视频特效后，还需要在"效果控件"面板中进行相应的参数设置和添加关键帧。制作画面的运动或透明度效果也需要在这里进行设置，如图2-14所示。

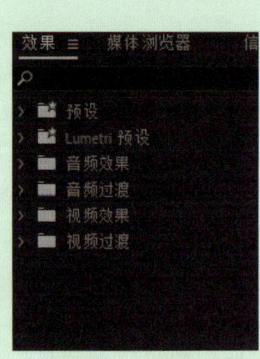 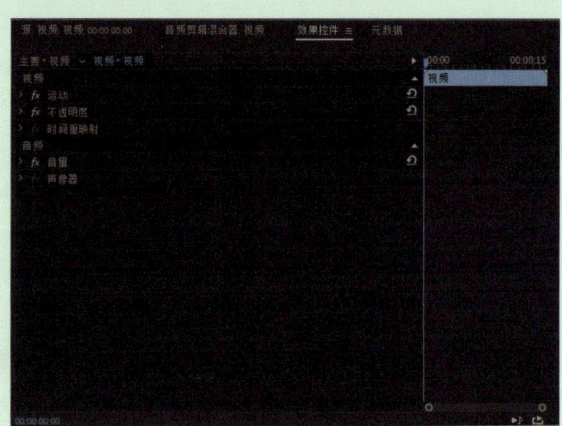

图 2-13　　　　　　　　　　图 2-14

10．"音频轨道混合器"面板

"音频轨道混合器"面板的原名为"调音台"面板。"音频轨道混合器"中的弹出菜单已重新进行设计，可以采用分类子素材箱的形式显示音频增效工具，以便更快地进行选择，如图2-15所示。

11．"主声道"面板

"主声道"面板用于显示混合声道输出音量大小。当音量超出了安全范围时，在柱状顶端会显示红色警告，用户可以及时调整音频的增益，以免损伤音频播放设备，如图2-16所示。

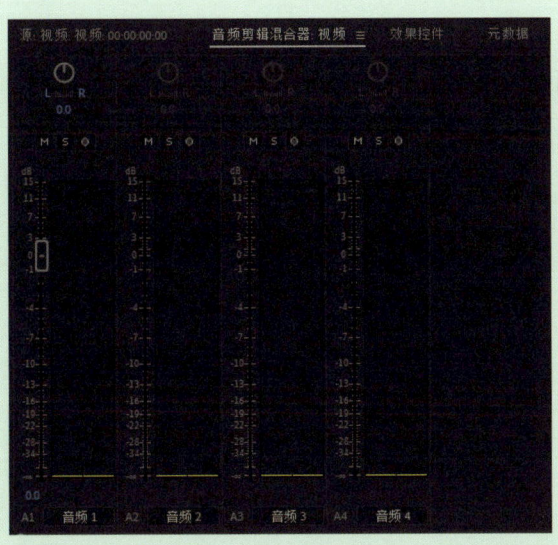

图 2-15　　　　　　　　　　　图 2-16

2.3　素材的导入、管理和捕捉

创建一个项目是开始整个影片后期制作流程的第一步，用户应该按照影片制作需要进行项目设置，并根据自己计算机的硬件情况对软件的工作参数进行设置，然后导入素材。

2.3.1　整理素材

在计算机中选择存储容量大的磁盘存储项目文件，将所有与项目相关的素材存储到项目文件夹内，文件夹的命名可根据具体的项目来定。例如命名为"酷炫剪辑"的文件夹，在其内部可细分其他类别的名称，效果如图2-17所示。

"项目工程"文件夹用来存储Premiere Pro CC 2021的工程数据，如图2-18所示。每一次修改项目后，要有另存为新工程文件的习惯,避免丢失最原始的工程文件。同时在此文件夹中，还会生成一个自动保存的文件夹"Adobe Premiere Pro Auto-Save"，一旦软件报错退出,没有及时手动保存,可在此文件夹中找到软件自动保存的工程文件。

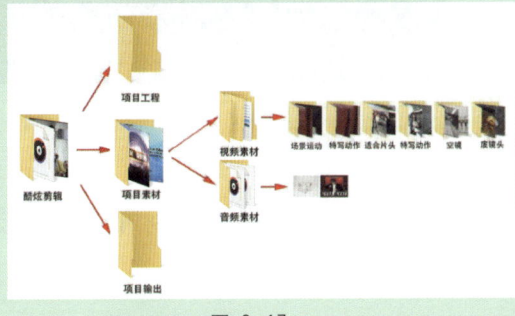

图 2-17　　　　　　　　　　　图 2-18

"项目素材"文件夹主要用于存储素材，根据素材类型的不同(如视频和音频)可分开存放。在视频素材中，根据对素材的了解，归类存放得越明确，剪辑时查找素材就越方便。

"项目输出"文件夹主要用于存储最终渲染输出的视频文件。

根据项目类型的不同,可对文件夹进行相应的分类,前期做好素材的分类管理,后期的剪辑效率才会提高。

2.3.2 项目设置

在使用Premiere编辑视频和音频之前,用户需要对该软件本身的一些重要参数进行设置,以便软件工作时处于最佳状态。

1. 打开参数对话框

在Premiere的工作界面中,选择"编辑"→"首选项"→"常规"菜单命令,打开"首选项"对话框,如图2-19所示。

2. 常规设置

在"首选项"对话框的"常规"设置面板中,可以修改"视频切换默认持续时间"为24帧(即1秒),设置"音频切换和静帧图像"和"默认持续时间"分别为1秒和125帧,其余选项均保持默认设置。

3. 自动保存设置

在编辑的过程中,系统会根据用户的设置,自动对已编辑的内容进行保存。自动保存的时间间隔不能过短,以免造成系统占用过多的时间来进行存盘工作。

在"自动保存"设置面板中选中"自动保存项目"复选框,在"自动保存时间间隔"文本框中输入"10"分钟,在"最大项目版本"文本框中,用户可以根据硬盘空间的大小来确定项目数量,一般为5,空间大可以适当增加项目数量,如图2-20所示。

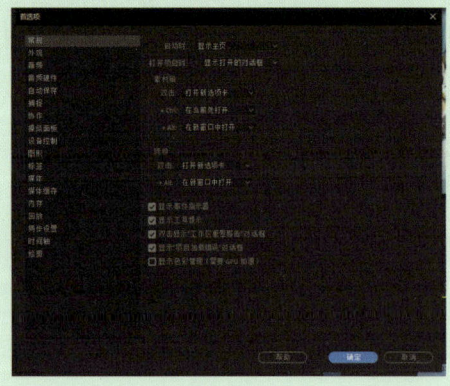

图 2-19

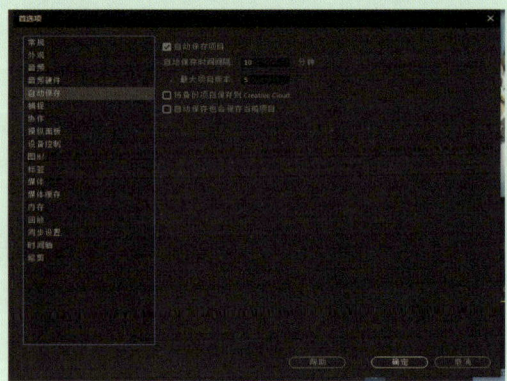

图 2-20

4. 捕捉设置

在"捕捉"设置面板中选中"丢帧时中止捕捉"复选框,这样在采集素材时如果出现大量帧丢失,系统会自动中断当前的采集,并提示用户错误信息。

5. 媒体设置

使用Premiere时,媒体高速缓存文件所需要的硬盘空间较大,用户应尽量将其保存在空间较大的磁盘中。

切换到"媒体"设置面板,在"媒体缓存文件"选项组中单击"浏览"按钮,在弹出的"浏览素材箱"对话框中选择缓存文件所要保存的位置。"媒体缓存数据库"的保存位置也可以设置为与缓存文件相同。在"不确定的媒体时基"下拉列表框中选择"25.00fps"选项,其余选项保持默认设置,如图2-21所示。

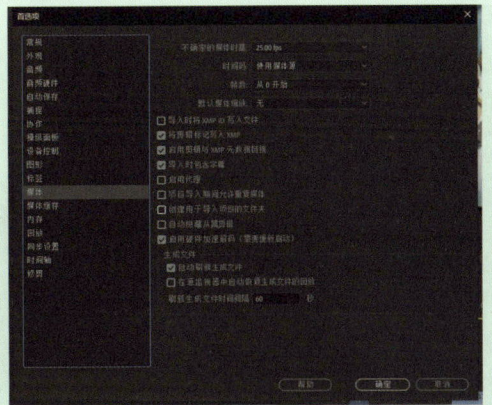

图 2-21

2.3.3 素材的导入

当外部素材归类好之后,在运用Premiere Pro CC 2021进行编辑前首先要对素材的格式类型进行了解,再快速导入整理好的素材。下面先讲解Premiere Pro CC 2021支持的文件格式。

1. Premiere Pro CC 2021支持的文件格式

Premiere Pro CC 2021支持导入多种格式的素材,包括视频格式、音频格式和图像格式等。支持导入的素材格式分类如下。

- 视频格式:MP4、MPEG/MPE/MPG、DV、AVI、MOV、WMV等。
- 音频格式:WAV、WMA、AAC、MP3、AIFF、MOV、AVI、OpenDML等。
- 图像格式:AI、PSD、BMP/DIB/RLE、EPS、FLC/FLI、GIFICO、JPEG/JPE/JPG/JFIF、PCX、PICT/PIC/PCT、PNG、PRTL、PSD、TGAICB/VST/DA、TIF等。
- 项目格式:AAF、AEP、EDL、PLB、PPL、PREL、PRPROJ、PSQ、PSD、XML等。

常用的视频格式有MP4、MOV、AVI等,音频格式有MP3、WAV等,图像格式有JPEG、PNG等,项目格式有PSD、AEP等。

2. 导入素材

当整理好大量的素材后,需要将素材快速导入软件中进行编辑。下面讲解导入素材的两种方法。

(1) 在"项目"面板中导入素材

双击"项目"面板中的空白区域,如图2-22所示,或者选择"文件"→"导入"菜单命令,(快捷键为Ctrl+L),打开"导入"对话框。在其中选择需要导入的素材文件,单击"打开"按钮即可。

(2) 在"媒体浏览器"面板中导入素材

"媒体浏览器"面板是一个微型的文件浏览器,在此面板中可以方便地进行文件浏览和查找,可以快速找到需要调用的素材文件。单击"媒体浏览器"选项卡,面板左侧显示计算机中的硬盘分区和各种读卡器等设备,面板右侧显示素材文件,如图2-23所示。

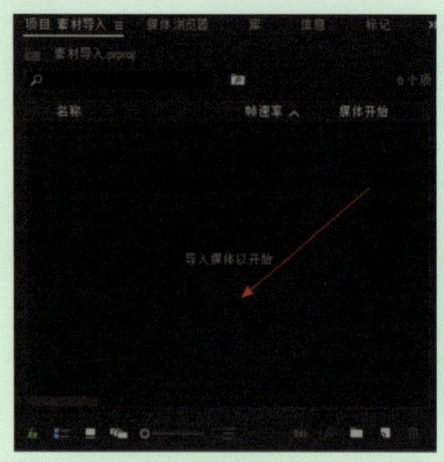

图 2-22

图 2-23

3. 不同格式素材的导入流程

剪辑中用到的素材多数为视频格式,但也可能是其他格式,以下是3种特殊文件格式的导入方法。

(1) 导入图片序列

图片序列由序列帧构成,每一幅图片代表一帧。能生成序列的软件有很多,如After Effects、Cinema 4D、3ds Max、Maya和Nuke等。导入时选中第1帧,选中"图像序列"复选框,单击"打开"按钮,序列中的图片将按数字序号进行排列,以动态素材的形式导入项目中,如图2-24所示。

(2) 导入Photoshop工程

Photoshop是图像处理软件,它的工程文件可以记录分层信息,在Premiere Pro CC 2021中导入Photoshop工程文件时,可读取其分层文件。

在"项目"面板中的空白区域双击,打开"导入"对话框,选择Photoshop的工程文件,单击"打开"按钮,打开"导入分层文件" 对话框,在"导入为"下拉列表中,可以选择不同的导入选项,如图2-25所示。

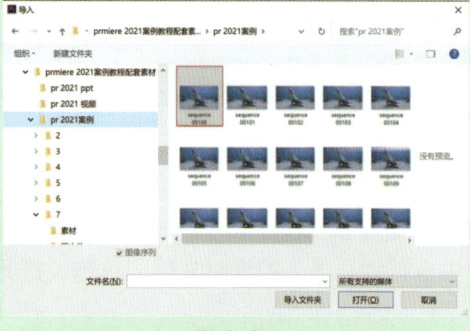

图 2-24　　　　　　　　　　图 2-25

"导入为"下拉列表中各选项说明如下。

- "合并所有图层"用于合并Photoshop文件的所有图层。
- "合并的图层"用于选择需要合并的图层。
- "各个图层"用于选择单个图层并导入。
- "序列"用于以序列的方式导入分层的Photoshop文件。

在"导入为"下拉列表框中选择"序列"选项，素材尺寸将保持默认，单击"确定"按钮，将素材导入软件。选择图层大小，所有图层以项目大小为主，所有图层的中心点为项目中心点，保留Photoshop中的画面构图。

(3) 导入After Effects工程

After Effects是图形视频处理软件，与Photoshop工程文件不同，After Effects导入Premiere Pro CC 2021中的文件不能展开分层细节，导入时只能选择After Effects中的一个合成文件，最终以动态视频的效果显示。

Premiere Pro CC 2021还可以导入由同系列软件生成的项目文件（包括相同Premiere版本或早期的Premiere版本），导入项目文件也称为"项目嵌套"。这种方法可以将多个Premiere项目文件进行合并处理。当进行比较复杂的编辑工作时，可以分开编辑项目。最后进行项目嵌套，提高工作效率。

2.3.4 预览素材

导入到"项目"窗口中的素材在编辑前可以预览。预览可以在"项目"窗口的预览区进行，也可以在"素材源"面板的预览窗口中进行。

1. 在预览区中预览

在"项目"窗口中单击需要预览的素材，再单击预览区左侧的"播放-停止切换"按钮，便可在"项目"窗口的预览区中预览素材内容。若是图片，则只能显示该图片内容，不能播放。

2. 在"素材源"面板的预览窗口中预览

在"项目"窗口中双击需要预览的素材（或者右击需要预览的素材，在弹出的快捷菜单中选择"在'素材源'面板打开"命令），打开"素材源"面板。单击该监视器下方的"播放-停止切换"按钮，便可预览素材内容。

2.3.5 管理素材

在编辑影片、查找和调用素材时，由于素材种类多、数量大，使用起来很麻烦，因此在编辑之前对素材进行科学管理，对提高工作效率非常有帮助。

1. 查看素材信息

素材包含了供用户查看的详细信息，包括素材的名称、文件路径、类型、文件大小、格式、尺寸、持续时间等。用户可以快速、直接查看到素材的相关信息，以便合理地规划、使用和管理素材。

在"项目"窗口中，右击所要查看的某个素材图标，在弹出的快捷菜单中选择"属性"命令，弹出"属性"面板，这里有关于素材的详细信息。还可以在"项目"窗口中单击某个素材图标，打开"信息"面板来查看该素材的相关信息。

2. 定义影片

用户不仅可以查看素材的属性，还可以通过"解释素材"命令修改素材的属性，使其更符合影片的编辑要求。

在"项目"窗口中，右击某个素材图标，在弹出的快捷菜单中选择"解释素材"命令，打开"修改素材"对话框，在"帧速率"选项组中可以设置影片的帧速率，如果选中"使用来自文件的帧速率"单选按钮，则影片使用原始的帧速率。用户可以在"假定帧速率为"文本框中输入所需要的数值（我国的电视制式为25fps）。如果帧速率改变了，则影片的"持续时间"（长度）也将发生相应变化。在"像素纵横比"选项组中，默认选中"使用来自文件的像素纵横比"单选按钮，用户可以在"符合为"下拉列表框中重新选择所需要的像素纵横比来改变素材尺寸比例。"方形像素（1.0）"选项是供计算机显示器观看的，若影片在电视机中观看，应选择"D1/DV PAL（1.0940）"选项或"D1/DV 宽银幕16:9（1.4587）"选项。一个素材（如图片、视频等）若没有正确的像素纵横比，则画面会被拉长或被压缩，从而导致变形。在"场序"选项组中，默认选择"使用来自文件的场序"。根据影片的要求，用户可以在"符合为"下拉列表框中重新选择所需要的场序。

3. 编辑附加素材

在"项目"窗口中可以对素材进行基本的剪切编辑工作，缩短素材持续时间。

在"项目"窗口中右击素材，在弹出的快捷菜单中选择"编辑附加素材"命令，打开"编辑附加素材"对话框，用户可以在"附加素材"选项组中用鼠标拖动的方法（或直接设置）改变素材的"开始"或"结束"时间，单击"确定"按钮后，在"项目"窗口中的源素材便缩短了持续时间，即将源素材的一部分（开始至结束之间）保留在"项目"窗口中，对源素材进行了剪切编辑。

4. 素材的分类管理

在"项目"窗口中，当素材文件数量和种类较多时，可以按照素材的种类、格式或内容等特点进行分类管理，这样在编辑过程中查找、调用素材会十分方便。通常用户可以在"项目"窗口中新建素材箱，将同类素材放在同一个素材箱中。

在"项目"窗口中新建素材箱，方法有3种。第1种是选择"文件"→"新建"→"素材箱"菜单命令；第2种是在"项目"窗口的空白处右击，在弹出的快捷菜单中选择"新建素材箱"命令；第3种是单击"项目"窗口底部的"新建素材箱"按钮，便可在"项目"窗口中添加一个"素材箱01"的素材箱。用户可以将"项目"窗口中同类型的素材选中，然后拖到该素材箱中。单击Bin01前的小三角按钮，打开"素材箱01"，可以在其中看到刚才拖入的素材。用同样的方法，用户可以分别新建视频、音频、图片、动画等多个素材箱，将素材分门别类地放入相应的素材箱中，实行分类管理。

5. 素材重命名

为了使素材查找方便，有时需要对素材进行重命名。用户可以在"项目"窗口中需要重命名的素材名称上双击，或选择"素材"→"重命名"菜单命令即可，如图2-26所示。在"素材名"文本框中输入新的素材名称，按Enter键后，"项目"窗口中的原素材名称被改变。用同样的方法，用户也可以给素材箱进行重命名。

图 2-26

6. 素材的清除

对于"项目"窗口中影片不会用到的素材，或者是错误导入的素材，用户可以在"项目"窗口中将其清除。如果该素材已在序列中使用，则会在序列中该素材的位置留下空位。因此清除素材时需要慎重。

在"项目"窗口中单击某个素材图标，再选择"编辑"→"清除"菜单命令，即可清除"项目"窗口中的素材。也可以在"项目"窗口中某个素材图标上右击，在弹出的快捷菜单中选择"清除"命令。

2.3.6 捕捉素材

要将拍摄的DV视频素材进行编辑，首先要将DV视频素材传到计算机的硬盘中保存备用，这一过程称为"视频捕捉"。

要捕捉磁带中的DV视频素材，用户必须准备可播放DV视频磁带的录像机（或摄像机）、视频采集卡和连接线，并且在计算机中安装好视频采集卡及驱动程序。

1.连接

由于使用的是DV摄像机拍摄的DV素材带，并且计算机中安装的视频卡配有支持IEEE 1394的数字接口，只需将DV的DV接口与视频卡上的IEEE 1394（DV）接口用DV专用连接线对接即可。

2.捕捉

使用Premiere捕捉视频时，用户需要为捕捉的文件预先安排一个较大的硬盘空间，以便存放捕捉时产生的临时文件。在捕捉前，有必要对系统进行捕捉设置。

打开"Capture（捕捉）"窗口：在Premiere界面中，按F5键打开"捕捉"窗口。也可以通过选择"文件"→"捕捉"菜单命令来打开"捕捉"窗口，如图2-27所示。

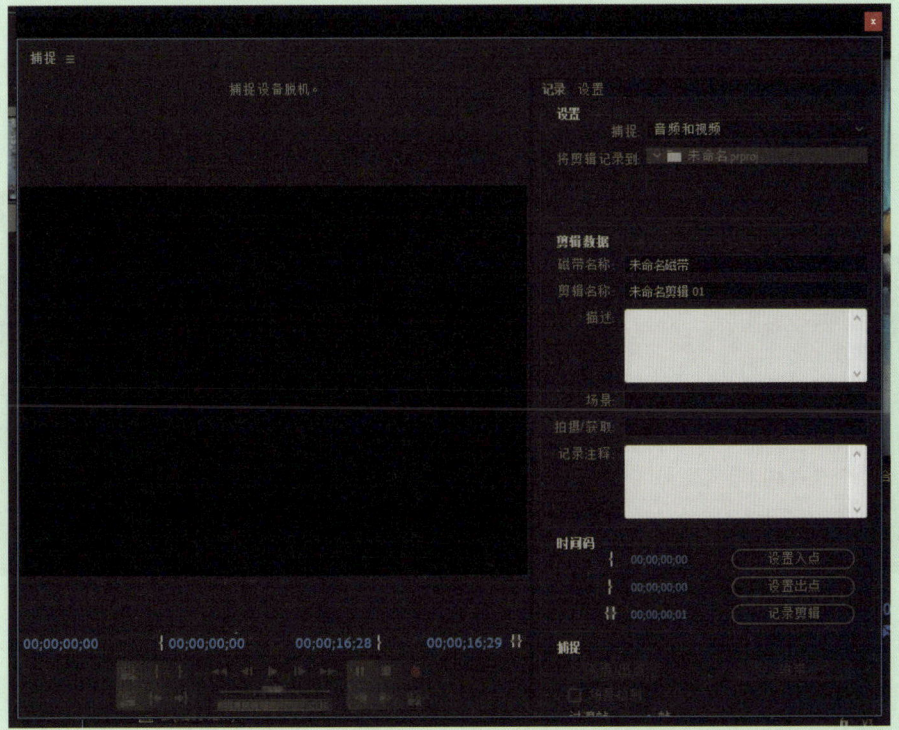

图 2-27

捕捉设置：切换到"捕捉"窗口右侧的"记录"选项卡，在"设置"项目组中，根据影片编辑的需要，选择"捕捉"的素材是"音频和视频""音频"或"视频"，以此来确定素材捕捉的类型，如图2-28所示。

切换到"捕捉"窗口右侧的"设置"选项卡，在"捕捉设置"项目组中，单击"编辑"按钮，打开"捕捉设置"对话框，对"捕捉格式"进行设置（在新建项目中设置的捕捉格式是DV），单击"确定"按钮，关闭"捕捉设置"对话框。在"捕捉位置"项目组中，单击"浏览"按钮，设置"视频"和"音频"素材文件的保存路径，通常将其保存在较大的硬盘空间中，并且选择"与项目相同"的路径，如图2-29所示。

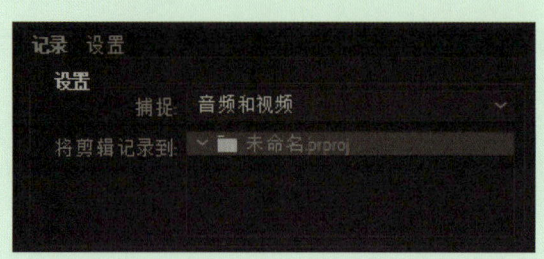

图 2-28

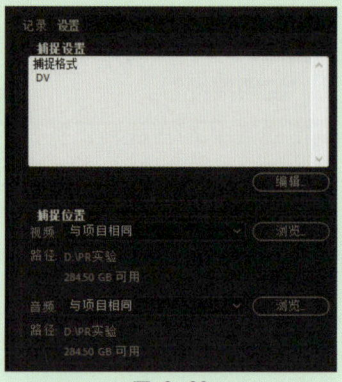

图 2-29

为了能够在"捕捉"窗口中控制捕捉设备录像机的操作，用户可以在"设备控制"选项组中对捕捉的设备进行确认，如图2-30所示。在"设备"下拉列表框中选择"DV/HDV设备控制"选项，单击"选项"按钮，打开"DV/HDV设备控制设置"对话框，如图2-31所示。设置"视频标准"为PAL、"设备品牌"为Sony、"设备类型"为"标准"、"时间码格式"为"非丢帧"，单击"检查状态"按钮，若显示"在线"，则表示录像机与计算机连接正常，可以进行捕捉；若显示"脱机"，则有可能是录像机电源未打开或与计算机连接有误，需要打开电源或重新连接，直至显示"在线"。设置完后单击"确定"按钮，返回"捕捉"窗口，选中"丢帧时终止捕捉"复选框，当捕捉出现丢帧时，系统会自动中断捕捉。

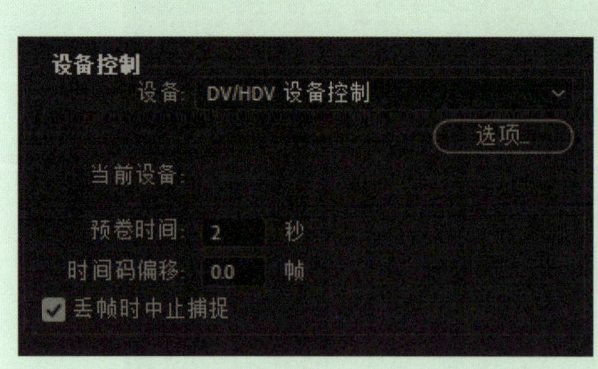

图 2-30

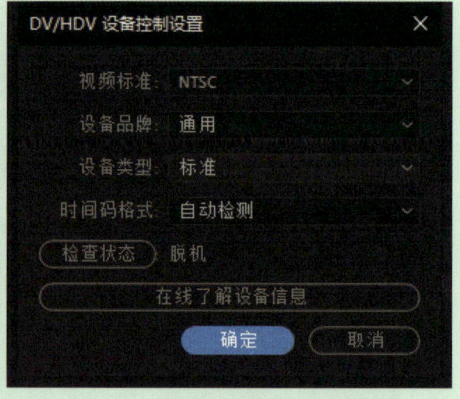

图 2-31

手动捕捉：手动捕捉就是一边播放DV素材带，一边捕捉素材。用户直接利用"捕捉"窗口左下方的一些遥控按钮（如▶、◀、■、▶等）控制DV录像机素材带的播放。同时在窗口上方显示录像机磁带运行状况及时间码等技术参数。到需要捕捉的素材画面出现时，单击"录制"按钮，系统会自动将素材内容捕捉到指定素材箱中。在需要捕捉的素材画面结束时，单击"停止"按钮，系统会自动停止捕捉，并弹出"保存已捕捉素材"对话框，用户对刚才捕捉的素材输入素材名、描述等后，单击"确定"按钮，退出"捕捉"窗口。同时，在Premiere"项目"窗口的预演区域和素材区域中显示刚才捕捉的素材缩略图、信息说明和素材文件。

自动捕捉：自动捕捉就是利用Premiere内置的设备控制功能，事先设置好DV素材带的入、出点时间码，系统会自动捕捉DV素材带中的这段素材。在"捕捉"窗口右侧"记录"选项卡的"时间码"选项组中，分别设置要捕捉素材的入点时间码和出点时间码（前提是DV素材带中的内容事先已做好了时间码记载，知道所需要素材画面的起止时间）。然后在"捕捉"选项组中单击"入点/出点"按钮，系统会自动对记录的入点到出点之间的素材片段进行捕捉，并弹出"保存已捕捉素材"对话框，用户对刚才捕捉的素材输入素材名后，单击"确定"按钮，退出对话框。同时，在"项目"窗口的预演区域和素材区域中显示刚才捕捉到的素材缩略图、信息说明和素材文件。按照上述方法，对需要捕捉的素材片段设置入点、出点时间码，进行另一段素材的捕捉。捕捉完毕，退出"捕捉"窗口，返回Premiere工作界面中。

批量捕捉：当需要对DV素材带中的多个素材片段进行捕捉时，使用批量捕捉的方式可以大大提高工作效率。

2.4 Premiere的工作流程

用非线性编辑软件制作电视节目，一般需要这样几个步骤：首先创建一个"项目文件"，再对拍摄素材进行捕捉，存入计算机后，再将素材导入"项目"窗口中，从中进行剪辑并在"时间线"窗口中进行装配、组接，接着为素材添加特效、字幕，再配好解说，添加音乐、音效，最后把所有编辑（装配）好的素材合成影片，导出文件（输出），这个过程就是影片制作流程。本节将以"地球风景"宣传片的制作为例，介绍在Premiere中的一般工作流程。需要注意的是，本节只是初步介绍，目的是带领读者快速地了解Premiere，具体的各项内容会在后面的相关章节中进行详解。

2.4.1 创建项目

要使用Premiere进行视频编辑，首先要启动应用程序，创建一个项目文件，并对项目参数进行设置。

步骤01 打开程序

选择"开始"→"所有程序"→"Adobe"→"Adobe Premiere Pro CC 2021"菜单命令，即可启动Premiere Pro CC 2021。

步骤02 开始界面

稍等片刻后弹出如图2-32所示的欢迎界面，在该界面中可以执行"新建项目""打开项目"和"帮助"等操作。

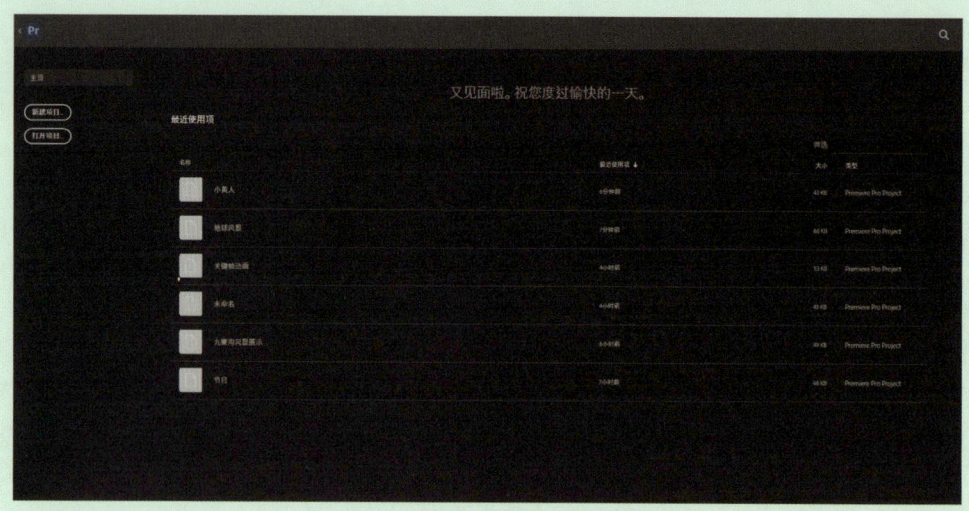

图 2-32

步骤03 新建项目设置(1)

单击"新建项目"按钮,打开"新建项目"对话框,如图2-33所示。

步骤04 新建项目设置(2)

选择"常规"选项卡,首先设置"视频""音频"和"捕捉"选项,然后在对话框下方选择项目文件的存放路径,并输入项目文件名称"地球风景",如图2-34所示。项目设置完成后,单击"确定"按钮。

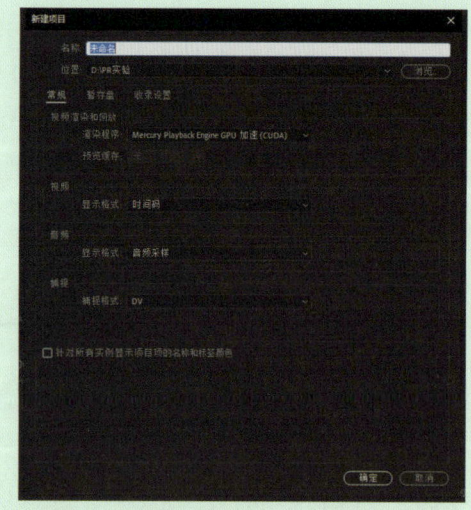

图 2-33

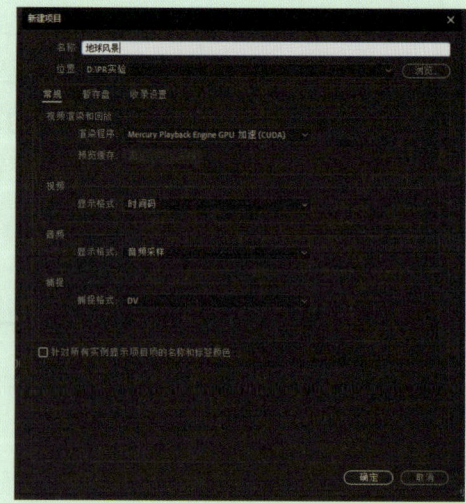

图 2-34

步骤05 设置"序列预设"选项卡

打开"新建序列"对话框,如图2-35所示,选择列表框中的"DV-PAL"→"标准48kHz"选项,这是标准的PAL制视频的项目设置。

步骤06 设置"轨道"选项卡

切换到"轨道"选项卡,在这里可以设置项目中视频和音频轨道的数量,设置"视频"轨道的个数为3、"声道数"为2,其他保持默认,如图2-36所示,单击"确定"按钮。

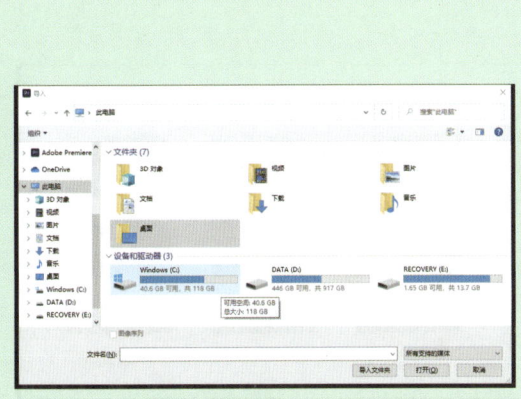
图 2-35

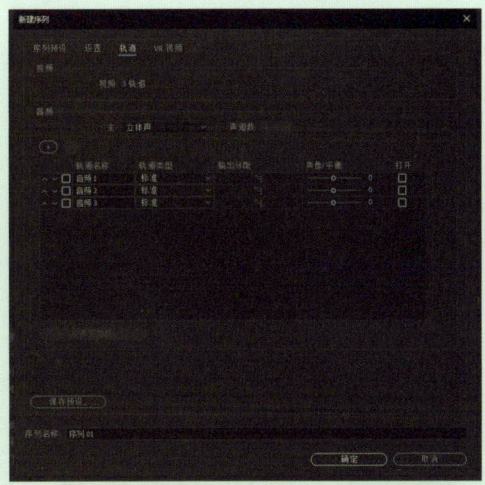
图 2-36

步骤07 Premiere工作界面

此时进入Premiere工作界面,该界面是进行编辑工作的主要区域,由标题栏、菜单栏、"项目"窗口、"监视器"窗口、"时间线"窗口、工具箱及其他面板和窗口组成,如图2-37所示。

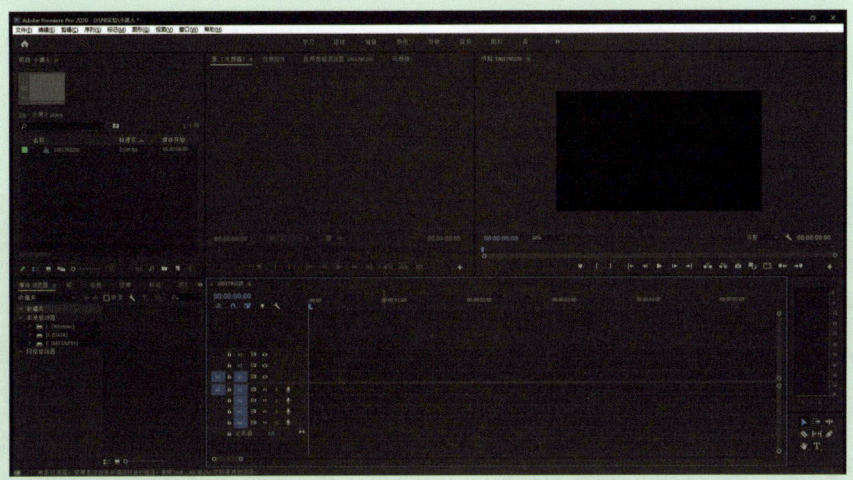
图 2-37

2.4.2 导入素材

在开始制作之前,要准备好项目视频所需要使用的各种素材,包括拍摄的视频、图片、音乐等,并将其分类保存到计算机中。将所需要的素材添加到创建的"项目"窗口中是进行视频编辑工作的第一步,具体操作步骤如下。

步骤01 设置静帧图像默认持续时间

选择"编辑"→"首选项"→"常规"菜单命令,在打开的"首选项"对话框中设置"静帧图像默认持续时间"为100帧(4秒),如图2-38所示,然后单击"确定"按钮。

步骤02 "导入"对话框

选择"文件"→"导入"菜单命令,或者直接在"项目"窗口的空白位置双击,打开"导入"对话框,如图2-39所示。

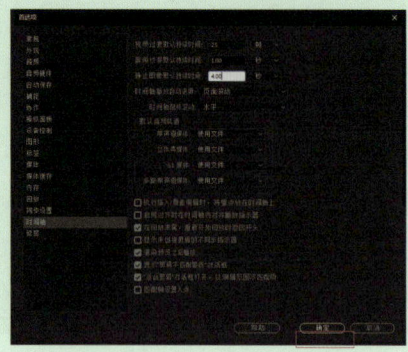

图2-38

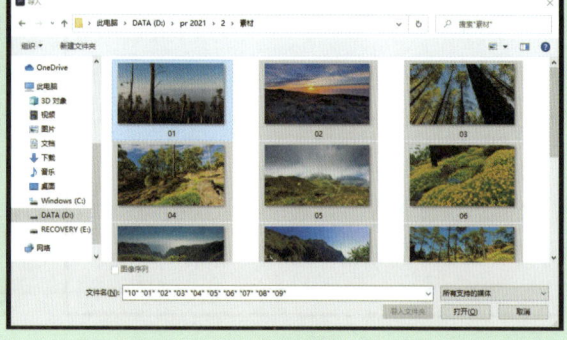

图2-39

步骤03 将图像素材导入"项目"窗口中

在"导入"对话框中,选择本书配套资源"Chapter2\2.4\素材"文件夹中的对应图像素材文件"01.jpg"~"10.jpg",然后单击"打开"按钮,将图像素材导入"项目"窗口中,如图2-40所示。

步骤04 新建素材箱

单击窗口底部的■按钮,新建一个素材箱,并命名为"图片素材",将前面导入的10幅图片文件拖动到"图片素材"素材箱中,如图2-41所示。

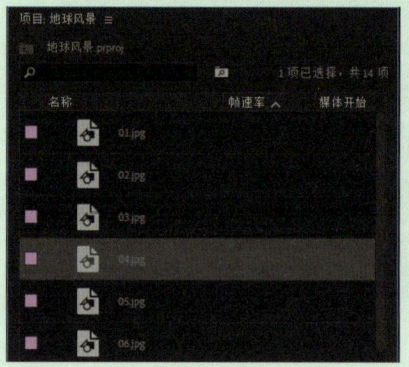

图 2-40

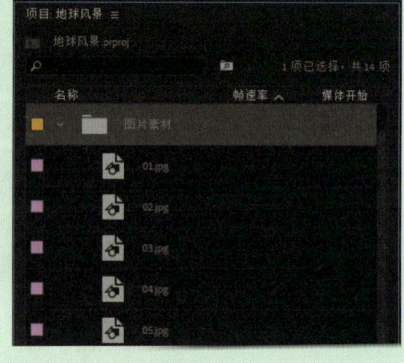

图 2-41

步骤05 新建多个素材箱

使用同样的方法分别创建名为"字幕文件"和"音频文件"的素材箱,如图2-42所示。

步骤06 右击导入

在"项目"窗口中的"图片素材"素材箱上右击,在弹出的快捷菜单中选择"导入"命令,如图2-43所示。

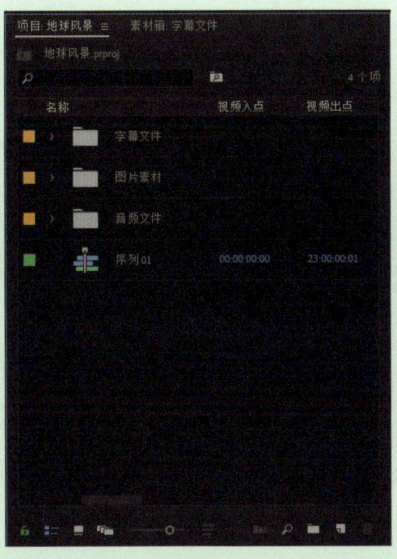
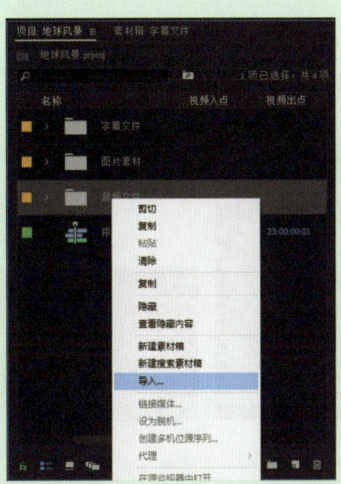

图 2-42　　　　　　　　　　图 2-43

步骤07 导入音频素材

在打开的"导入"对话框中,导入本书配套资源"Chapter2\2.4\素材"文件夹中的音频素材文件"背景音乐.mp3",如图2-44所示,最后单击"打开"按钮。

步骤08 查看文件

展开"项目"窗口中的"音频文件"素材箱,可以看见"背景音乐.mp3"素材已成功导入,如图2-45所示。至此,所需的素材文件全部导入完成。

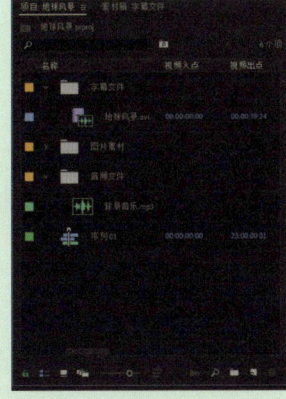

图 2-44　　　　　　　　　　图 2-45

2.4.3　编辑与整合素材

接下来进入素材的编辑与整合阶段。将素材导入"项目"窗口后,需要对素材进行调整、编辑及整合,以达到视频编辑所需要求的效果。

步骤01 添加图片素材

在"项目"窗口中,展开"图片素材"素材箱,按住Shift键选择"01.jpg"~"10.jpg"素材,如图2-46所示,将其拖到"视频1"轨道中的第0秒处。轨道中的素材按照拖入的顺序依次排列。

步骤02 预览素材效果

在"序列"窗口中，拖动时间线指示器，即可在"节目"面板中预览素材效果，此时发现图像素材太大，需要缩小，以适应窗口，如图2-47所示。

(a)

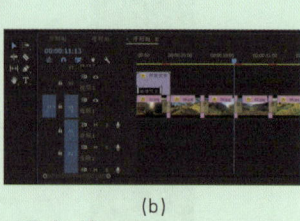
(b)

图 2-46

图 2-47

> **技巧 提示**
>
> 当轨道中的素材比较多时，为了更清晰地查看添加到轨道中的素材，可以在"序列"窗口中直接拖动时间标尺左下方的控制条，以改变时间单位的显示比例，如图2-48所示，这样微调起来就很方便。在输入时间码时，不必完整地按照时间格式输入，例如，若输入35.23秒，可以输入3523，按Enter键后会自动变为"00:00:35:23"的格式，这样就可以快速地将时间线指示器定位到相应的位置，从而提高工作效率。

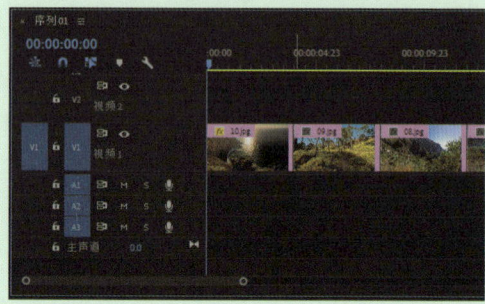

图 2-48

步骤03 打开"效果控件"面板

选择"视频1"轨道中的"01.jpg"，选择"窗口"→"效果控件"菜单命令，打开"效果控件"面板，单击"运动"选项组左边的三角形按钮▶，将其展开，如图2-49所示。

步骤04 设置图片大小

在"效果控件"面板中，当鼠标指针移动到"缩放"后面的数值上时，会变成带有左右箭头的手形图标，此时按住鼠标左键左右拖动即可调整其大小比例，也可以在数值上单击，然后输入需要的数值后按Enter键即可，这里设置"缩放"的数值为80，如图2-50所示。

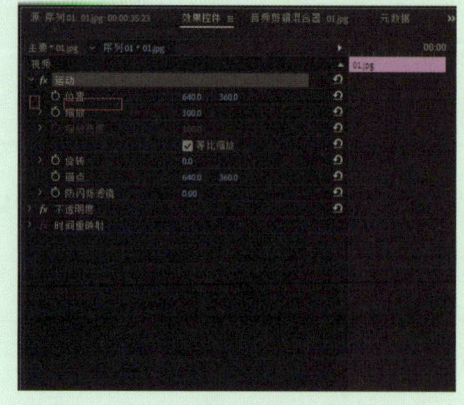

图 2-49

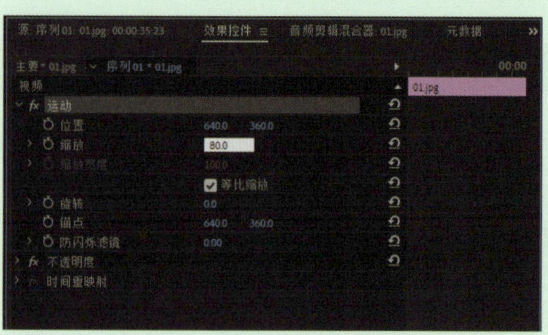

图 2-50

步骤05 复制素材效果

在第1段素材"01.jpg"的"效果控件"面板的空白处右击,在弹出的快捷菜单中选择"全选"命令(或者直接按Ctrl+A组合键),选中素材"01.jpg"的全部效果设置,再选择"复制"命令或按Ctrl+C组合键复制所有的效果设置,如图2-51所示。

步骤06 粘贴素材效果

选择"视频1"轨道中的第2段素材"02.jpg",然后在"效果控件"面板的空白处右击,如图2-52所示,在弹出的快捷菜单中选择"粘贴"命令,也可以直接按Ctrl+V组合键粘贴第1段素材"01.jpg"的全部效果。

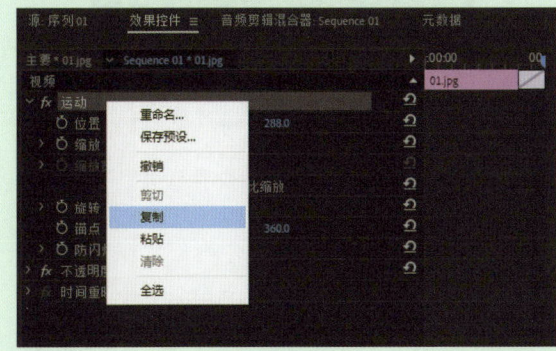

图 2-51

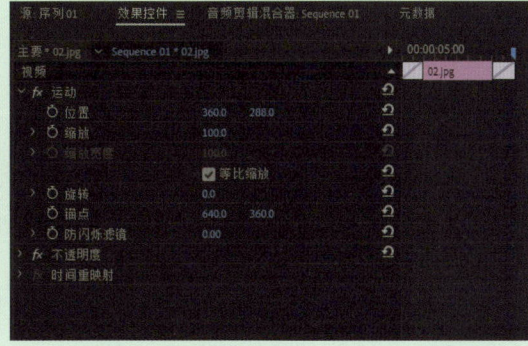

图 2-52

步骤07 拖动时间线预览效果

用同样的方法将素材"01.jpg"的全部效果设置分别复制给其他图片素材,设置完成后拖动时间线预览效果,如图2-53所示。至此,完成了图片素材的效果设置,接下来为"地球风景"添加文字说明,使其图文并茂。

图 2-53

2.4.4 添加字幕

字幕是视频制作中常用的信息表现元素,纯画面的信息不可能完全取代文字信息的功能,完美的视频作品必须图文并茂,正因为如此,很多视频作品都会用到精彩的标题字幕,以使影片显得更为完整。

步骤01 新建字幕

在"项目"窗口中单击"字幕文件"素材箱,接下来将新建的字幕保存在该素材箱中。选择"文件"→"新建"→"字幕"→"默认静态字幕"菜单命令,在打开的"新建字幕"对话框中进行设置,如图2-54所示,最后单击"确定"按钮。

步骤02 输入文字

此时会弹出字幕编辑窗口,如图2-55所示,在窗口左侧选择"输入工具" T ,然后在中间预览区单击并输入文字"地球风光欣赏"。

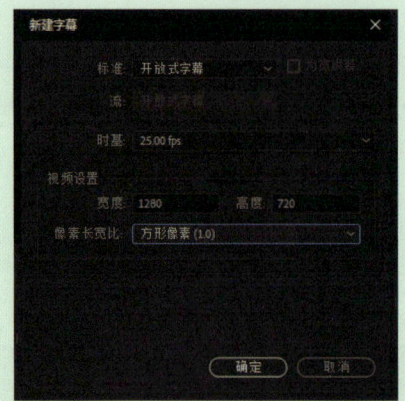
图 2-54

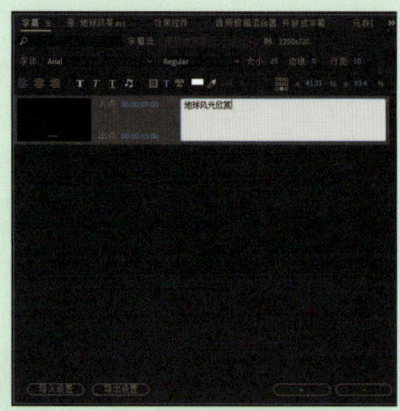
图 2-55

步骤03 设置文字属性

选中输入的文字，然后在"字幕"面板中设置"字体"为"隶书"、"字体大小"为80、填充"颜色"为"白色"、外描边"颜色"为"淡黄色"，如图2-56所示。

步骤04 查看文字

设置完成后单击窗口右上方的"关闭"按钮，此时在面板中会看到刚刚新建的标题字幕素材，如图2-57所示。

步骤05 添加字幕

将字幕拖到"视频2"轨道的开始处，如图2-58所示。

步骤06 预览作品效果

字幕创建并添加完毕后，拖动时间线预览作品效果，如图2-59所示。

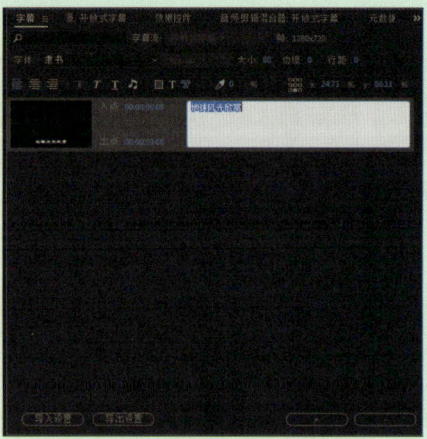
图 2-56

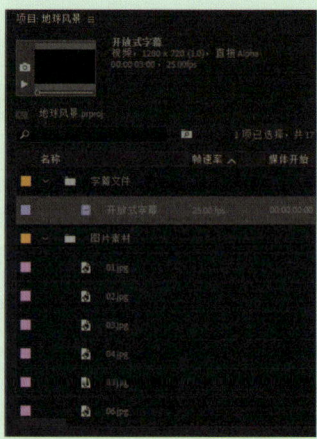
图 2-57

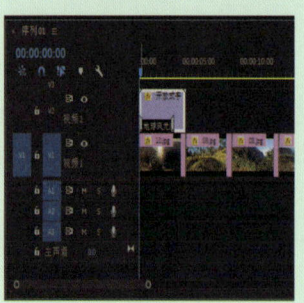
图 2-58

图 2-59

2.4.5 添加转场和特效

在编辑视频节目的过程中,使用视频转场效果能使素材间的连接更加自然、和谐。为"时间线"窗口中两个相邻的素材添加某种视频转场效果,可以在"效果"面板中展开该类型的素材箱,然后将相应的视频转场效果拖动到"时间线"窗口中相邻的素材之间即可。

步骤01 添加转场效果

在"效果"面板中,展开"视频切换"→"划像"素材箱,将其中的"交叉划像"转场效果拖放到"01.jpg"和"02.jpg"之间,如图2-60所示。

步骤02 预览转场效果

为素材"01.jpg"和"02.jpg"之间添加完转场后,在"序列"面板中拖动时间线预览转场效果,如图2-61所示。

微课:
添加转场和特效

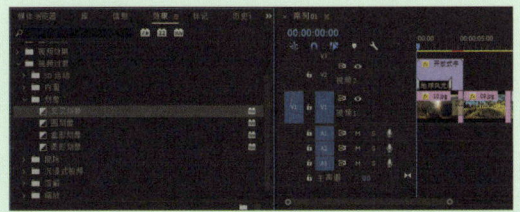

图 2-60

图 2-61

步骤03 快速添加默认转场

将时间线定位到"视频1"轨道中"02.jpg"和"03.jpg"之间,然后直接按Ctrl+D组合键,快速为两段素材之间添加默认的"交叉划像"转场效果,如图2-62所示。

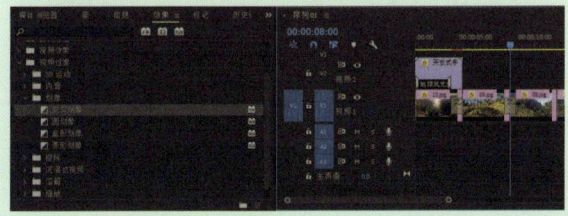

图 2-62

> ● 技巧 提示
>
> 除了通过输入时间码精确定位位置外,也可以通过按快捷键快速定位到需要的位置。其中,按PageUp键可以快速定位到素材的头部,按PageDown键可以快速定位到素材的尾部,按←键可以向前移一帧,按→键可以向后移一帧。

步骤04 添加第2个效果

在"效果"面板中展开"视频过渡"→"擦除"素材箱,将其中的"双侧平推门"转场效果拖放到"03.jpg"和"04.jpg"之间,转场效果如图2-63所示。

(a)

(b)

图 2-63

步骤05 添加其他转场

继续在"效果"面板中展开"视频过渡"→"页面剥落"素材箱,将其中的"页面剥落"转场效果拖放到"04.jpg"和"05.jpg"之间,在"05.jpg"和"06.jpg"之间添加"擦除"→"百叶窗"转场效果。之后依次添加"滑动"→"滑动"转场效果,"3D运动"→"立方体旋转"转场效果,"3D运动"→"翻转"转场效果和"缩放"→"交叉缩放"转场效果,完成视频的转换。

2.4.6 添加背景音乐

一般的视频作品都是由视频和音频两部分组成的,利用Premiere不仅可以对视频进行编辑,还可以对音频进行编辑,使作品真正"有声有色"。

步骤01 添加音频素材

在"项目"窗口中展开"音频文件"素材箱,将"背景音乐.mp3"拖到"序列"面板的"音频1"轨道开始处,如图2-64所示。

步骤02 裁剪素材

由于背景音乐有超出的部分,因此需要将多余的部分删掉,将时间线定位到00:00:50:00处,然后单击"工具箱"中的"剃刀工具"(或按V键),在背景音乐素材上单击,将素材一分为二,最后删除后半部分,如图2-65所示。

图 2-64

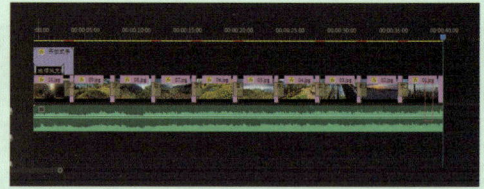
图 2-65

微课:
添加背景音乐

步骤03 添加淡入/淡出效果

为背景音乐添加淡入/淡出效果,如图2-66所示。在"效果"面板中展开"音频过渡"→"交叉淡化"素材箱,将其中的"恒定增益"效果分别拖到背景音乐的开头和结尾处。完成背景音乐的添加和切换效果设置后,选择"文件"→"保存"菜单命令,保存项目文件。

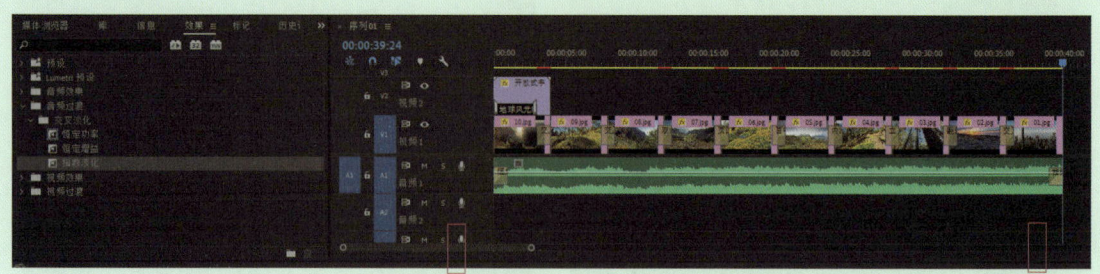
图 2-66

2.4.7 视频输出

视频作品制作完成后,如果要进行播放和分享,需要将编辑好的项目文件以视频的格式进行输出,这样就可以随时随地进行观看欣赏。接下来输出上面制作的视频作品。

微课:
视频输出

步骤01 导出设置

激活"序列"面板,然后选择"文件"→"导出"→"媒体"菜单命令,如图2-67所示,打开"导出设置"对话框,如图2-68所示。

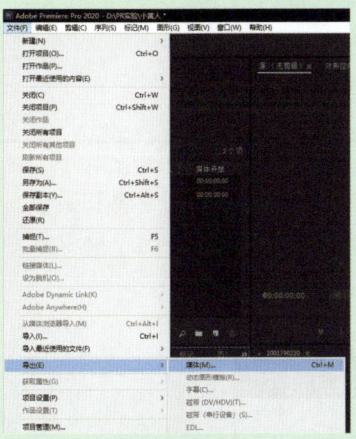
图 2-67

图 2-68

步骤02 另存为文件

在"导出设置"对话框的右侧,单击"输出名称"后面的名称"地球风景.avi",此时会打开"另存为"对话框,如图2-69所示,设置好保存位置和名称后,单击"保存"按钮。

步骤03 输出视频

此时返回"导出设置"对话框,直接单击"导出"按钮,即可输出视频,如图2-70所示。

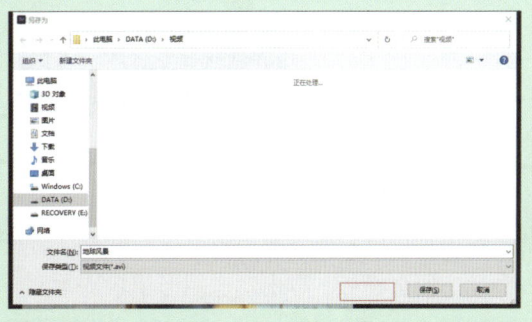
图 2-69

步骤04 观看影片的播放效果

使用软件播放视频文件"地球风景.avi",观看影片的播放效果,如图2-71所示。

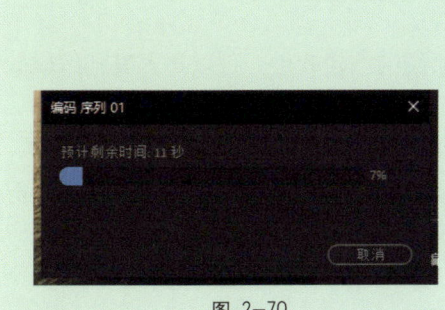
图 2-70

图 2-71

2.5 Premiere的输出设置

作品制作完成后，就可以按照其用途输出为不同的格式。视频有非常多的格式，有时需要一种高品质的，用于以后再次编辑的视频；而有时需要一些低品质高压缩的，方便在网络上传播的视频；有时需要输出一些视频格式，可以在特殊设备上播放。

市面上有非常多的视频编码软件，如Procoder、Mediacoder等。这些软件可以提供较强的编码转码功能。一般情况下，在生成特定格式时会尽量选择Premiere自带编码器进行输出。本节将讲解Premiere输出窗口和输出工具media Encoder的使用方法。

2.5.1 输出类型

Premiere Pro CC 2021提供了多种输出选择，可以将项目输出为媒体文件、字幕和磁带，也可以输出为交换文件格式，与其他编辑软件进行数据交换。选择"文件"→"导出"菜单命令，弹出的级联菜单中包括Premiere Pro CC 2021支持的各种输出类型，如图2-72所示。

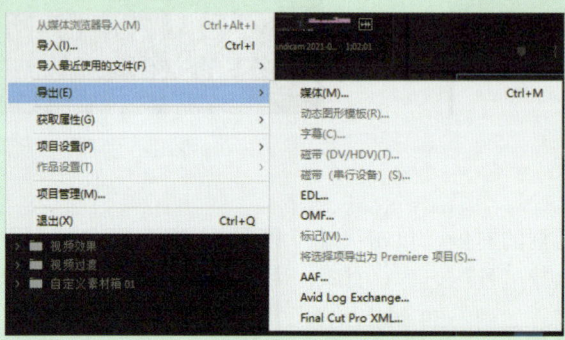

图 2-72

常用的导出类型说明如下。

媒体：可以打开"导出设置"对话框，进行各种媒体格式的输出。

动态图形模板：导出动态图形模板到本地。

字幕：单独输出Premiere Pro CC 2021创建的字幕文件。

磁带：通过专业录像设备（DV/HDV或串行设备）将编辑完成的影片直接输出到磁带上。

EDL（编辑决策列表）：输出一个描述剪辑过程的数据文件，可以导入其他的编辑软件中继续进编辑。

OMF（公开媒体框架）：将整个序列中所有激活的音频轨道输出为OMF格式，可以导入Digidesign Pro Tools等软件中继续编辑润色。

AAF（高级制作格式）：AAF格式可以支持多平台多系统的编辑软件，可以导入其他编辑软件中继续编辑。

Avid Log Exchange：将剪辑数据转移到Avid Media Compose剪辑软件上进行编辑的交互文件。

Final Cut Pro XML（Final Cut Pro交换文件）：将剪辑数据转移到苹果公司的Final Cut Pro剪辑软件上继续进行编辑。

经常用到的导出类型是"媒体"，用于输出视频。经常与其他平台软件交互使用的是EDL、OMF、XML格式的数据文件。

2.5.2 常用输出格式

常用的输出格式和对应的使用途径如下。

1.输出为AVI格式

AVI英文全称为Audio Video Interleaved，即音频视频交错格式。AVI是视频用户接触到的常见视频格式，具有很多种编码类型。适合保存最高质量的影片数据，文件较大。

> ● 技巧 提示
>
> 例如AVI格式，也称为"AVI封装"，而"编码"是AVI封装文件内部的压缩计算方式。所以，相同的扩展名可以有不同的编码方式；同样，相同的编码方式也可以被使用在不同的格式中。例如，有的AVI文件可以导入Premiere中，而有的就不可以，需要进行编码转换。

步骤01 设置输出时间范围

打开需要输出的"时间线"窗口，然后设置需要输出的时间范围，如图2-73所示。默认情况下，工作区范围是从头至尾。

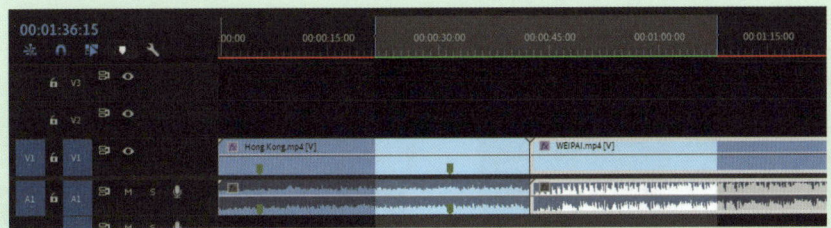

图 2-73

步骤02 打开"输出设置"对话框

选择"文件"→"输出"→"媒体"菜单命令，打开"输出设置"对话框，如图2-74所示。

步骤03 选择Microsoft AVI格式

展开"格式"下拉列表，选择"AVI"选项，如图2-75所示。该选项可以输出AVI格式文件。其编码为DV AVI型编码，项目的画幅大小必须为标准的PAL制和NTSC制，否则不能正常输出。

图 2-74

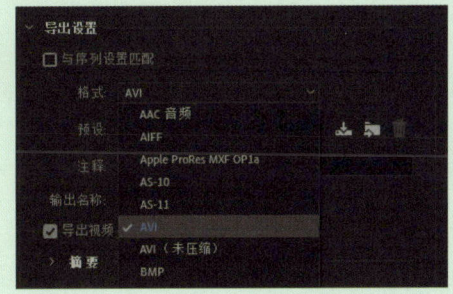

图 2-75

步骤04 选择 PAL DV 预设

在"预设"下拉列表框中选择"PAL DV"选项，如图2-76所示。

步骤05 设置音频选项

切换到"音频"选项卡，如图2-77所示，可以对音频进行设置。

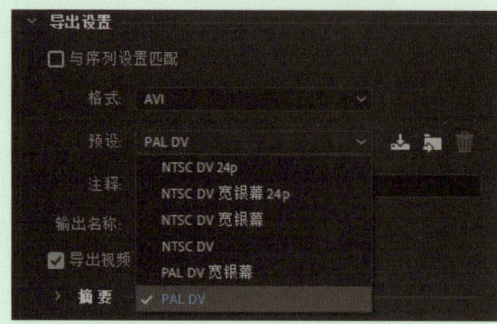
图 2-76

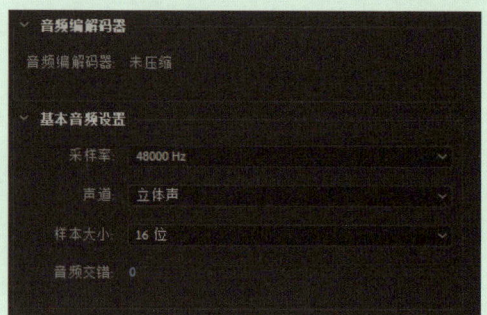
图 2-77

步骤06 渲染影片

切换到"输出"选项卡,将预览画面切换到输出显示,其显示的是画面输出后的效果,如果压缩得过于严重,可以在预览窗口中看到压缩后的结果。如果预览画质可以接受,就可以单击右下角的"输出"按钮渲染影片,如图2-78所示。在弹出的"渲染所需音频文件"对话框中可以看到渲染的进度,如图2-79所示。

图 2-78

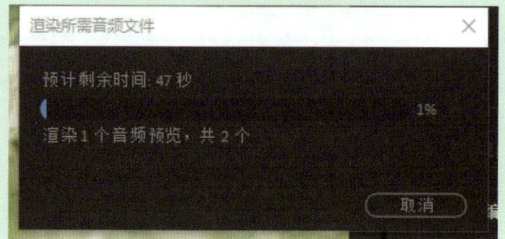
图 2-79

> ● 技巧 提示
>
> 采样率是指录音设备在1秒内对声音信号的采样次数,采样频率越高声音的还原就越真实越自然。在当今主流品质中,采样率一般分为22.05kHz、44.1kHz、48kHz这3个等级,22.05kHz~32kHz只能达到FM广播的声音品质,32kHz~44.1kHz则是MP3音质,44.1kHz~48kHz则是CD音质的主要范围。对于高于48kHz的采样频率人耳已很难辨别,一般也很少使用。声道分为单声道和立体声。这些设置都可以根据实际项目需要来设置。在设置压缩的时候注意,音频占用的文件大小也是不容忽视的。

2.输出为MPEG格式

MPEG的全名为Moving Pictures Experts Group/Motin Pictures Experts Group,中文译名是动态图像专家组。MPEG标准主要有MPEG-1、MPEG-2、MPEG-4、MPEG-7和MPEG-21共5个。MPEG-1是VCD的标准编码;MPEG-2是DVD的标准编码;MPEG-4是主流MP4播放器都支持的文件格式。这3种编码最为重要。

在Premiere Pro CC 2021中,MPEG-1编码已不在输出的预设中,因为随着社会经济的发展和人们审美要求的提高,VCD已经基本退出了市场。下面讲解如何输出DVD视频。

步骤01 选择 MPEG-2 格式

在"音频格式设置"下拉列表框中选择"MPEG2"选项,如图2-80所示。该选项可以输出MPG格式文件。MPEG2-DVD预设也是采用了MPEG-2编码,不过格式为M2V,并锁定了MPEG-2的一些设置参数,使其更符合DVD的编码特点。

步骤02 选择 PAL DV宽银幕预设

在"预设"下拉列表框中选择"PAL DV宽银幕"选项,如图2-81所示。

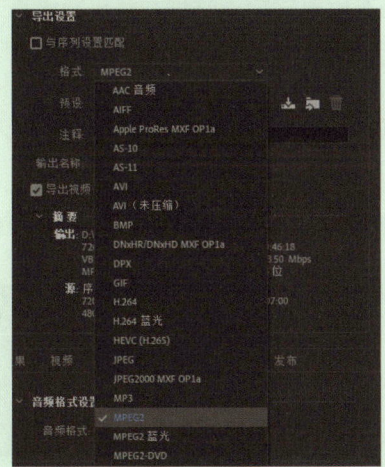

图 2-80

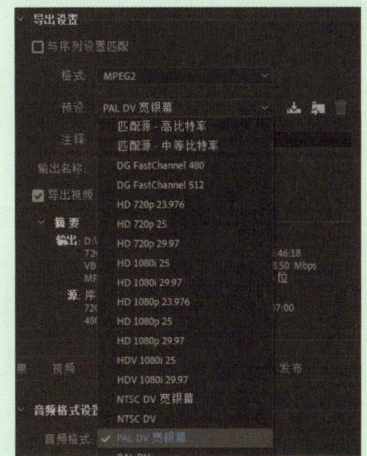

图 2-81

步骤03 设置Video选项

切换到"视频"选项卡,将"比特率编码"设置为CBR,然后根据需要设置"比特率",也称为"码流"参数,如图2-82所示;设置适当的音频质量,然后预览画面质量,如果可以接受就单击"Export"按钮输出影片。

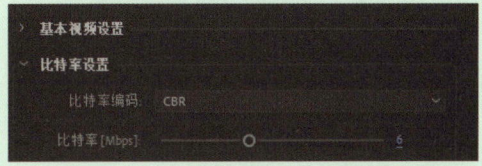

图 2-82

> ● 技巧 提示
>
> Bitrate Encoding主要有两种,分别是恒定码流和动态码流。恒定码流(Constant Bitrate,CBR),即视频任何一个时间点的数据量是恒定的;动态码流(Variable Bitrate,VBR),即视频数据量是动态的,在画面运动快的地方,色彩变化复杂的地方,会分配更多的码流,是一种更先进的压缩技术。将Bitrate Encoding设置为VBR,采用动态码流的方式输出,动态码流的数据流是不平均的,所以会有允许的最小码流、目标码流(平均码流)、允许的最大码流3个设置。这3个设置中比较关键的是目标码流,其可以确定画面的品质。

3.输出为WMV格式

WMV是微软公司推出的一种流媒体格式,它是在ASF格式的基础上升级而来。在同等视频质量下,WMV格式的体积非常小,因此很适合在网络上播放和传输。

> ● 技巧 提示
>
> 这里接触到一个新概念,即Encoding Passes。在很多的格式参数中都有这个参数的出现。如果选择两次,一般会进行两次输出,第一次先进行编码,第二次才进行输出,会占用一定的输出时间,理论上编码会更完善;而选择一次可以节省一半的输出时间,一般选择一次。
> 在压缩影片的时候,参数不是最重要的,主要还是选择压缩的编码类型,如WMV格式的文件基本上就肯定比DV AVI格式的文件要小很多。

4.输出为MOV格式

MOV也是一种读者比较熟悉的流式视频格式，该格式不但可以存储为很高品质的视频，还可以进行较大的压缩，对系统硬件要求不高，广泛用于素材的存储和网站的视频服务项目上。MOV格式需要使用QuickTime或者含有QuickTime解码器的媒体播放器才能播放。

5.输出为TGA序列格式

TGA是视频编辑的过程中文件中转的标准格式，基本所有的编辑软件都会支持该格式。TGA格式主要有高质量、无损品质，高兼容、基本所有软件都可以导入，支持Alpha通道的透明存储等优点。

TGA格式是图像序列，并不支持音频存储。如果需要音频，需要将音频单独存储为一个文件，然后再进行合成。

> ● 技巧 提示
>
> 切换到"视频"选项卡，选中"导出为序列"复选框就可以输出图像序列，如果选中会输出一张单图，没有实际使用价值；选中"以最大深度渲染"复选框，渲染的色深会由默认的24位扩展到32位，即包含了8位的透明通道信息，可以输出透明信息。如果需要背景透明的话，需要选中该复选框，如图2-83所示。

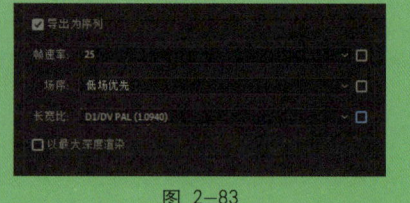

图 2-83

6.使用Media Encoder Queue批量输出

很多时候，需要输出为多种编码来测试文件，或者需要输出多种不同的格式，这时可以使用Media Encoder Queue。下面以输出H.264格式为例讲解输出设置方法。

项目制作完成后选择时间线，按快捷键Ctrl+M，打开"导出设置"对话框，常用设置如图2-84所示，设置完成后即可输出。

如果需要修改文件输出后的大小，可先更改视频的"目标比特率"，降低目标比特率数值，能够控制文件输出的大小，设置如图2-85所示。

图 2-84

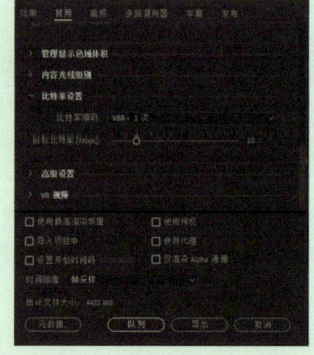

图 2-85

如果项目中素材做了变速效果，可将"时间插值"设置为"帧混合"，增强动画的流畅性，设置如图2-86所示。

最后渲染输出也可单击"队列"按钮，这样能使文件可以在Media Encoder 2020中输出，同时不影响Premiere Pro CC 2021的工程操作，效果如图2-87所示。

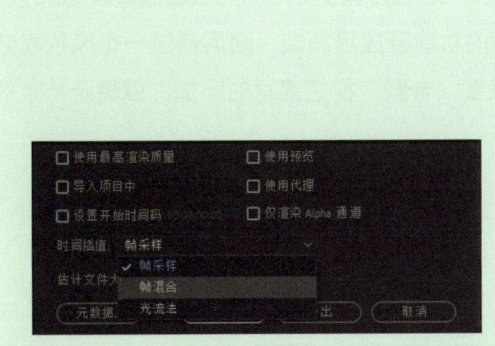
图 2-86

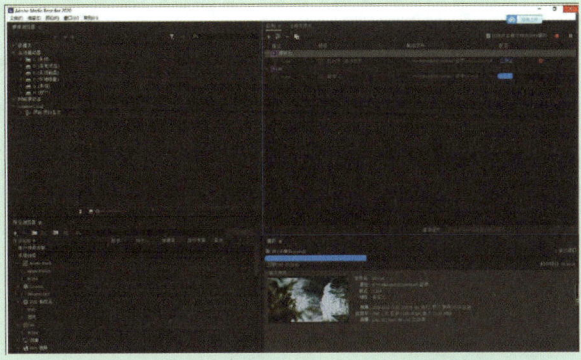
图 2-87

每一种输出格式都带有相应的参数设置选项，只有合理设置这些参数，才可保证输出文件的正确性。

2.5.3 项目打包

Premiere Pro CC 2021提供了便捷的项目打包功能，可以对编辑完成的项目文件以及素材文件进行打包整理，生成单独的文件夹，有效避免素材的丢失，便于分类存储与传递。打包操作设置如下。

选择"文件"→"项目管理"菜单命令，在打开的"项目管理器"对话框中进行设置，如图2-88所示。单击"确定"按钮，生成与新工程相关的素材文件。

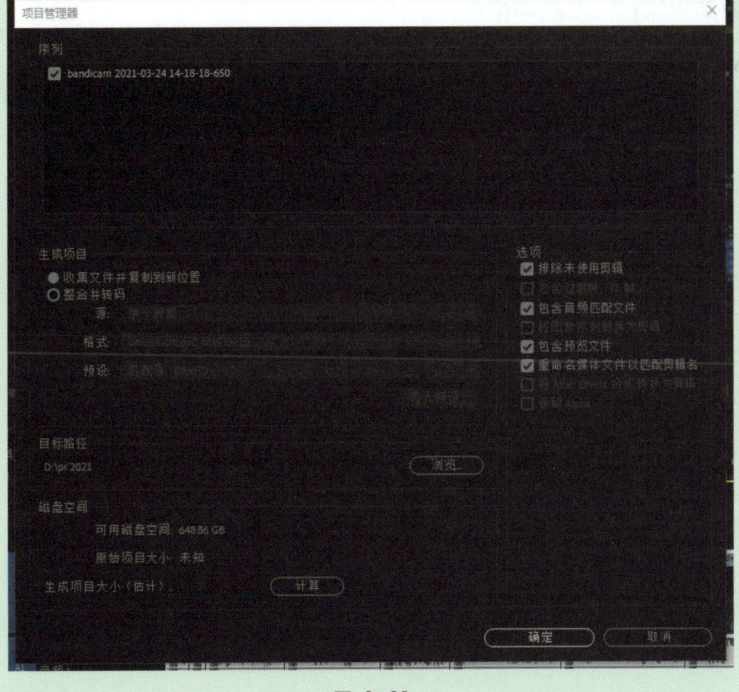
图 2-88

2.6　知识与技能梳理

本章介绍的是Premiere基础知识，先介绍了Premiere的功能及应用领域，随后通过一个风景视频欣赏案例认识了Premiere的基本工作流程，包括项目的设置，音频、视频素材的添加、编辑及特效的运用，最后保存文件并输出。

- 重要工具：捕捉工具。
- 核心技术：Premiere的工作流程。
- 实际运用：素材的导入、管理和捕捉。

2.7　课后练习

一、选择题（请扫描二维码进入即测即评）

1．当编辑一个复杂项目时，可能会用到很多素材，包括视频、音频、图像等。使用（　　）功能可以帮助用户快速找到想要的素材。

2.7课后练习

A．Find　　　　B．Copy　　　　C．Capture　　　　D．Clear

2．在（　　）面板中，可以直接导入素材文件和创建的项目文件，并且可以预览素材。

A．Info　　　　　　　　　　　B．History
C．Effects　　　　　　　　　　D．Project

二、简答题

1．Premiere的工作环境包含几个面板？

2．简述Premiere编辑影片的工作流程。

3．简述如何添加转场特效及视频特效。

4．使用Media Encoder进行视频输出有什么优势？

5．哪些参数和设置会对视频文件大小产生影响？请简述原因。

Chapter 3

视频编辑基础知识

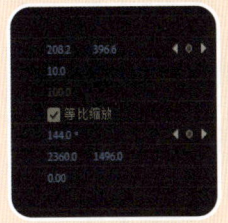   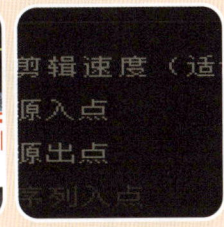 

  本章介绍的是Premiere非线性编辑的基础知识,对影片进行编辑操作时,首先需要创建项目,在编辑软件中导入素材,然后对这些素材进行剪辑、管理、修改等基础操作,为制作影片特效奠定基础。对影片素材进行编辑和修剪是Premiere强大功能的主要体现。在Premiere中,对视频素材的编辑包括分割、排序、修剪等多种操作。此外,用户还可以利用编辑工具对素材进行一些更加高级的编辑操作,并最终完成整部影片的剪辑与制作。

	知识点	学习目标	了解	掌握	应用	重点知识
学习要求	使用时间线				🚩	
	轨道命令				🚩	
	使用监视器			🚩		
	复制、移动和修剪素材		🚩			
	分离与组合音、视频素材			🚩		
	调整素材播放速度					🚩
	设置标记点				🚩	
	设置出、入点				🚩	

能力与素质目标

3.1 编辑视频素材的基本方法

将素材进行加工，添加一些效果，并将其按照预定的时间、空间等顺序连接起来，这个过程称为视频编辑。本节主要对基本的素材编辑方法进行讲解，为用户利用Premiere编辑精彩的视频特效奠定良好的基础。

3.1.1 使用时间线

视频编辑主要是在时间线上进行的，为了提高影片的编辑效率，Premiere为用户提供了以下几种添加素材的方法。

1. 使用命令添加素材

在"项目"窗口中，选择所要添加的素材后，右击该素材，在弹出的快捷菜单中选择"插入"命令，即可将其添加至"时间线"窗口中的相应轨道上，如图3-1所示。

在"项目"窗口中选择素材后，选择"素材"→"插入"菜单命令，也可将其添加至"时间线"窗口中的相应轨道上。

在"项目"窗口中选择所要添加的素材后，在英文输入法状态下按","键，也可将其添加至"时间线"窗口中。

2. 将素材直接拖至"时间线"窗口中

在Premiere工作区中，直接将"项目"窗口中的素材拖至"时间线"窗口中的某一轨道上，也可将所选的素材添加至相应轨道内，如图3-2所示。

图 3-1 图 3-2

Premiere允许用户将多个素材一并拖至"时间线"窗口中，从而同时添加多个素材。

3.1.2 轨道命令

在编辑影片时，用户可以根据需要添加、删除轨道，或者对轨道进行重命名操作。

1. 重命名轨道

在"时间线"窗口中右击轨道后，在弹出的快捷菜单中选择"重命名"命令，即可进入轨道名称编辑状态，输入新轨道名称后，按Enter键即可为相应轨道设置新的名称，如图3-3所示。

2.添加轨道

当影片剪辑使用的素材较多时，增加轨道的数量有利于提高影片编辑效率。用户可以在"时间线"窗口中右击轨道，在弹出的快捷菜单中选择"添加轨道"命令，如图3-4所示。

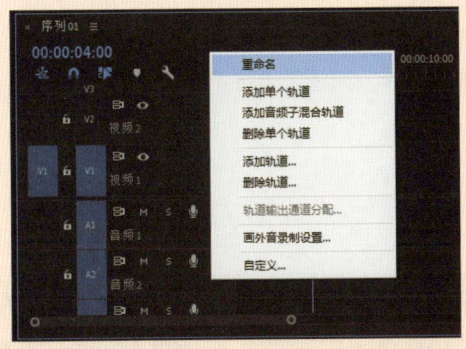
图 3-3

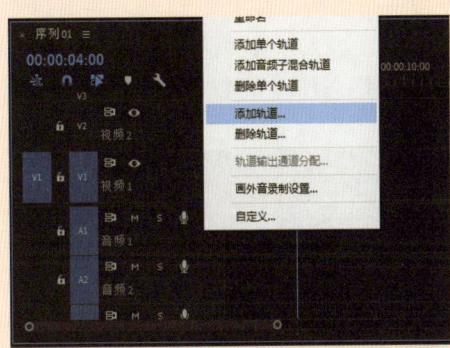
图 3-4

打开"添加轨道"对话框，在"视频轨道"选项组中可以添加视频轨道的数量，"放置"选项用于设置新增视频轨道的位置，如图3-5所示。

使用相同的方法在"音频轨道"和"音频子混合轨道"选项组中进行设置后，即可在"时间线"窗口中添加新的音频轨道。

在添加"音频轨道"和"音频子混合轨道"时，还要在相应选项组内的"轨道类型"下拉列表框中选择音频轨道的类型，用户可根据影片需求进行选择。

3.删除轨道

用户也可通过删除空白轨道的方法降低项目文件的复杂程度，从而在输出影片时提高渲染速度。操作时，在"时间线"窗口中右击轨道，在弹出的快捷菜单中选择"删除轨道"命令，在弹出的"删除轨道"对话框中选中"视频轨道"选项组中的"删除视频轨道"复选框，然后在该复选框下方的下拉列表框中选择所要删除的轨道即可，如图3-6所示。

在"删除轨道"对话框中，用相同的方法在"音频轨道"和"音频子混合轨道"选项组中进行设置，即可在"时间线"窗口中删除相应的音频轨道。

必须选中选项组中的复选框后，Premiere才会按照设置删除相应的轨道。

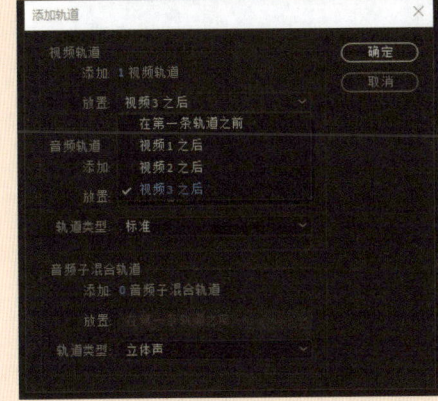
图 3-5

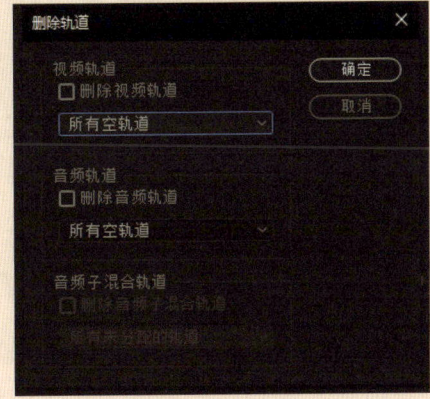
图 3-6

3.1.3 关键帧动画

1. 新建项目与导入素材

新建一个名为"关键帧动画"的项目文件，选择国内电视制式通用的DV-PAL下的"标准48kHz"，依次导入"柠檬.jpg""苹果.jpg""草莓.jpg""葡萄.jpg"4个图片文件，如图3-7所示。在"项目"窗口中可以看到，静态图片时长设置为5秒，如图3-8所示。

图 3-7

图 3-8

2. 为动画添加关键帧

① 在"项目"窗口中选择"柠檬.jpg"，将其拖至时间线中。在时间线中选择"柠檬.jpg"，打开"效果控件"窗口，展开"运动"选项，将"缩放"设置为50，在"时间线"窗口中将时间滑块移至10帧处，单击"效果控件"窗口中"位置"前面的码表，添加一个关键帧，如图3-9所示。

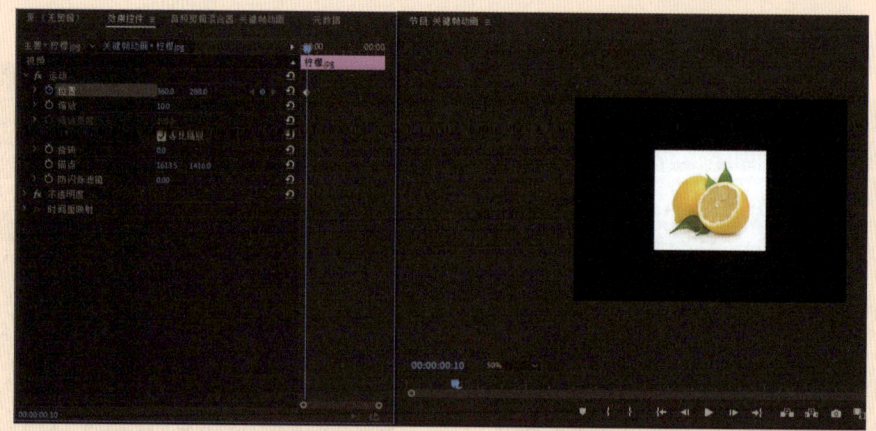

图 3-9

② 将时间滑块移至第0秒处，将位置设为"900.0, 288.0"，这时会在第0秒处自动添加一个关键帧，如图3-10所示。

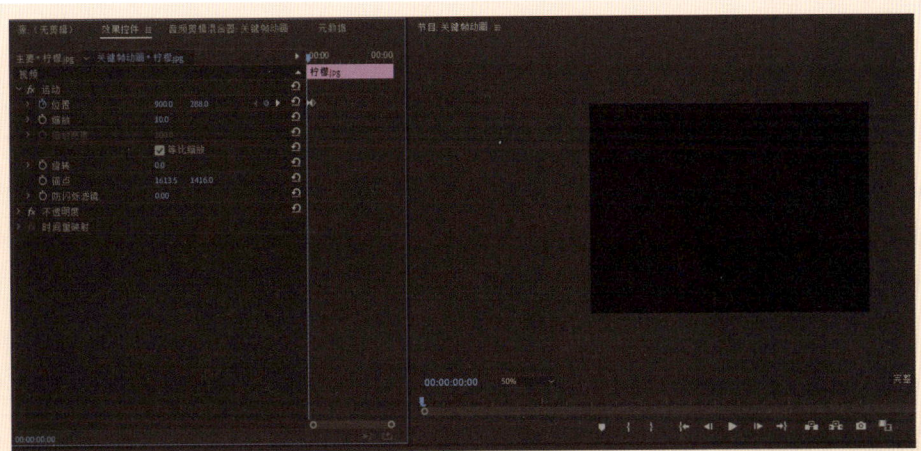

图 3-10

③在"时间线"窗口中也可以查看关键帧,方法是在"柠檬.jpg"素材上单击鼠标右键,在弹出的快捷菜单中选择"显示剪辑关键帧"→"运动"→"位置"命令,如图3-11所示。

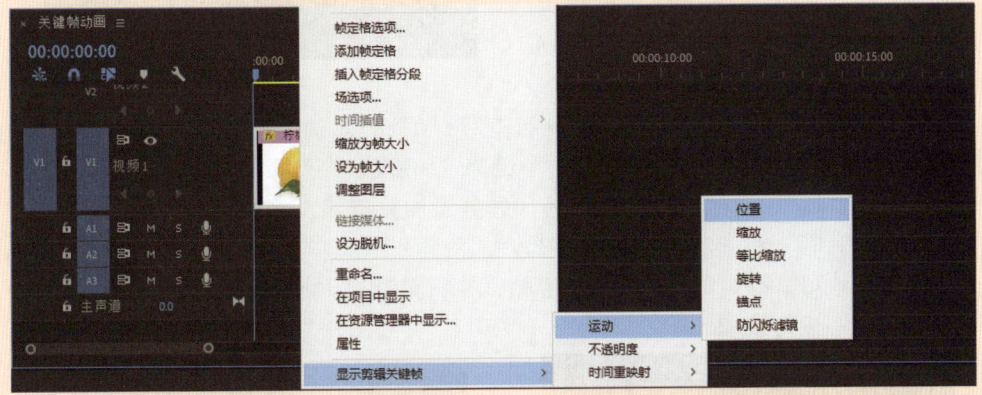

图 3-11

3.复制关键帧动画

从"项目"窗口中依次将"苹果.jpg"拖至"时间线"窗口的"视频2"轨道中,将"草莓.jpg"拖至"视频3"轨道中。如果只有3个视频轨道,将"葡萄.jpg"拖至"视频3"轨道上方时,会自动添加一个视频轨道"视频4"来放置"葡萄.jpg"素材。在"时间线"窗口中选择"柠檬.jpg",按Ctrl+C组合键进行复制,然后在"时间线"窗口中选择"苹果.jpg""草莓.jpg""葡萄.jpg",按Ctrl+V组合键粘贴属性,此时这3个素材也具有了相同的运动、位置动画关键帧和缩放设置,如图3-12所示。

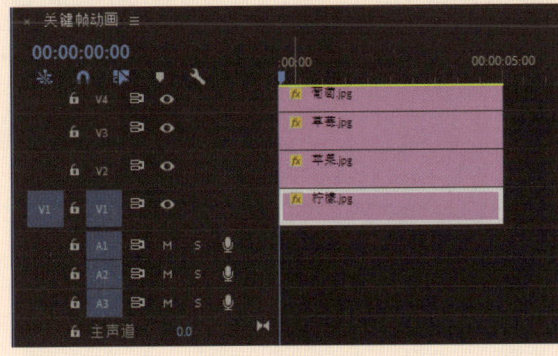

图 3-12

4.设置动态效果

①在"时间线"窗口中把时间滑块移至第10帧处,将"视频2"轨道的"苹果.jpg"后移10帧,入点移到时间指示线的第10帧处。类似地,将"草莓.jpg"入点移至第20帧、"视频4"轨道上的"葡萄.jpg"入点移至第1秒05帧,如图3-13所示。

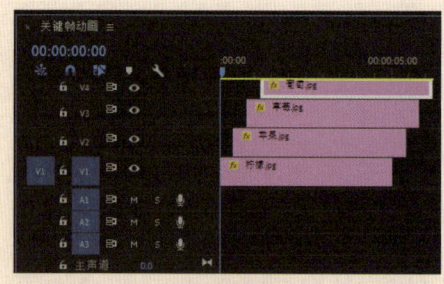

图 3-13

②将时间滑块移至第2秒处,选择"柠檬.jpg",在其"效果控件"窗口中单击"位置"后的"添加/删除关键帧"按钮,添加一个关键帧。再单击打开"旋转"前面的码表,添加一个关键帧。然后将时间滑块移动至第2秒10帧处,将"位置"设为"180.0,144.0",将"旋转"设为360°当输入360°并按Enter键确认后,数值会自动变为"1x0.0°",表示旋转1个圆周,如图3-14所示。

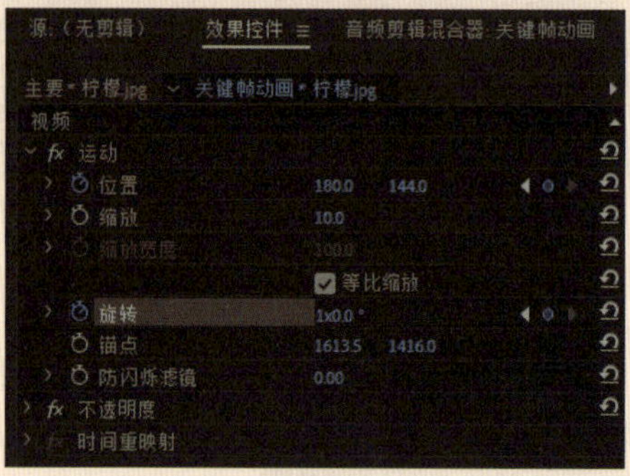

图 3-14

③同样,选择"苹果.jpg",在第2秒和第2秒10帧处添加关键帧,并将第2秒10帧处的"位置"设为"540.0,144.0,"将"旋转"设为"-360°",即"-1x0.0°",如图3-15所示。选择"草莓.jpg",在第2秒和第2秒10帧处添加关键帧,并将第2秒10帧处的"位置"设为"180.0,432.0",将"旋转"设为"360°",即"1x0°",如图3-16所示。选择"葡萄.jpg",在第2秒和第2秒10帧处添加关键帧,并将第2秒10帧处的"位置"设为"540.0,432.0",将"旋转"设为"-360°",即"-1x0.0°",如图3-17所示。

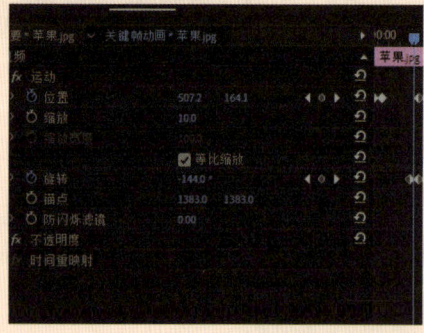

图 3-15

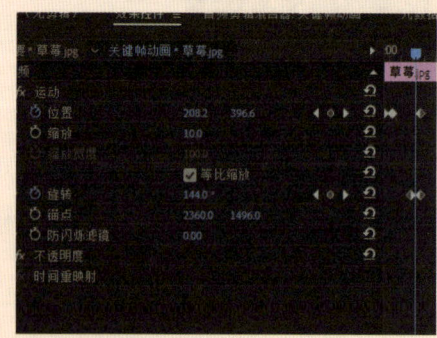

图 3-16

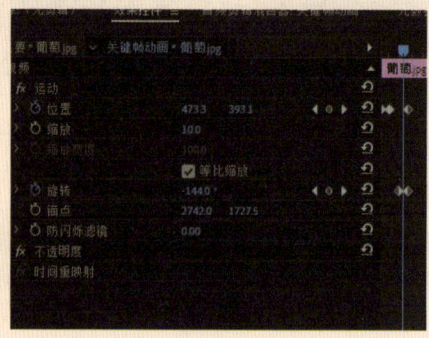

图 3-17

④最后，在第5秒处使用"剃刀工具"或按快捷键Ctrl+K将素材剪切开，删除5秒之后的多余素材。按空格键播放动画，最终的关键帧动画效果如图3-18所示。

图 3-18

3.1.4 使用监视器

在Premiere中，用户可以直接在"监视器"窗口或"时间线"窗口中编辑各种素材。

1. "素材源"面板与"节目"面板

Premiere中的监视器不仅可以在影片制作过程中预览素材或作品，还可以用于精确编辑和修剪素材或作品。

"素材源"面板："素材源"面板的主要作用是预览和修剪素材，编辑影片时用户只需双击"项目"窗口中的素材，即可通过"素材源"面板预览其效果，如图3-19所示。

"节目"面板：从外观上来看，"节目"面板与"素材源"面板基本一致。不同的是，"节目"面板用于预览在"时间线"窗口中选中的序列，是用户在"时间线"窗口中进行编辑之后的播出效果，如图3-20所示。

图 3-19

图 3-20

2. 监视器中的时间控制

在面板中编辑影片能够方便地精确控制时间。在面板中，随着"飞梭"按钮向左或向右偏离中心位置，面板中的监视器也会以回放或正常播放的方式展示剪辑内容。而且"飞梭"按钮距离中心位置越远，播放影片的速度就越快，如图3-21所示。

3.在监视器中显示安全区域

Premiere中的安全区分为字幕安全区和动作安全区两种,其作用是标识字幕或动作的安全活动范围。在面板中,单击"安全框"按钮或选择"安全框"命令,均可显示或隐藏画面中的安全框,如图3-22所示。其中,内侧的安全框为字幕安全框,外侧的安全框为动作安全框。

对影片素材的复制、移动、修剪操作是非线性编辑系统的主要功能。其中,复制操作可以重复利用素材,移动操作可以调整素材的位置,而修剪操作可以精确筛选素材片段内容。

图 3-21

图 3-22

3.1.5 复制、移动和修剪素材

1.复制和移动素材

复制原始素材和复制"时间线"窗口中的素材效果相同,但如果需要复制已经修改过的素材,只能通过复制"时间线"窗口中已有素材的方法来实现。

在复制素材之前,使用"选择工具"选择需要复制的片段,然后右击该素材并在弹出的快捷菜单中选择"复制"命令或按Ctrl+C组合键,如图3-23所示。

然后将当前时间指示器移至空白处后,按Ctrl+V组合键,即可将复制的素材粘贴至当前位置。

在粘贴素材时,新素材会以当前位置为起点,根据素材长度的不同延伸至相应的位置。在该过程中,新素材会覆盖其长度范围内的所有其他素材,因此在粘贴素材时必须将当前时间指示器移至拥有足够空间的空白位置处。

当在"序列"面板中添加完素材后,各个素材的位置排列可能是混乱的,此时可以借助移动操作精确调整素材的位置。使用"选择工具"依次选择素材并拖动各个素材,即可调整其位置,使相邻素材之间没有间隙。在移动素材的过程中,应避免素材出现相互覆盖的情况,如图3-24所示。

图 3-23

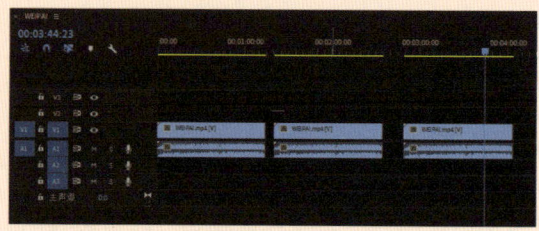
图 3-24

2. 修剪素材

在制作影片时，很多时候只需要使用素材内的某个片段，此时便需要对源素材进行裁切，删除多余的素材片段。拖动时间标尺上的当前时间指示器，将其移至所需要裁切的位置，如图3-25所示，然后在"工具箱"中选择"剃刀工具"，在当前时间指示器的位置处单击时间线上的素材，即可将该素材裁切为两部分，如图3-26所示。

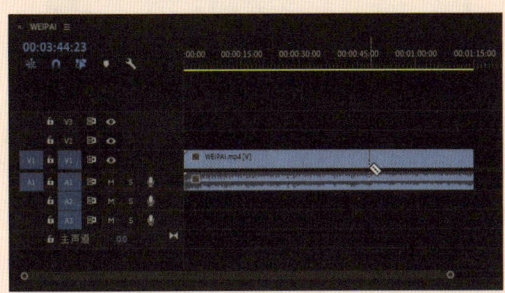
图 3-25

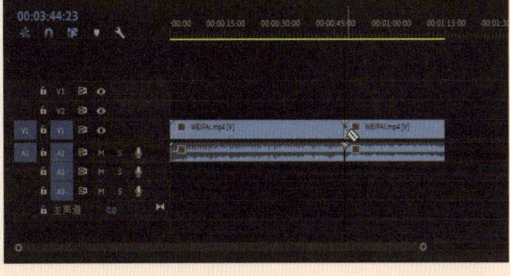
图 3-26

在裁切素材时，移动当前时间指示器的目的是确认裁切画面的具体位置。而且，在将"剃刀工具"图标前的虚线与编辑线对齐后，即可从当前视频帧的位置来裁切源素材。使用"选择工具"单击多余素材片段后，按Delete键将其删除，即可完成裁切素材的操作。

3.1.6 分离与组合音频、视频素材

通常，影片由音频和视频两部分组成，而这两部分在影片中有硬相关和软相关两种类型。当源素材中同时包括视频和音频时，该素材内的音频与视频关系为硬相关；如果人为地将两个相互独立的音频和视频素材联系在一起，则它们的关系为软相关。

1. 分离素材中的音频、视频

由于影片中音频、视频部分存在硬相关，用户对素材的复制、移动和删除等操作将同时作用于素材的音频与视频两部分，如图3-27所示。如果需要单独移动音频或视频素材，则在"时间线"窗口内右击素材，在弹出的快捷菜单中选择"取消链接"命令，如图3-28所示，解除影片内音频与视频部分的硬相关。此时，在视频轨道内移动素材时，将不会影响音频轨道内的素材。

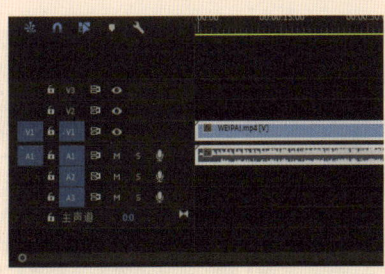
图 3-27

图 3-28

2.组合音频、视频素材

有分就有合，以下是组合音频、视频素材的操作方法。在"时间线"窗口中选择视频与音频素材，右击并在弹出的快捷菜单中选择"链接"命令，即可将所选择的音频与视频素材组合在一起。此时，对其中任意一个素材进行移动、复制、裁切等操作将同时作用于另一素材，如图3-29所示。

图 3-29

3.1.7 调整素材播放速度

在编辑影片素材时，经常需要调整素材的播放时间和速度，来实现画面的特殊效果。

1.调整图片素材的播放时间

将图片素材添加至时间线后，将鼠标指针置于图片素材的末端，当指针变为双向箭头时向右拖动，可以随意延长其播放时间，向左拖动鼠标，则可以缩短图片的播放时间，如图3-30所示。当调整素材播放时间时，素材下方出现的数字便是本次操作所增加或减少播放时间后的具体数值。

2.调整视频素材的播放时间

对于视频素材，Premiere只允许以拖动的方法来减少播放时间。但是，由于播放速度并未发生变化，因此素材内容便会减少，如图3-31所示。

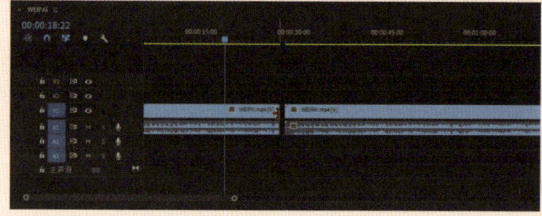 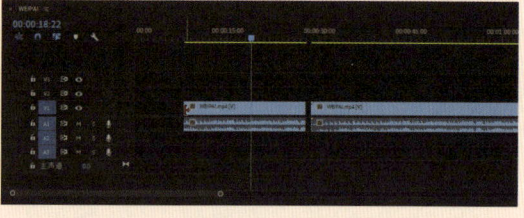

图 3-30   图 3-31

如果要在不减少画面内容的前提下调整素材的播放时间，便只能通过更改播放速度的方法来实现，在"时间线"窗口中右击视频素材，在弹出的快捷菜单中选择"速度／持续时间"命令，如图3-32所示。

打开"剪辑速度／持续时间"对话框，将"速度"设置为50%，可以将相应视频素材的播放时间延长一倍，如图3-33所示。

 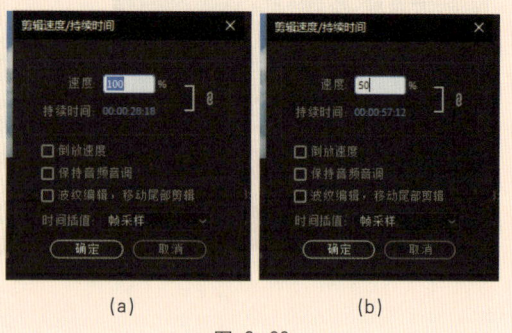

图 3-32   (a)   (b)

　　　　　　　　　　　　图 3-33

如果要精确控制素材的播放时间，则应在"剪辑速度／持续时间"对话框中调整"持续时间"选项，如图3-34所示。另外，在该对话框中选中"倒放速度"复选框，可以颠倒视频素材的播放顺序，使其从末尾向前进行播放。

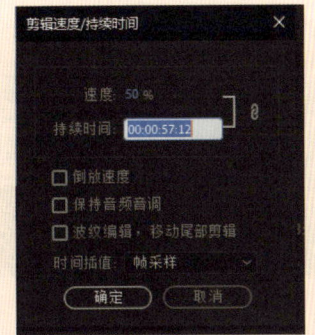

图 3-34

3.1.8 设置标记点

编辑影片时，在素材或时间线上添加标记后，可以在随后的编辑过程中快速切换至标记位置，从而实现快速查找视频帧或与时间线上其他素材快速对齐的目的。

1. 在"节目"面板中添加标记

在"节目"面板中调整当前时间指示器的位置后，单击"添加标记"按钮 ，在当前视频帧的位置处添加无编号的标记，如图3-35所示。将含有未编号标记的素材添加至时间线上后，即可在素材上看到标记符号，如图3-36所示。在含有硬相关的音、视频素材中，所添加的未编号标记将同时作用于素材的音频部分和视频部分。

图 3-35

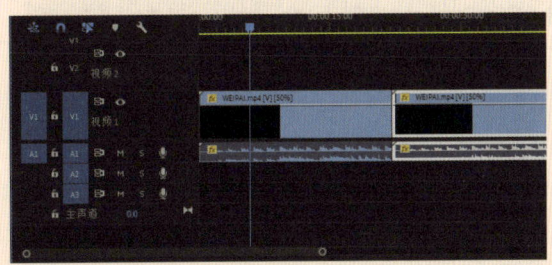

图 3-36

2. 在时间标尺上设置标记

用户不仅可以在素材的"素材源"监视器中添加标记，还可在"时间线"窗口中直接为序列添加标记，以便快速将素材与某个固定的时间对齐。

用户在"时间线"窗口中将当前时间指示器移至合适位置后，单击窗口中的"设置未编号标记"按钮，即可在当前标尺的位置上添加无编号标记，如图3-37所示。

3. 使用标记

用户可以利用标记来完成对齐素材或查看素材中的某一视频帧等操作，从而提高影片编辑的效率。在"时间线"窗口中拖动含有标记的素材时，利用素材内的标记可快速将其与其他轨道内的素材对齐，或将当前素材中的标记与其他素材中的标记对齐，如图3-38所示。

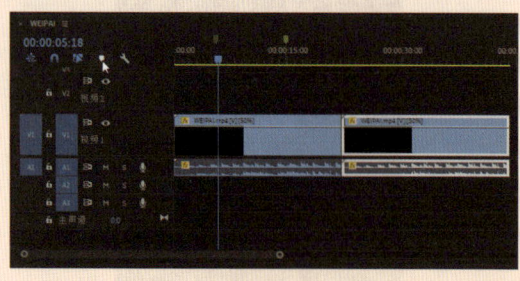
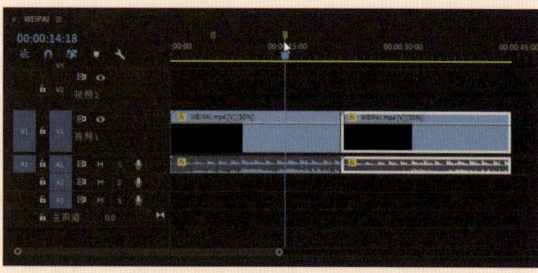

图 3-37　　　　　　　　　　　　图 3-38

在"节目"面板中,使用时间指示器还可以快速查找素材上的标记位置,单击面板中的"转到前一标记"按钮,即可将当前时间指示器快速移至前一标记处,如图3-39所示。

在"素材源"面板中,右击时间标尺,在弹出的快捷菜单中选择"转到下一个标记"命令,也可将当前时间指示器快速移至下一标记处。还可以在"时间线"窗口中查找标记,右击"时间线"窗口中的时间标尺,在弹出的快捷菜单中选择"转到上一标记"命令,即可将当前时间指示器快速移至前一标记处,如图3-40所示。

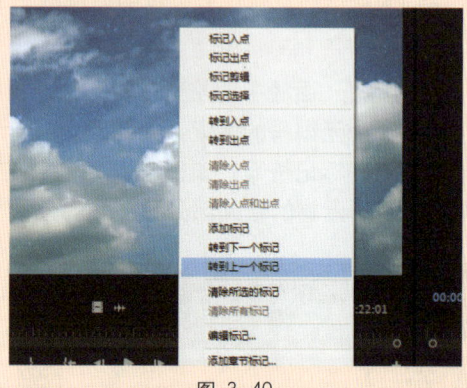

图 3-39　　　　　　　　　　　　图 3-40

4.删除标记

如果不需要标记,在素材的"节目"面板或"时间线"窗口中右击时间标尺,在弹出的快捷菜单中选择"清除所有标记"命令,即可清除当前素材或序列内的所有标记。如果只想清除某一标记,在将当前时间指示器定位至该标记处后,右击时间标尺,在弹出的快捷菜单中选择"清除所选的标记"命令即可。

3.2　编辑视频素材的高级方法

Premiere在影片编辑方面的功能非常强大。本节将介绍设置入点、出点和剪辑素材等操作技巧,快速、高效地制作出画面丰富并具有逻辑性的影片。

3.2.1　设置入点、出点

在Premiere中,入点和出点的功能是标记素材可用部分的起始时间与结束时间,以便有选择地调用素材。设置素材入点、出点的操作必须在"素材源"面板中进行,因此在操作前必须先将

"项目"窗口中的素材添加至"素材源"面板。

在"素材源"面板中,调整当前时间指示器的位置后,单击"标记入点"按钮,即可在当前视频帧的位置上添加入点标记,如图3-41所示。然后在"素材源"面板中再次调整当前时间指示器的位置后,单击"设置出点"按钮,即可在当前视频帧的位置上添加出点标记,如图3-42所示。

图 3-41　　　　　　　　　　　　　　图 3-42

这时,入点与出点之间的内容即为素材内所要保留的部分。在将该素材添加至"时间线"窗口后,可发现素材的播放时间将不再播放入点与出点区间以外的素材内容,如图3-43所示。如果要取消所设置的入点和出点,右击"素材源"面板中的时间标尺,在弹出的快捷菜单中选择"清除入点""清除出点""清除入点和出点"命令即可,如图3-44所示。

对于同一素材源,清除出点与入点的操作不会影响已添加至"时间线"窗口上的素材副本,但当用户再次将素材从"项目"窗口添加至"时间线"窗口时,Premiere会按照新的素材设置来应用该素材。

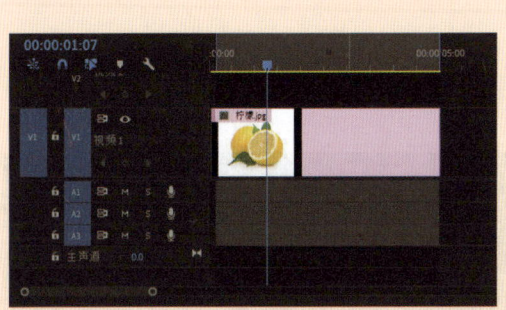 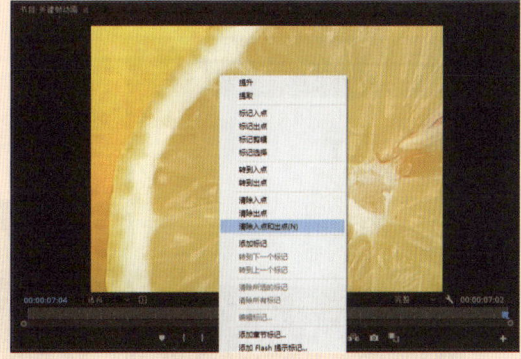

图 3-43　　　　　　　　　　　　　　图 3-44

3.2.2 剪辑素材

剪辑素材是Premiere最强大的功能之一,它可以对视频素材进行有序的剪辑并重新组合,将视频素材以全新的形式和画面组成一部完整的影片。

1.三点编辑与四点编辑

三点编辑和四点编辑是专业视频编辑工作中经常会采用的影片编辑方法。三点和四点是指素材入点和出点的个数。

(1) 三点编辑

通常情况下，三点编辑用于将素材中的部分内容替换影片剪辑中的部分内容。在进行此项操作时，需要依次在素材和影片中指定3个重要的点，各点的位置及含义如下。

素材的入点：素材在影片剪辑中首先出现的帧。

影片剪辑的入点：影片剪辑中被替换部分在当前序列上的第一帧。

影片剪辑的出点：影片剪辑中被替换部分在当前序列上的最后一帧。

在"项目"窗口中双击"Flower_hana_on.mov"素材，将该素材显示在"素材源"面板中，并将其添加到"视频1"轨道中。然后在"素材源"面板中拖动时间滑块到15 s处，单击"设置入点"按钮■，如图3-45所示。

在"节目"面板中拖动时间指针到20 s处，单击"设置入点"按钮■，然后将时间滑块拖动到30 s处，单击"设置出点"按钮■，如图3-46所示。

单击"素材源"面板中的"覆盖"按钮■，此时该素材就会覆盖"视频1"轨道中"Flower_hana_on.mov"素材所设置入点和出点之间的部分，如图3-47所示。

图 3-45

(a)

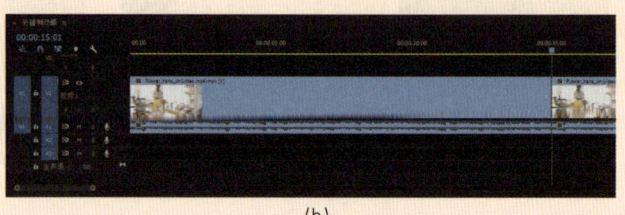

图 3-46

图 3-47　　　　　(b)

(2) 四点编辑

在进行四点编辑时，要在"素材源"面板和"节目"面板中设置素材的入点和出点，其基本的编辑方法与三点编辑方法类似。

将"项目"窗口中的"Flower_hana_on.mov"素材添加到"视频1"轨道中，然后双击该素材，会在"素材源"面板中显示，拖动时间滑块到15 s处，单击"设置入点"按钮，然后拖动时间滑块到25 s处，单击"设置出点"按钮，如图3-48所示。

在"节目"面板中，拖动时间滑块到3 s处，单击"设置入点"按钮，然后拖动时间滑块到13 s处，单击"设置出点"按钮，如图3-49所示。

图 3-48

图 3-49

单击"素材源"面板中的"覆盖"按钮，此时该素材的出点和入点之间的素材就会覆盖"Flower_hana_on.mov"素材中设置出点和入点之间的部分，如图3-50所示。

(a)

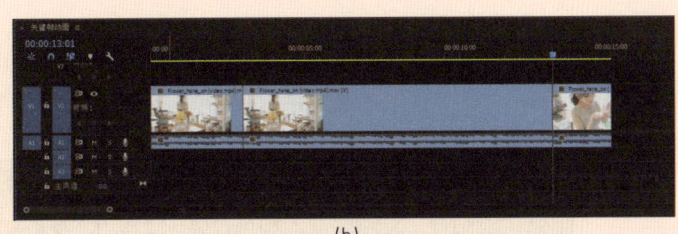
(b)

图 3-50

当素材出、入点之间的长度与序列出、入点之间的长度不匹配时，Premiere会弹出"适合剪辑"对话框，要求用户设置素材与影片剪辑的匹配方式，如图3-51所示。在"适合剪辑"对话框中，各个选项的含义及作用如下。

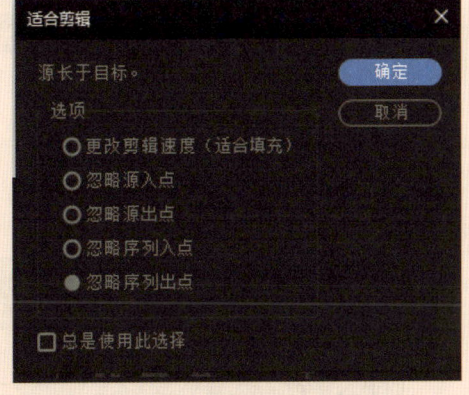
图 3-51

更改剪辑速度（适合填充）：调整素材出点和入点区间部分的播放速度，使其持续时间与序列出点和入点区间的持续时间保持一致。

忽略源入点：以序列出点和入点区间的持续时间为准，从左侧剪除素材出点和入点区间内的部分内容，使其适应前者。

忽略源出点：以序列出点和入点区间的持续时间为准，从右侧剪除素材出点和入点区间内的部分内容，使其适应前者。

忽略序列入点：在将素材出点与序列出点对齐的情况下，将素材内多出的部分覆盖序列入点之前的部分内容，使其适应素材出点和入点区间的持续时间。

忽略序列出点：在将素材入点与序列入点对齐的情况下，将素材内多出的部分覆盖序列出点之后的部分内容，使其适应素材出点和入点区间的持续时间。

根据素材出点和入点区间与序列出点和入点区间持续长度的不同，"适合剪辑"对话框中的可用选项也有所不同。

2.在时间线上剪辑素材

在Premiere的"时间线"窗口中提供了多种剪辑素材的方法，除了使用入点和出点外，用户还可以使用编辑工具对素材进行剪辑。

(1) 使用"选择工具"

选择"选择工具"，将鼠标指针移动到视频轨道中素材的边缘上，当指针变成时，拖动即可缩短或增加该素材的长度，如图3-52所示。

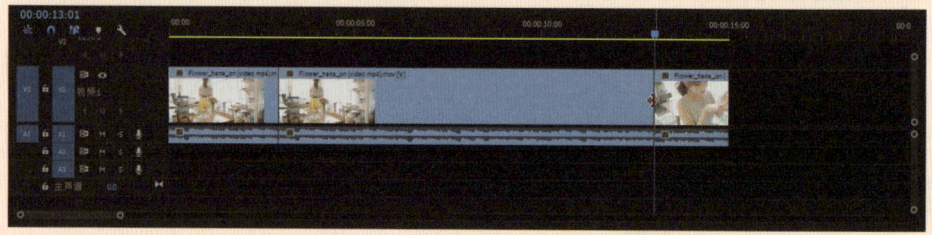

图 3-52

(2) 使用"滚动编辑工具"

使用"滚动编辑工具"进行的编辑也称为录像式编辑，该工具的工作原理是在调整轨道中的素材长度时，保持总素材长度不变，通过减少或增加相邻素材的长度来达到调整该素材长度的目的，如图3-53所示。

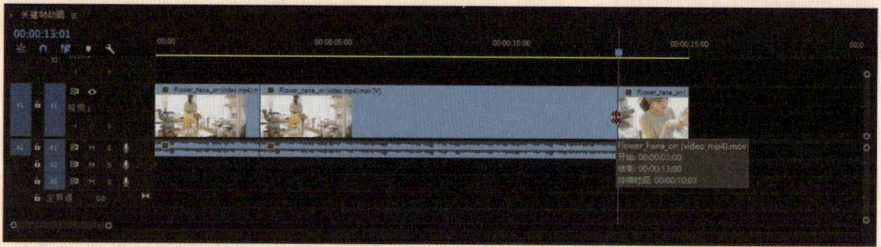

图 3-53

(3) 使用"波纹编辑工具"

使用"波纹编辑工具"进行的编辑也称为电影式编辑。使用该工具在一个轨道上调整素材长度时，该轨道上其他素材长度不会改变，但该轨道上和其他所有未被锁定轨道上的素材位置将会相应发生改变，如图3-54所示。

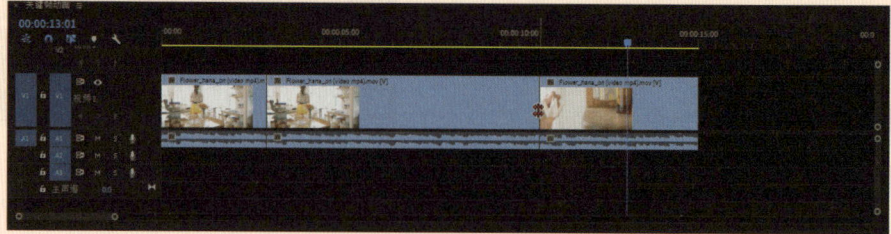

图 3-54

(4) 使用"错落工具"

"错落工具"可以改变对象的出点和入点，但长度保持不变，也不影响相邻的素材。在工具箱中选择"错落工具"，然后单击所需要编辑的片段，按住鼠标左键向前或向后拖动即可，如图3-55所示。

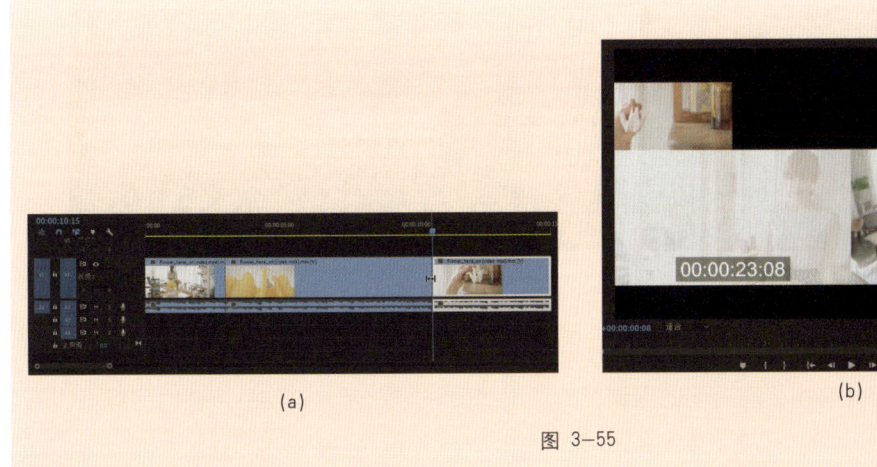

(a)　　　　　　　　　　　　　(b)

图 3-55

3.2.3 脱机文件

　　脱机文件是指项目内的当前不可用的素材文件，其产生原因通常是项目所引用的素材文件已经被删除或移动。当项目中出现脱机文件时，如果在"项目"窗口中选择该素材文件，"素材源"面板或"节目"面板中将显示该素材的媒体脱机信息，如图3-56所示。

　　打开包含脱机文件的项目，Premiere会在弹出的对话框中要求用户重定位脱机文件，如图3-57所示。此时，如果用户能够指定脱机素材的存储位置，则项目便会解决该素材文件的媒体脱机问题。

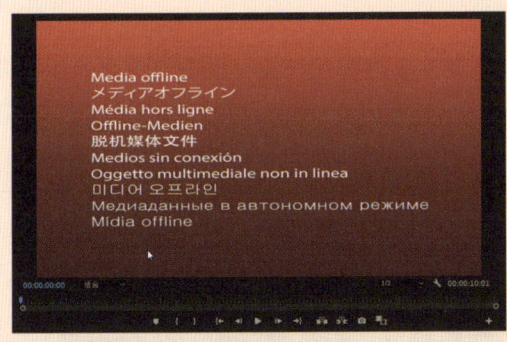　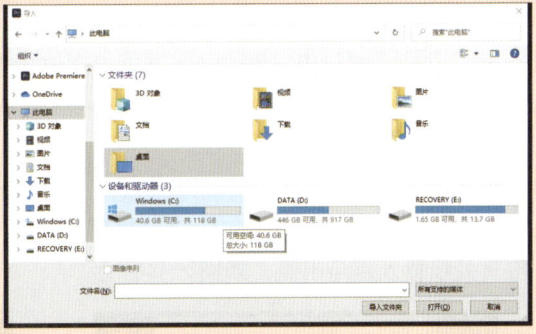

图 3-56　　　　　　　　　　　图 3-57

3.2.4 插入和覆盖编辑

　　将素材导入到"素材源"面板中，便可以在该面板中对素材进行各种编辑。以下详细介绍素材的插入和覆盖功能。

1. 插入编辑

　　将时间指示器移至素材中间时，单击"素材源"面板中的"插入"按钮，Premiere便会将时间线上的素材一分为二，并将"素材源"面板中的素材添加至两者之间，如图3-58所示。

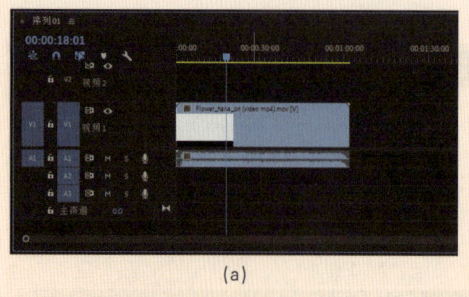 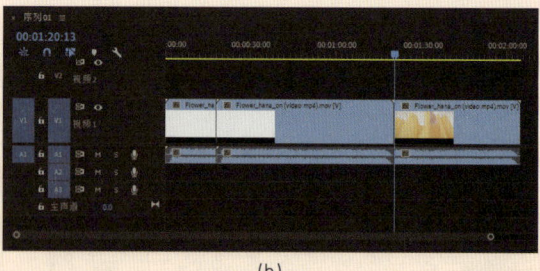

(a) （b）

图 3-58

2. 覆盖编辑

与插入编辑不同，当用户采用覆盖编辑的方式在时间线已有素材中间添加新素材时，新素材将会从当前时间指示器处替换相应时间的源素材片段，如图3-59所示，其结果可使时间线上的原有素材内容减少。

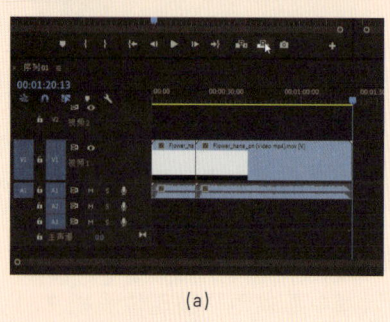 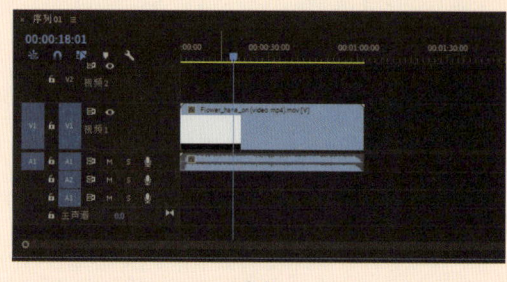

(a) （b）

图 3-59

3.2.5 提升和提取编辑

在"节目"面板中，Premiere为用户提供了两个方便的素材剪除按钮，以便快速删除序列中的某个部分。

1. 提升编辑操作

利用Premiere中的提升功能可以从序列中删除部分视频素材内容，但并不会删除因删除素材内容而造成的间隙。操作前首先打开将要修改的项目内容，然后分别在所要删除部分的首帧和末帧位置处设置入点与出点，如图3-60所示。

 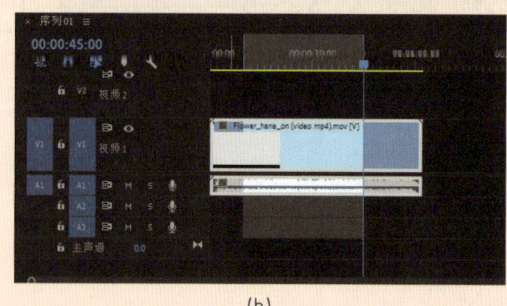

(a) （b）

图 3-60

单击"节目"面板中的"提升"按钮，即可从入点与出点处裁切素材，将出点和入点区间内的素材删除，如图3-61所示。无论出点和入点区间内有多少素材，都将在执行"提升"操作时被删除。

图 3-61

2. 提取编辑操作

提取功能可以在删除部分序列内容的同时删除因此而产生的间隙,从而减少序列的持续时间。在"节目"面板中为序列设置入点与出点后,单击"节目"面板中的"提取"按钮即可,如图3-62所示。

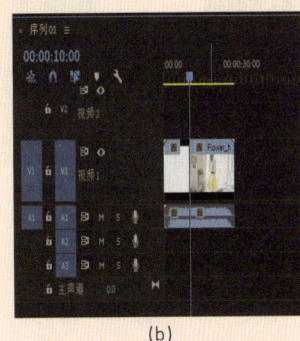

图 3-62

3.3 案例——制作倒计时片头

影片播放之前需要一种形式将观众引入到影片的内容中,这时可以插入倒计时片头。本例帮助读者学会创建Premiere自带的倒计时片头。

步骤01 新建序列

新建序列,在"新建序列"对话框中设置画面大小等序列参数,如图3-63所示。

步骤02 视频参数

在"视频预览"选项组中设置参数,如图3-64所示。

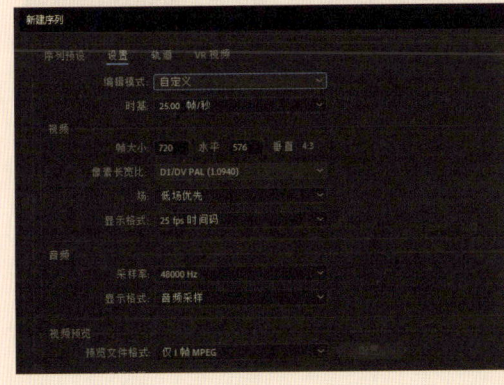

图 3-63

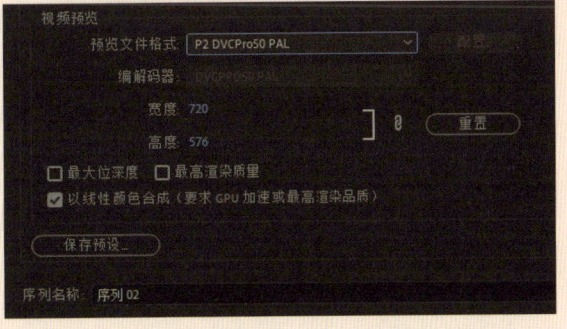

图 3-64

步骤03 新建项目

在"项目"窗口中单击"新建项目"按钮,在弹出的菜单中选择"新建项目"→"通用倒计时片头"命令,如图3-65所示。

步骤04 设置参数

打开"新建通用倒计时片头"对话框,设置"宽度""高度"等音频、视频属性参数,如图3-66所示。

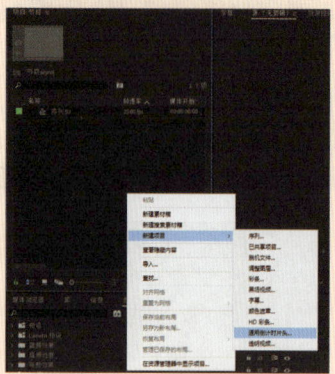

图 3-65

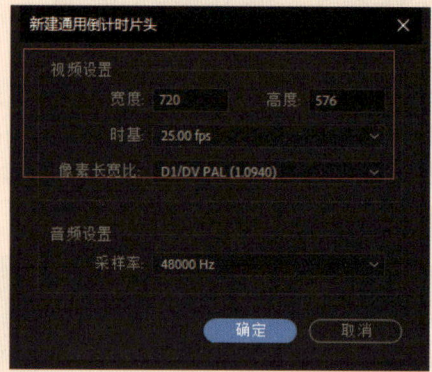

图 3-66

步骤05 设置通用倒计时片头

在该对话框中单击"确定"按钮,即可打开"通用倒计时片头设置"对话框,如图3-67所示。

步骤06 设置划变色

单击"擦除颜色"后的色块,在弹出的"拾色器"对话框中设置颜色参数,如图3-68所示。

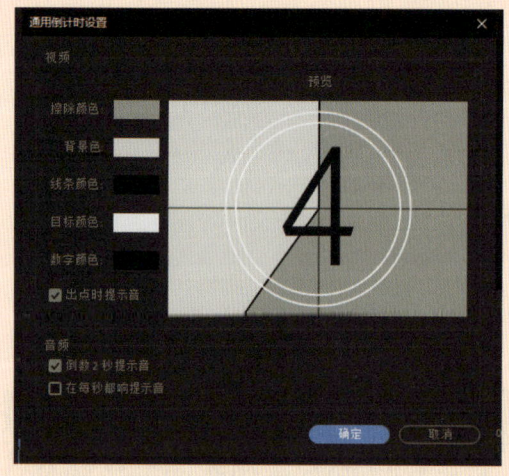

图 3-67

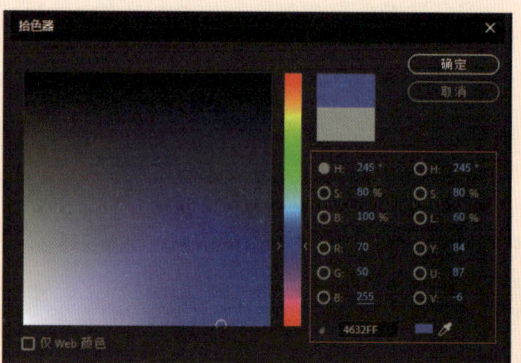

图 3-68

步骤07 设置背景色

单击"背景色"后的色块,在弹出的"拾色器"对话框中设置颜色参数,如图3-69所示。

步骤08 设置线条色和目标色

单击"线条颜色"后的色块,在弹出的"拾色器"对话框中设置颜色参数。为"目标颜色"也设置同样的颜色,如图3-70所示。

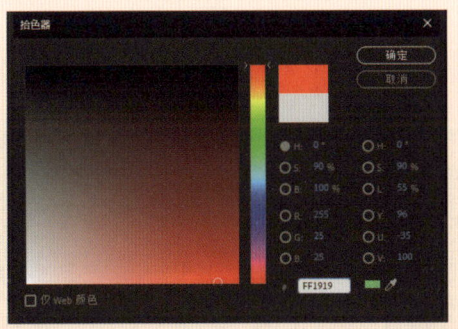
图 3-69

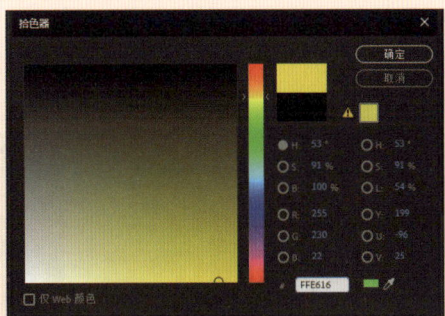
图 3-70

步骤09 设置数字色

单击"数字颜色"后的色块,在弹出的"拾色器"对话框中设置颜色参数,如图3-71所示。

步骤10 预览颜色设置效果

设置各元素的颜色参数后,在"通用倒计时片头设置"对话框中可预览颜色设置的效果,如图3-72所示。

图 3-71

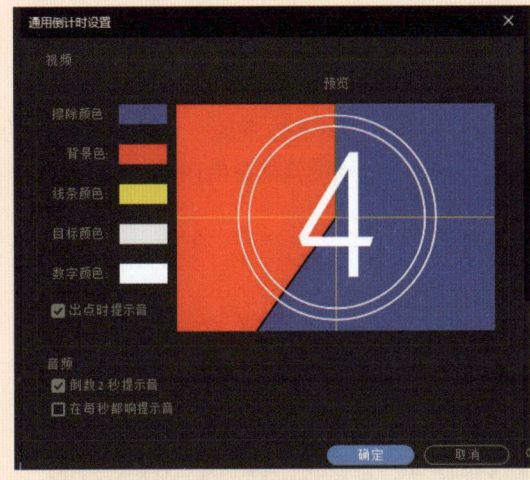
图 3-72

步骤11 完成倒计时片头设置

单击"确定"按钮,创建的"通用倒计时片头"对象将自动保存到"项目"窗口中,如图3-73所示。

步骤12 设置色彩

将"项目"窗口中的"通用倒计时片头"对象插入到"时间线"窗口中,可观察到创建的对象包含视频与音频轨道,如图3-74所示。

图 3-73

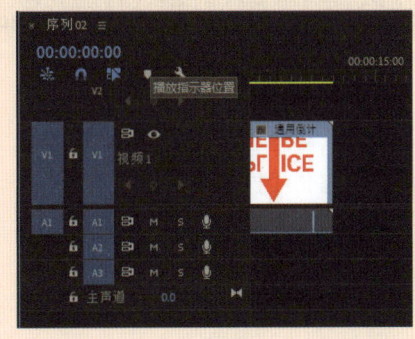
图 3-74

步骤13 倒计时片头效果

在"节目"面板中单击"播放"按钮▶，即可预览创建的"通用倒计时片头"对象，效果如图3-75和图3-76所示，最后保存编辑项目。

图 3-75

图 3-76

3.4 案例——素材的编辑技巧

本例讲解对素材的基本编辑，包括更改视频的帧频、像素的高和宽、三点编辑和四点编辑技法。这是Premiere后期编辑的重要内容。

步骤01 新建项目

新建项目，在"新建序列"对话框中设置参数，如图3-77所示。

步骤02 导入素材

选择"文件"→"导入"菜单命令，导入本书配套资源"Chapter3\3.4\素材\yuntian.avi"文件，双击查看素材，如图3-78所示。

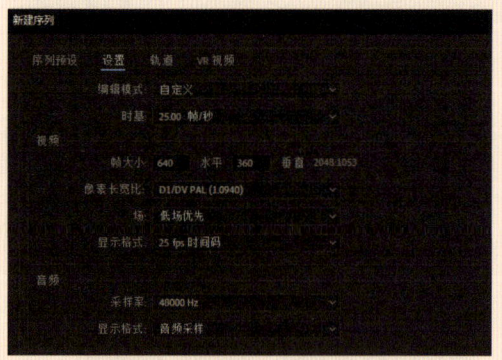
图 3-77

图 3-78

步骤03 解释素材

在"项目"窗口中选择素材文件并右击，在弹出的快捷菜单中选择"修改"→"解释素材"命令，如图3-79所示。

步骤04 设置解释素材

在打开的"修改剪辑"对话框中，在"解释素材"选项卡中设置参数，如图3-80所示。

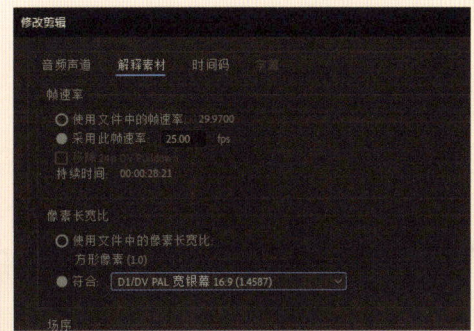

图 3-79　　　　　　　　　　　　　图 3-80

步骤05 对比文件信息

返回"项目"窗口，选择"yuntian.avi"文件，在"项目"窗口上部的预览区中可观察到素材文件的帧频及视频持续时间均已改变，如图3-81所示，原始素材帧频及持续时间如图3-82所示。

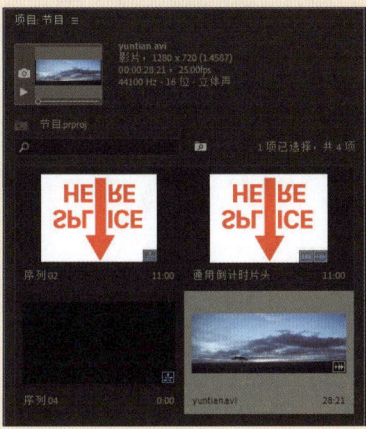

图 3-81　　　　　　　　　　　　　图 3-82

步骤06 修改素材

再次打开"修改剪辑"对话框，设置像素纵横比，调整参数，如图3-83所示。

步骤07 插入到"时间线"窗口中

将"项目"窗口中的素材文件"yuntian.avi"拖动到"时间线"窗口中，如图3-84所示。

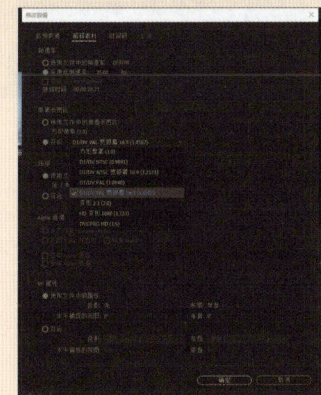

图 3-83　　　　　　　　　　　　　图 3-84

步骤08 查看素材
在"节目"面板中可观察到更改图像像素的高宽比后的效果,如图3-85所示。

步骤09 查看并保存项目
在"节目"面板中选中素材边缘,使用鼠标调整图像的大小,使其处于"节目"面板的显示区域,这样就可以进行宽屏处理,保存编辑项目,如图3-86所示。

图 3-85

图 3-86

步骤10 在"素材源"面板中浏览素材
在"项目"窗口中双击导入的"yuntian.avi"素材文件,即可在"素材源"面板预览导入的素材,预览素材效果如图3-87所示。

步骤11 设置出点
将时间滑块拖动至 00:00:25:00 处,在"素材源"面板的工具栏中单击"设置出点"按钮■,设置素材的出点,如图3-88所示。

图 3-87

图 3-88

步骤12 预览效果
将导入的素材文件插入到"时间线"窗口中,完成效果制作,素材预览效果如图3-89所示。

步骤13 新建序列
在"项目"窗口的空白处右击,在弹出的快捷菜单中选择"新建项目"→"序列"命令,如图3-90所示。

Chapter 3 视频编辑基础知识

图 3-89　　　　　　　　　　　　　图 3-90

步骤14 拖动时间滑块

在"时间线"窗口中，将时间滑块拖动至 00:00:10:00 处，如图3-91所示。

步骤15 设置出点

选择"标记"→"标记出点"菜单命令，如图3-92所示。

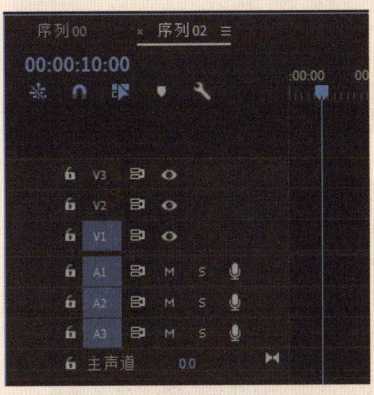
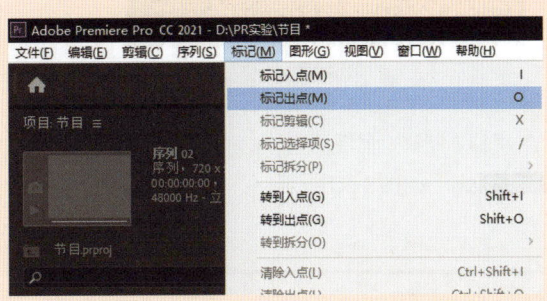

图 3-91　　　　　　　　　　　　　图 3-92

步骤16 设置出点和入点

在"素材源"面板中使用拖动出入控制点的方法设置素材的出点和入点，完成的效果如图3-93所示。

步骤17 适配素材

单击"插入"按钮，将素材插入到"时间线"窗口中，最后在打开的"适合剪辑"对话框中设置参数，如图3-94所示。

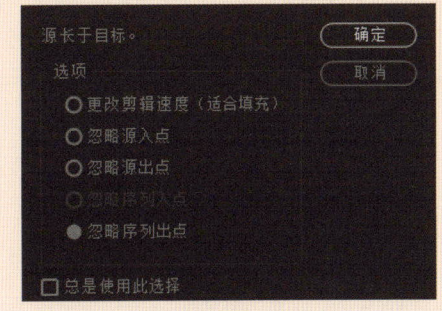

图 3-93　　　　　　　　　　　　　图 3-94

3.5 案例——设置素材标记

"标记"是一种辅助工具,主要用于方便用户查找和访问特定的时间点。本例将通过基础操作介绍素材标记的使用方法,让读者掌握Premiere标记的相关知识,方便影片编辑工作。

步骤01 新建项目

新建项目,在"新建序列"对话框中切换到"设置"选项卡,在该选项卡中设置参数,如图3-95所示。

步骤02 导入素材

导入本书配套资源"Chapter3\3.5\素材\Hong Kong.mp4"文件,双击素材,将素材在"素材源"面板中打开,如图3-96所示。

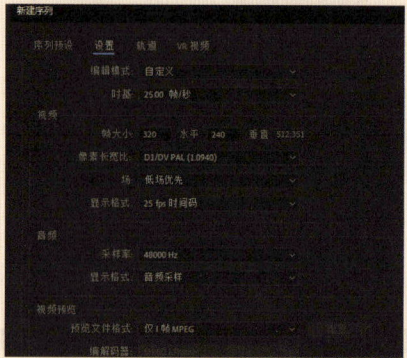

图 3-95

图 3-96

步骤03 拖动时间滑块

在"素材源"面板中将时间滑块拖动至 00:00:05:13 处,如图3-97所示。

图 3-97

步骤04 设置标记1

在"00:00:05:12"处按快捷键M添加标记,如图3-98所示,或右击,在弹出的快捷菜单中选择"添加标记"命令,在打开的"标记"对话框的"名称"文本框中输入"1",将该标记设置为1,如图3-99所示。

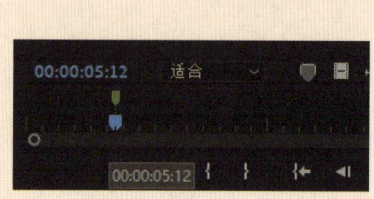

图 3-98

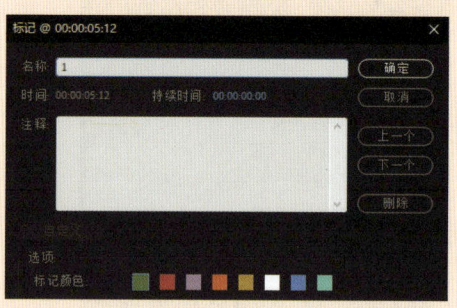

图 3-99

步骤05 设置标记2
将时间滑块拖动至 00:00:13:11 处，按快捷键M添加标记，或右击在弹出的快捷菜单中选择"添加标记"命令，在打开的"标记"对话框的"名称"文本框中输入"2"，将该标记设置为2，如图3-100所示。

步骤06 设置标记3
将时间滑块拖动至 00:00:31:09 处，按快捷键M添加标记，或右击在弹出的快捷菜单中选择"添加标记"命令，在打开的"标记"对话框的"名称"文本框中输入"3"，将该标记设置为3，如图3-101所示。

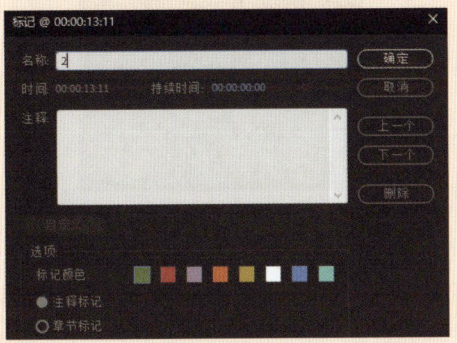

图 3-100　　　　　　　　　图 3-101

步骤07 查看标记
将时间滑块拖动至其他位置，可以看到创建的3个编号标记的效果，如图3-102所示。

步骤08 清除标记
右击"标记2"，在弹出的快捷菜单中选择"清除所选的标记"命令，如图3-103所示。

图 3-102　　　　　　　　　图 3-103

步骤09 查看标记
单击"确定"按钮，返回"素材源"面板，可查看到标记2已被清除，如图3-104所示。

图 3-104

步骤10 转到上一个标记

将时间滑块拖动至编号为3的标记处,选择"标记"→"转到上一标记"菜单命令,如图3-105所示。

步骤11 查看标记

执行该命令后,时间滑块将自动移到编号为1的标记处,最后保存编辑项目,如图3-106所示。

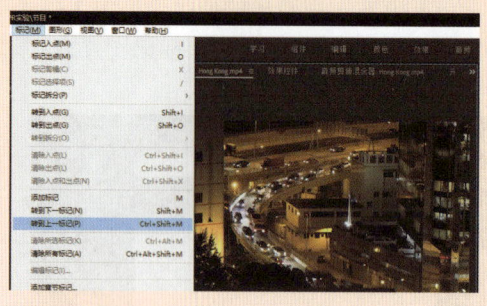

图 3-105

图 3-106

3.6 案例——制作位移和旋转动画

在影视效果中,有很多效果是一个对象从画面的一个位置移动至另一个位置,期间也可以添加旋转动画来丰富效果,这种简单的画面移动可以借助设置"位置"和"旋转"关键帧的方法实现。

微课:
案例——制作位移和旋转动画

步骤01 新建项目

新建项目,在"新建序列"对话框的"常规"选项卡中设置序列参数,如图3-107所示。

步骤02 导入分层文件

导入本书配套资源"Chapter3\3.6\素材\App.psd"素材文件,在打开的"导入分层文件"对话框中设置参数,如图3-108所示。

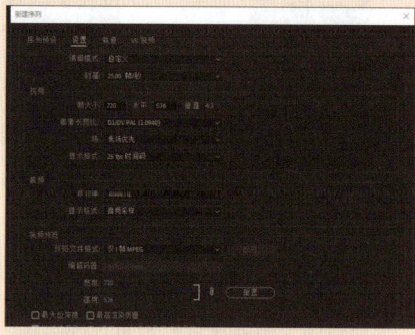

图 3-107

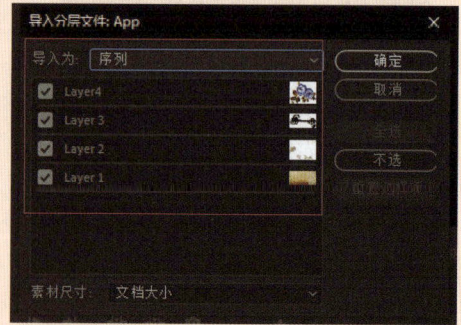

图 3-108

步骤03 查看素材

在"项目"窗口中双击导入的素材箱,即可打开素材箱列表,该列表中的分层文件将各自作为独立的素材文件,如图3-109所示。

步骤04 拖入素材

添加轨道,将"素材箱"列表中的"Layer4/App.psd"等素材文件按顺序插入到"时间线"窗口中,如图3-110所示。

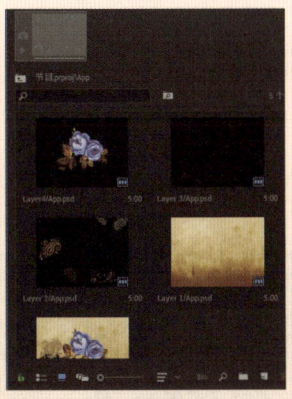 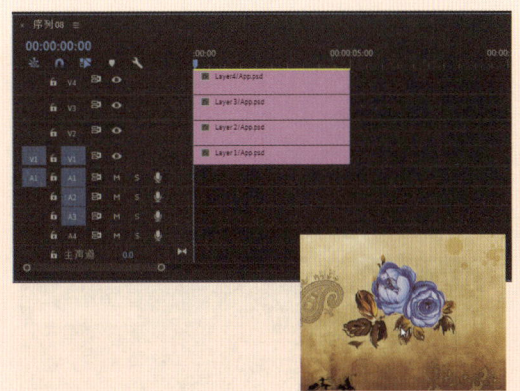

图 3-109　　　　　　　　　　　　　图 3-110

步骤05 设置位置1
　　在"时间线"窗口中选择"Layer4/App.psd"素材,在"效果控件"面板中设置"位置"参数,如图3-111所示。

步骤06 设置位置2
　　选择"Layer3/App.psd"素材,在"效果控件"面板中设置"位置"参数,如图3-112所示。

 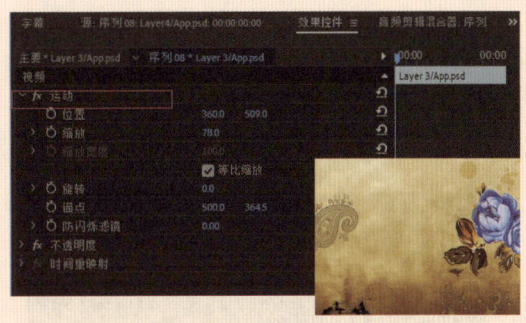

图 3-111　　　　　　　　　　　　　图 3-112

步骤07 添加关键帧1
　　选择"Layer4/App.psd"素材,在"效果控件"面板中单击"切换动画"按钮 ,为素材起始位置添加一个"位置"关键帧并设置参数,如图3-113所示。

步骤08 添加关键帧2
　　将时间滑块拖动至 00:00:02:00 处,单击"添加/移除关键帧"按钮 ,添加一个"位置"关键帧并设置参数,如图3-114所示。

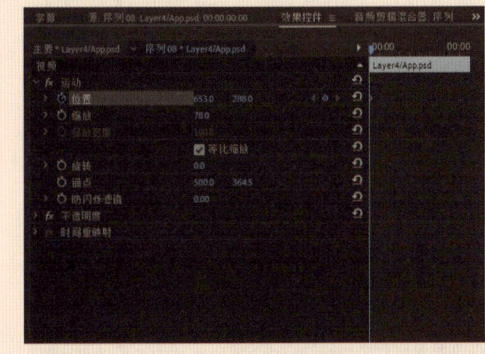 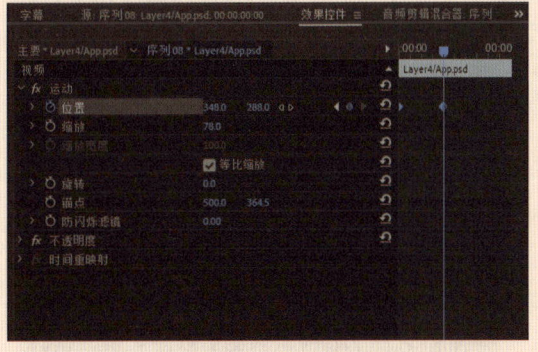

图 3-113　　　　　　　　　　　　　图 3-114

步骤09 添加关键帧3

选择"Layer4/App.psd"素材,将时间滑块拖动至 00:00:01:00 处,为素材添加"位置"关键帧,如图3-115所示。

步骤10 添加关键帧4

将时间滑块拖动至素材的结束位置,在此为素材添加"位置"关键帧并设置参数,保存编辑项目,如图3-116所示。

图 3-115

图 3-116

步骤11 拖动时间滑块

只有移动效果显得单调了点,下面为"Layer4/App.psd"素材添加旋转效果来丰富画面。选择该素材,将时间滑块拖动至 00:00:00:20 处,如图3-117所示。

步骤12 移动关键帧

选中 00:00:02:00 处的关键帧，按住鼠标左键拖动到红线处,此时会自动吸附,如图3-118所示。

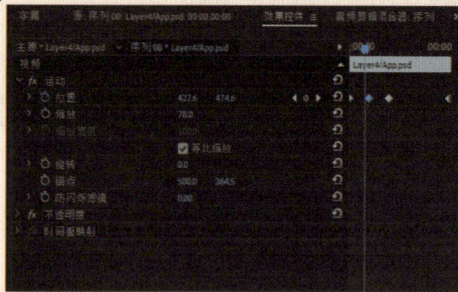

图 3-117   图 3-118

步骤13 添加关键帧1

此时时间滑块位于 00:00:00:20 处,选择"Layer4/App.psd"素材,在"效果控件"面板中单击"旋转"之前的"切换动画"按钮,为素材起始位置添加一个"旋转"关键帧并设置参数,如图3-119所示。

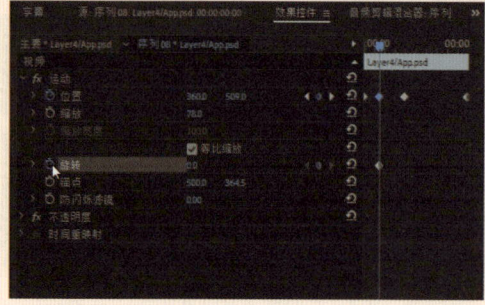

图 3-119

图 3-120

Chapter 3 视频编辑基础知识

步骤14 添加关键帧2
将时间滑块拖动至 00:00:02:00 处，单击"添加／移除关键帧"按钮，添加一个"旋转"关键帧并设置参数，如图3-120所示。

步骤15 导出媒体
选择"文件"→"导出"→"媒体"菜单命令，如图3-121所示。

步骤16 导出设置
在弹出对话框的"导出设置"选项组中设置参数，如图3-122所示。

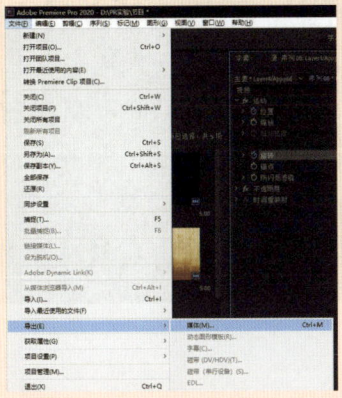
图 3-121

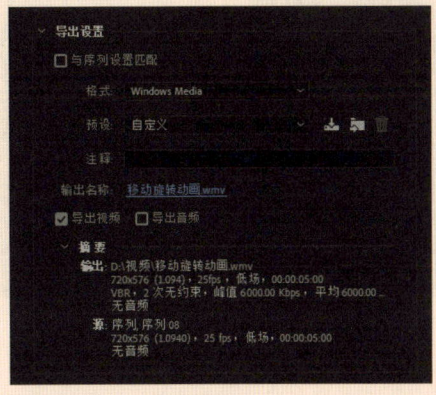
图 3-122

3.7 案例——制作完整影片

制作影片具有一定的流程性，本例将介绍一般影片的简易制作流程，为读者的学习、工作提供参考。

步骤01 新建项目
启动Premiere，在欢迎界面中单击"新建项目"图标，如图3-123所示。

步骤02 渲染项目
打开"新建项目"对话框，设置项目的保存路径及名称，如图3-124所示，单击"确定"按钮，进行下一步操作。

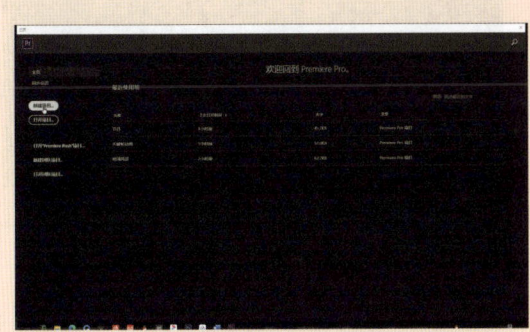
图 3-123

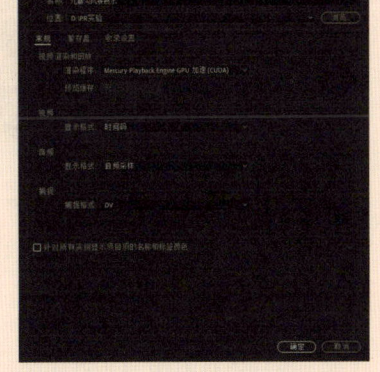
图 3-124

步骤03 新建序列
系统弹出"新建序列"对话框，如图3-125所示。

步骤04 常规选项

在"新建序列"对话框中切换到"设置"选项卡,设置参数,如图3-126所示。

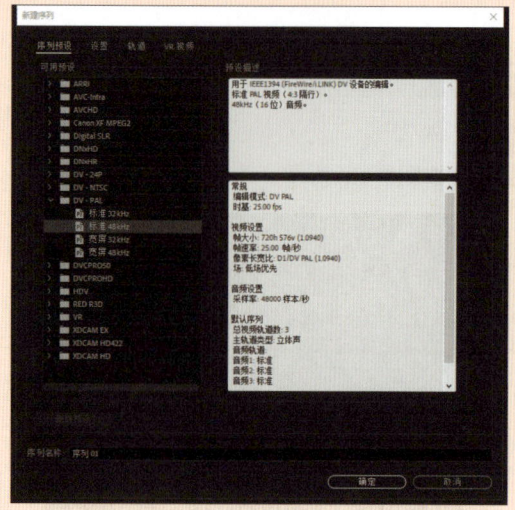
图 3-125

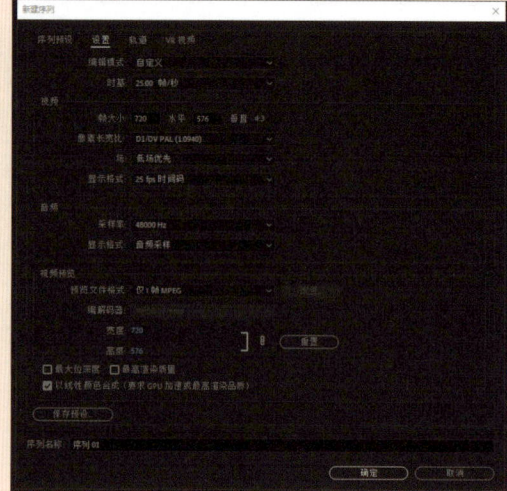
图 3-126

步骤05 首选项设置

选择"编辑"→"首选项"→"常规"菜单命令,如图3-127所示。

步骤06 静帧图像默认持续时间

在打开的"首选项"对话框中设置"静止图像默认持续时间"参数,如图3-128所示。

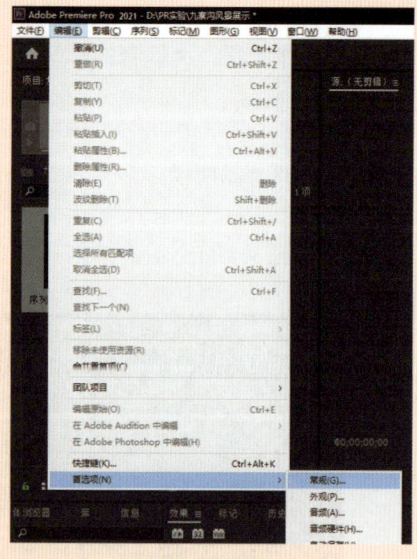
图 3-127

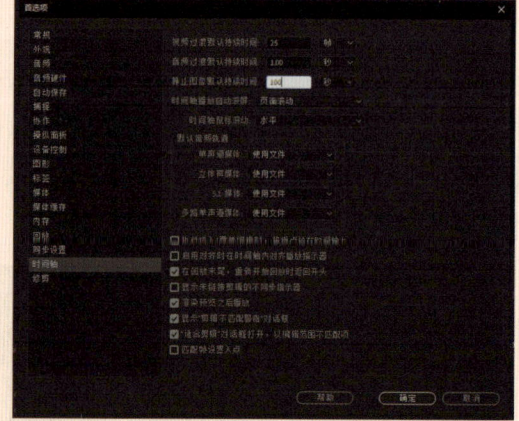
图 3-128

步骤07 导入素材

导入本书配套资源"Chapter3\3.7\素材"文件夹中的"1.jpg"~"8.jpg"素材文件,导入素材在"项目"窗口中的效果如图3-129所示。

步骤08 拖动素材到视频轨道

将素材按照序号顺序插入到"时间线"窗口中的"视频1"轨道上,如图3-130所示。

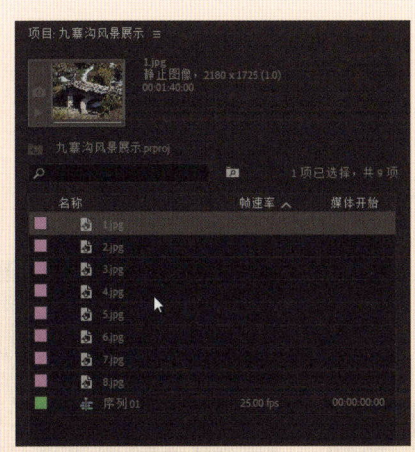
图 3-129

图 3-130

步骤09 预览素材

拖动时间滑块,可预览编辑前的原始素材效果,如图3-131所示。

图 3-131

步骤10 分割素材

为使影片具有一定的节奏变化,需要将时间滑块拖动至 00:00:22:00 处,使用"剃刀工具"将素材6分割为两部分,如图3-132所示。

图 3-132

步骤11 删除素材

在工具箱中选择"选择工具",选择后半部分需要剪掉的素材,按Delete键将其删除,如图3-133所示。

图 3-133

步骤12 移动素材

将素材"7.jpg"和"8.jpg"拖动到保留的素材"6.jpg"之后，填充被删除素材处的空白区域，如图3-134所示。

步骤13 新建字幕

在"项目"窗口的空白处右击，在弹出的快捷菜单中选择"新建项目"→"字幕"命令，如图3-135所示。

图 3-134

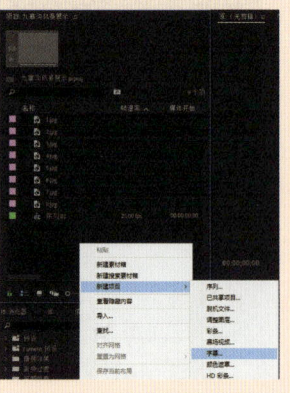
图 3-135

步骤14 设置字幕参数

在打开的"新建字幕"对话框中设置视频参数，单击"确定"按钮进入下一步操作，如图3-136所示。

步骤15 输入文本

在弹出的"字幕设计区"窗口的字幕设计区中输入文本"九寨沟风景欣赏"，完成效果如图3-137所示。

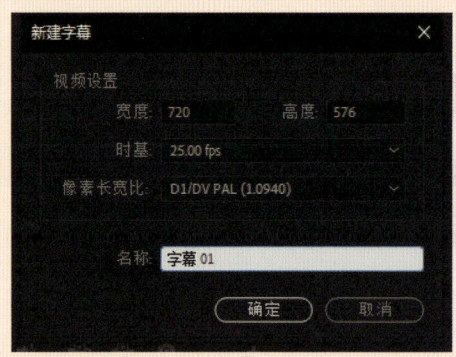
图 3-136

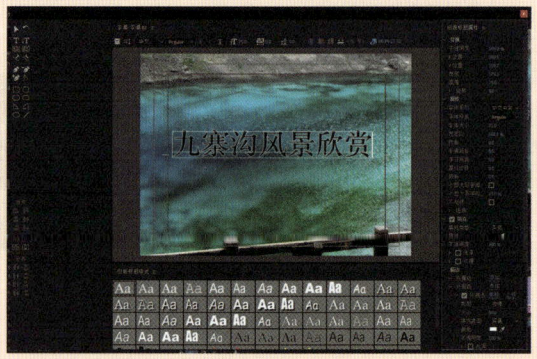
图 3-137

步骤16 设置文字类型

选择输入的文字，在"字幕设计区"窗口右侧的"字幕属性"面板中将文字的字体类型替换为如图3-138所示的类型。

步骤17 查看文字

在字幕设计区中可以看到，替换文字字体样式后字体效果发生了改变，如图3-139所示。

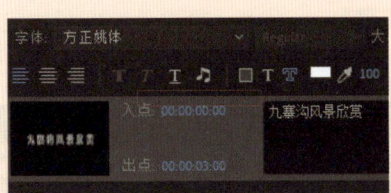
图 3-138

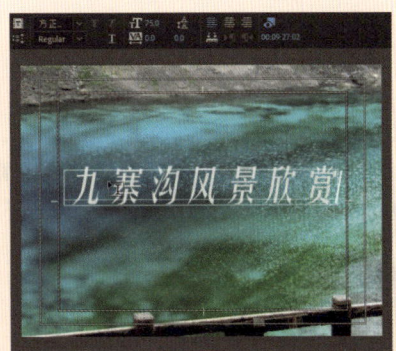
图 3-139

步骤18 倾斜字幕

选择字幕设计区中的文字,在"字幕属性"面板中设置字幕的"倾斜"文字属性,参数设置如图3-140所示。

步骤19 仅应用样式颜色

在"字幕样式"面板中选择合适的样式,然后右击,在弹出的快捷菜单中选择"仅应用样式颜色"命令,如图3-141所示。

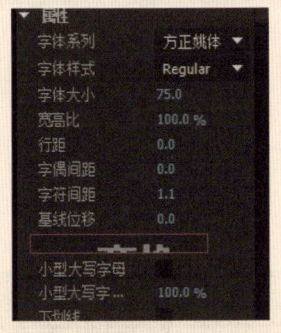
图 3-140

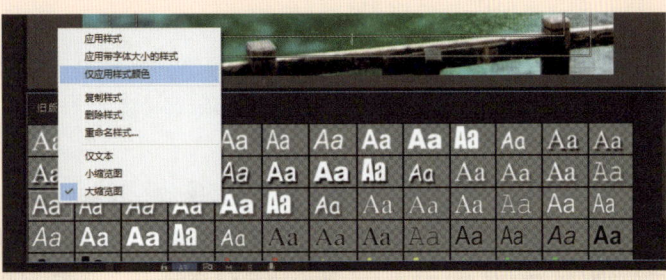
图 3-141

步骤20 预览字幕

在字幕设计区中预览应用样式颜色后的字幕效果。在为字幕应用字幕样式后,字幕的填充颜色变为蓝色,同时字幕具有白色的阴影效果,如图3-142所示。

步骤21 拖入素材

关闭"字幕设计区"窗口,将"项目"窗口中的字幕素材插入到"时间线"窗口的"视频2"轨道中,如图3-143所示。

图 3-142

图 3-143

步骤22 发光特效

在"效果"面板中将"Alpha发光"视频特效添加到字幕素材,在字幕素材起始处设置一个关键帧参数,如图3-144所示。

步骤23 设置发光特效

在"时间线"窗口中,将时间滑块拖动至 00:00:02:00 处。在"效果控件"面板中设置"发光"视频特效参数,如图3-145所示。

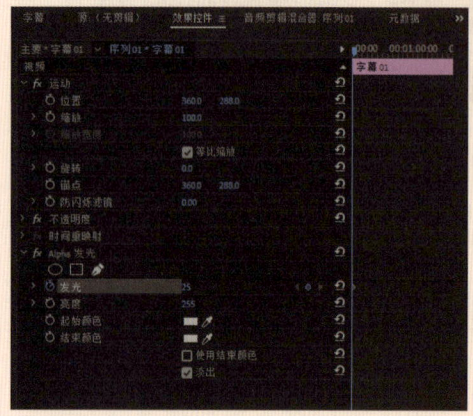

图 3-144　　　　　　　　　　　图 3-145

步骤24 查看特效

拖动时间滑块,在"节目"面板中可以预览到"发光"视频特效的效果,添加"发光"视频特效后的字幕出现了发光效果,如图3-146所示。

步骤25 转场效果

在"效果"面板中选择"缩放"→"交叉缩放"视频转场特效,如图3-147所示。

图 3-146　　　　　　　　　　　图 3-147

步骤26 添加"缩放"特效

将"缩放"视频转场特效添加到素材"1.jpg"和"2.jpg"之间,如图3-148所示。

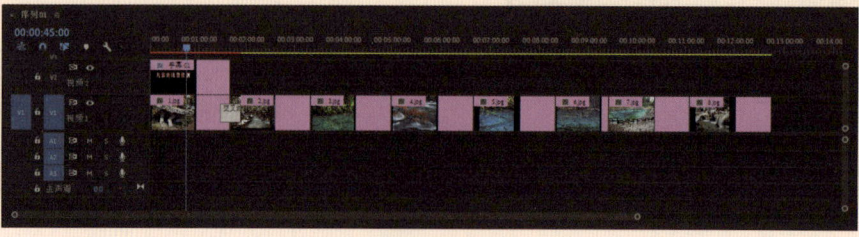

图 3-148

步骤27 查看画面

拖动时间滑块可预览到"交叉缩放"视频转场特效的切换画面效果，如图3-149所示。

步骤28 添加"百叶窗"特效

将"百叶窗"视频转场特效添加到素材"2.jpg"和"3.jpg"之间，设置转场特效参数，如图3-150所示。

图 3-149

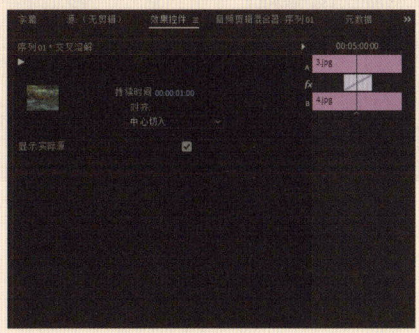
图 3-150

步骤29 添加"交叉溶解"特效

将"交叉溶解"视频转场特效添加到素材"3.jpg"和"4.jpg"之间，该转场特效的参数设置如图3-151所示。

步骤30 添加"风车"特效

将"风车"视频转场特效添加到素材"4.jpg"和"5.jpg"之间，该转场特效的参数设置及画面过渡效果如图3-152所示。

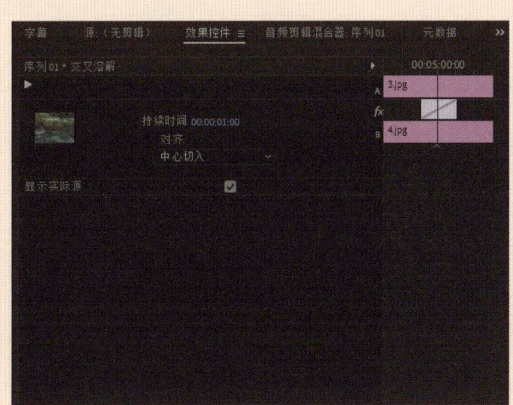
图 3-151

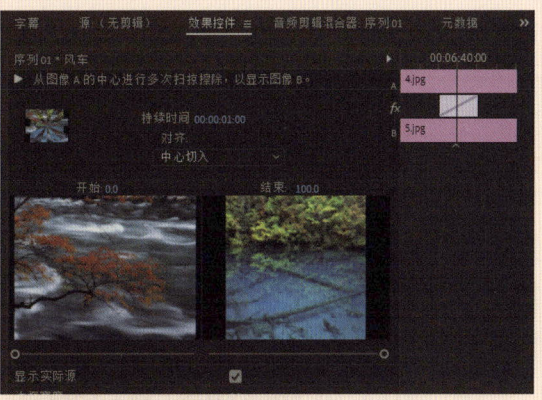
图 3-152

步骤31 添加"立方体旋转"特效

将"立方体旋转"视频转场特效添加到素材"5.jpg"和"6.jpg"之间，该转场特效的参数设置及画面过渡效果如图3-153所示。

步骤32 添加"擦除"特效

将"渐变擦除"视频转场特效添加到素材"6.jpg"和"7.jpg"之间，并选中"反向"复选框，参数设置及画面过渡效果如图3-154所示。

图 3-153　　　　　　　　　　　　图 3-154

步骤33　设置关键帧

将时间滑块拖动至 00:00:28:09 处，在素材"8.jpg"的结束部分设置关键帧，如图3-155所示。

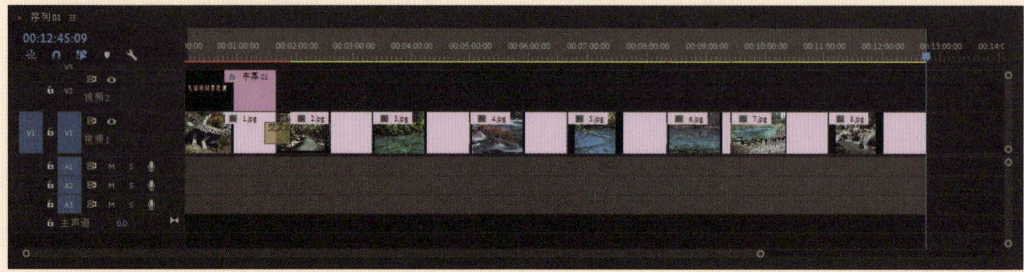

图 3-155

步骤34　导出设置

选择"文件"→"导出"→"媒体"菜单命令，在打开的"导出设置"对话框中设置输出基本参数，如图3-156所示。

步骤35　保存并输出

在"视频"选项卡中设置输出视频参数，最后将项目输出并保存，参数设置如图3-157所示。

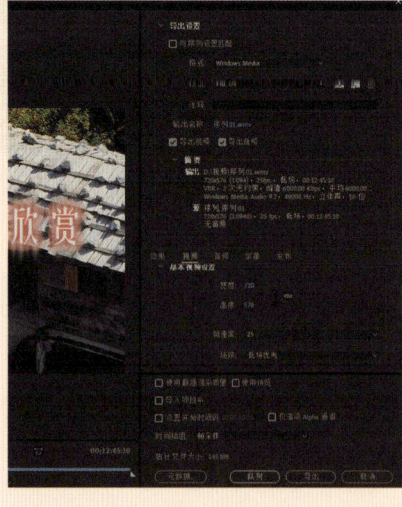 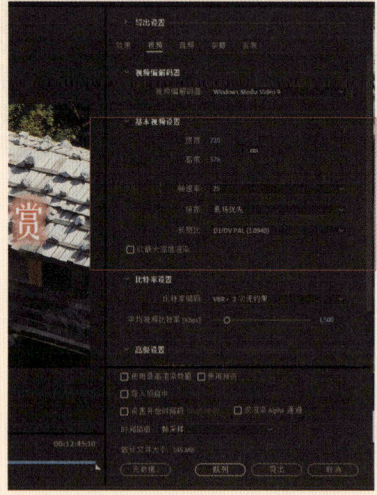

图 3-156　　　　　　　　　　　　图 3-157

3.8 知识与技能梳理

本章除了对编辑影片素材时用到的各种选项与面板进行介绍外，还对新元素创建、素材剪辑和多重序列的应用等内容进行了讲解，使读者能够更好地学习使用Premiere编辑影片素材的各种方法与技巧。

本章重点讲解了三点编辑与四点编辑的知识，这是剪辑素材的重要方法。

- 重要工具：选择工具、剪裁工具、复制工具、缩放工具、文本工具。
- 核心技术：通过已有的素材新建项目，导入素材，进行编辑调整，拖入"时间线"窗口中，进行特效的添加，完成转场等效果。
- 实际运用：片头制作、相册制作。

3.9 课后练习

一、选择题（请扫描二维码进入即测即评）

3.9课后练习

1.在"时间线"窗口中，可以通过按（ ）键配合鼠标对片段进行多选。

A．Alt　　　　　B．Ctrl　　　　　C．Shift　　　　　D．Esc

2.如果需要在轨道上调整画面的不透明度，需要使用（ ）。

A．Selection Tool　　B．Razor Tool　　C．Pen Tool　　D．Hand Tool

二、简答题

1."时间线"窗口的主要功能是什么？

2.工具箱中各个工具的具体作用是什么？

3.简述三点编辑与四点编辑。

Chapter 4

视频转场

　　视频转场是制作电视节目、电影或编辑视频时的镜头与镜头切换中加入的过渡效果。视频转场可以将所有的视频素材有序地连接起来,提升整部作品的流畅感,丰富其内容,使作品所表达的含义更加突出,并增加作品的感染力。本章主要对Premiere中比较常用的视频转场进行详细介绍。通过本章的学习,读者可以掌握视频转场在影片中的使用和编辑技巧,并能综合运用视频转场效果创作优秀的影视作品。

	知识点＼学习目标	了解	掌握	应用	重点知识
学习要求	视频转场的作用	🚩			
	转场的应用		🚩		
	转场效果简介	🚩			
	添加视频转场		🚩		
	编辑视频转场				🚩
	溶解转场特效			🚩	
	3D运动转场特效			🚩	
	页面剥落转场特效			🚩	

能力与素质目标

4.1 视频转场概述

影片在内容上的结构层次是通过段落表现的。而段落与段落之间、场景与场景之间的过渡或转换称为视频转场。视频转场不仅可以使影片更加连贯、完整，还可以通过为影片添加各种视觉效果来丰富影片画面，增加影片剧情的感情色彩。

微课：
视频转场概述

4.1.1 视频转场的作用

一部完整的电视作品由多个情节的段落所组成，而每一个情节的段落则由若干个蒙太奇镜头段落（或称蒙太奇句子）组成，每一个蒙太奇镜头段落又由一个或若干个镜头组成。场面的转换首先是镜头之间的转换，同时也包括蒙太奇镜头段落之间的转换和情节段落之间的转换。将所有镜头连接在一起后，整部影片会显得有些断断续续，为了使观众的视觉具有连续性，需要利用转场的手法，使人在视觉上感到镜头与镜头之间过渡的自然、顺畅。转场的方法多种多样，通常可以分为两类：一类是用特技的手段进行转场，另一类是用镜头的自然过渡进行转场，前者也叫技巧转场，后者又叫无技巧转场。

当两个不同场景的镜头组接时会使观众感到过渡太突然，这样整个影片给人的感觉会很乱。当在两个镜头之间添加淡入/淡出的转场效果后，观众会意识到前一个镜头即将结束，这样便在视觉上产生了连续性，如图4-1所示。

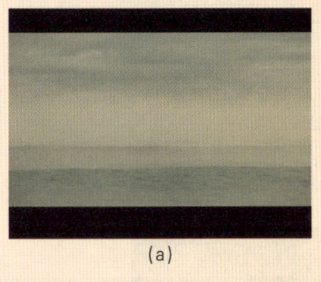
(a)

(b)

(c)

图 4-1

4.1.2 视频转场的方法

影片是由一系列镜头、镜头组和段落组成的。在不同的拍摄情况和影片类型下，所采用的转场方法也不相同。

当一部影片播放开始后，总是由黑场开始并慢慢变亮，在这个过程中就使用了渐变的转场过渡，这种方法可以给观众一个适应时间。例如，影片开始黑场，给观众一个即将开始的信号，配上美妙的音乐，铺展开画面。这里使用黑场过渡视频转场，让观众不会觉得很突兀，能够对主题的开始和结束做到心中有数，并且会使影片看上去更富有逻辑性和完整性，如图4-2所示。

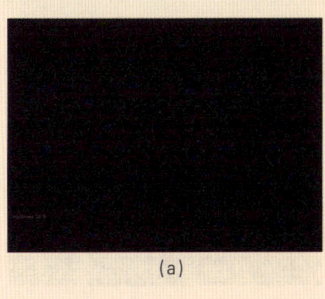
(a)
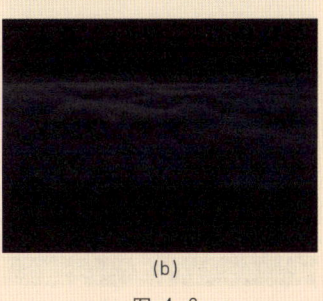
(b)
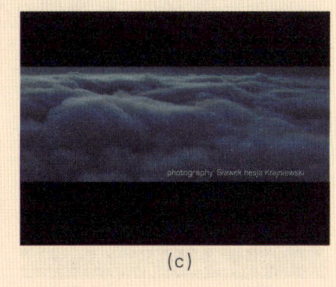
(c)

图 4-2

在将影片中两个互不相干的镜头进行衔接时,需要采用叠化转场的方法。例如,前一个镜头中是一个场景的欣赏,后一个镜头则是另外一个场景的欣赏,这时在这两个镜头之间添加叠化视频转场,会给人一种舒缓的感觉,当镜头质量不佳时,可借助缓叠来冲淡镜头缺陷,如图4-3所示。如果在这里使用划像、卷页等视频转场,则会使影片缺乏连贯性。

(a) (b) (c)

图 4-3

在一些娱乐节目、轻松幽默的广告中,为了体现出轻松、活泼的气氛,可以采用划像、卷页、擦除等转场方法,这样会使节目更具欣赏性。例如,在飞机航班的介绍中,添加划像类视频转场后,可使影片更加生动、活泼,如图4-4所示。而这些转场方法不适合在纪录片或者剧情片中使用,否则会显得戏谑和不专业。

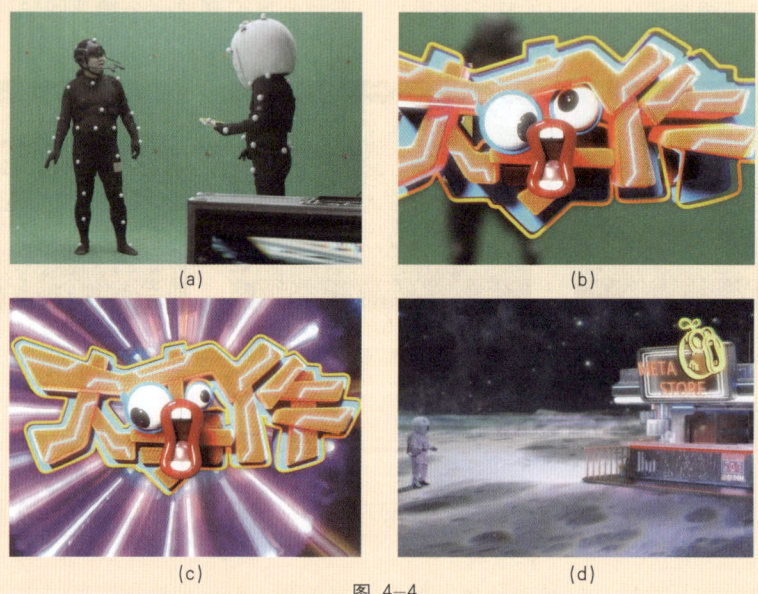

图 4-4

在一些影片中经常会用到闪白视频转场,该视频转场可以表现出失去记忆后的画面,或者是述说过去的事情等。它具有掩盖镜头剪辑点的作用,增加视觉跳动。例如,第一个镜头是一个男人经过苦难后站起来的画面,第二个镜头则是男人和女人最终在一起的画面,而在两个镜头之间添加闪白视频转场后,会使得观众更容易理解剧情,如图4-5所示。

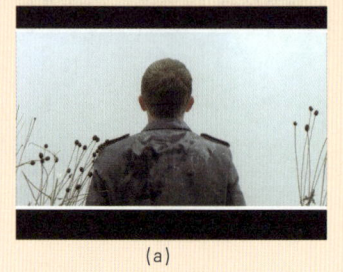 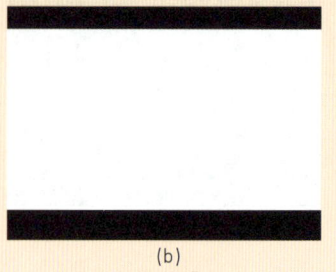 

(a) (b) (c)

图 4-5

在动作片或一些广告片的特定镜头中，经常会出现一些急速运动的画面随着镜头的变化突然静止，这就采用了定格视频转场。例如，一个手机的广告片为突出环绕屏的概念，前一个镜头是主角在水中游泳，水中有鱼群游弋，下一画面速度变缓并浮出水面，水底到水面镜头添加定格转场来强调手机环绕屏这一主体形象，给观众带来视觉冲击力，如图4-6所示。

 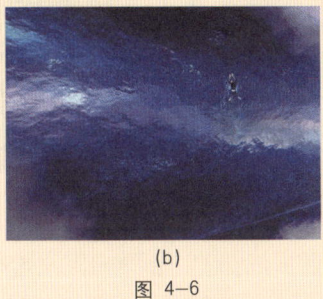 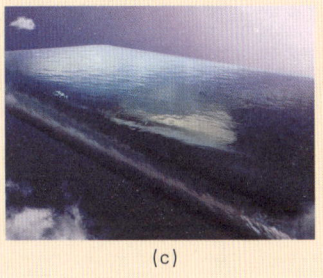

(a) (b) (c)

图 4-6

在一部影片中使用太多的视频转场，有时会影响整部影片的质量，而将某些特殊的镜头组合时，可以使用直接切换进行转场。例如，前一个镜头是一个女人在拿一本书，而后一个镜头则是对这个人所拿到的书进行放大特写。这时，直接转场会具有一定的强制性和主观性，如图4-7所示。

 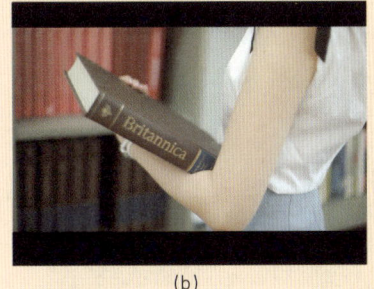

(a) (b)

图 4-7

视频转场虽然种类繁多，但由于新闻类节目具有时效性和突发性，所以在此类节目中通常不使用任何转场，以保持这些节目的客观性。因此，视频转场主要用于增加拍摄的娱乐效果。

4.2 应用视频转场

在Premiere中，应用视频转场可以在两个镜头的转换过程中产生淡入/淡出、划像、叠化、3D旋转等效果。本节将介绍如何为影片中的视频、图像等素材添加视频转场，以及视频转场的编辑操作。转场特效不仅能应用于两个视频或图像素材之间，还能应用于同一个视频或图像素材的开始和结尾。

4.2.1 转场特效

"效果"面板中的"视频转场"素材箱中存储了多种转场特效。要查看"视频转场"素材箱，可以选择"窗口"→"效果"菜单命令。为了查看转场的分类列表，可以单击"视频转场"素材箱前面的三角形图标▶。"效果"面板将所有转场特效都组织到各个子素材箱中。如果要查看某个转场特效素材箱中的内容，单击素材箱左侧的三角形图标▶即可。当素材箱处于打开状态时，三角形图标▶将指向下方，单击这个向下的三角形图标▼可以关闭素材箱，"视频转场"素材箱如图4-8所示。

通过"效果"面板可以方便地找到视频转场效果，并将转场效果很好地组织起来。如果要查找某个视频转场效果，首先要在"效果"面板的"包含" 文本框中输入要查找的转场效果名称。输入转场效果名称时可以不输入完整的名称，当输入一个单词时，Premiere将打开转场效果名称中包含所搜索词的所有文件。

为了将效果组织起来，可以创建一个新的自定义素材箱，然后将经常用到的转场效果组织在一起，并放在这个素材箱中。创建新的自定义素材箱时，首先单击"效果"面板底部的"新建自定义素材箱"按钮 ，或者单击"效果"面板右上角的三角形图标，然后从下拉列表中选择"新建自定义素材箱"命令，如图4-9所示。如果要重命名自定义的素材箱，首先要选中这个自定义的素材箱，然后单击该素材箱的名称。当名称高亮显示时，输入新名称即可，如图4-10所示。

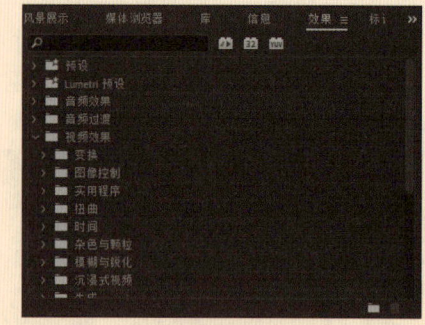

图 4-8

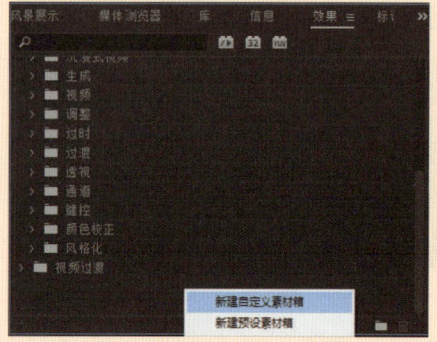

图 4-9

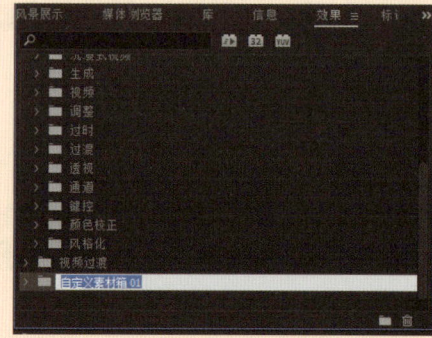

图 4-10

如果要删除一个自定义的素材箱，可以选中素材箱，然后单击"效果"面板底部的"删除自定义项目"按钮 ，也可以从面板的下拉列表中选择"删除自定义项目"命令，如图4-11所示。当弹出"删除项目"提示框时，单击"确定"按钮即可删除该素材箱，如图4-12所示。

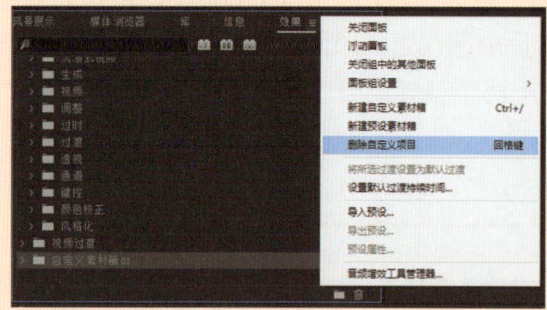

图 4-11

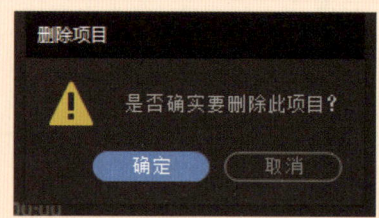

图 4-12

通过"效果"面板，还可以设置默认的转场效果。在默认情况下，视频转场为"交叉溶解"。默认转场效果图标的周围会有一个红色框，视频转场效果的默认持续时间为30帧。

4.2.2 添加视频转场

Premiere提供了多达百余种的视频转场特效，所有的视频转场按照类别分别放置在"效果"面板"视频转场"素材箱下的10个子素材箱中，如图4-13所示。

在Premiere中，添加视频转场是一个很简单的操作过程，只需将想要的视频转场拖入"时间线"窗口中的素材文件上即可。

在添加视频转场效果之前，首先将要进行组接的素材插入"时间线"窗口中，如图4-14所示。

在"效果"面板中单击"视频过渡"素材箱左侧的展开按钮，选择任意一个视频转场，并将它拖至素材之间，将视频转场拖至素材的不同位置上会显示不同的图标，如图4-15所示。

微课：
添加视频转场

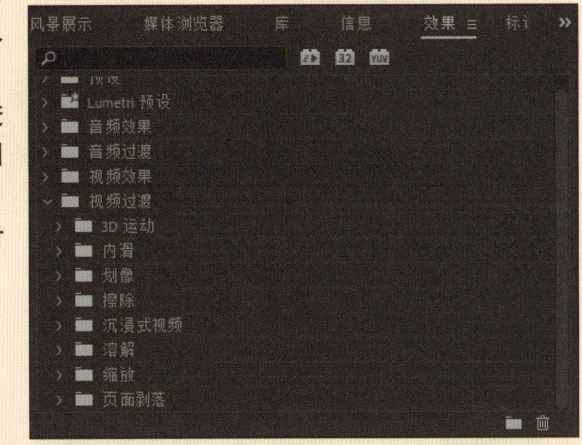

图 4-13

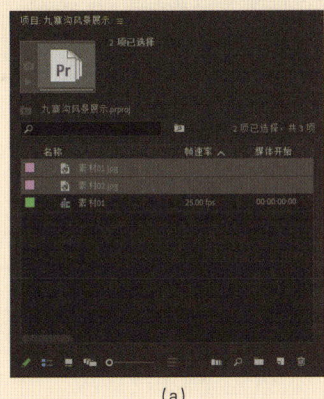
(a)

(b)

图 4-14

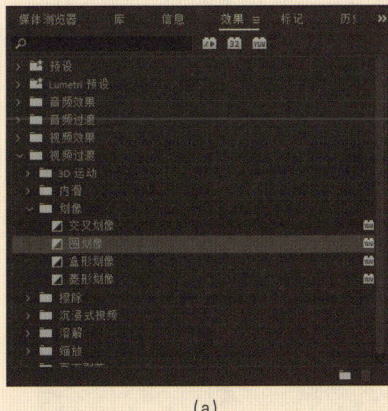
(a)

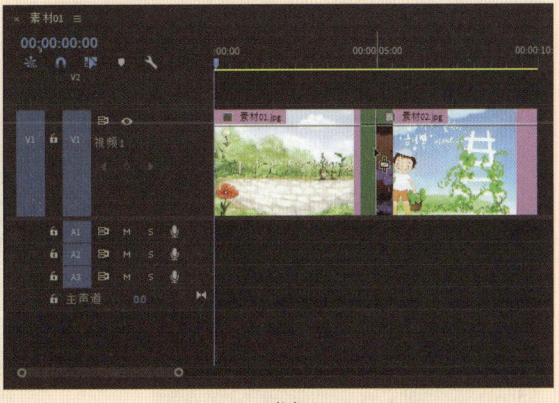
(b)

图 4-15

当释放鼠标后，两个素材之间就会出现如图4-16所示的视频转场图标，并显示视频转场的名称。

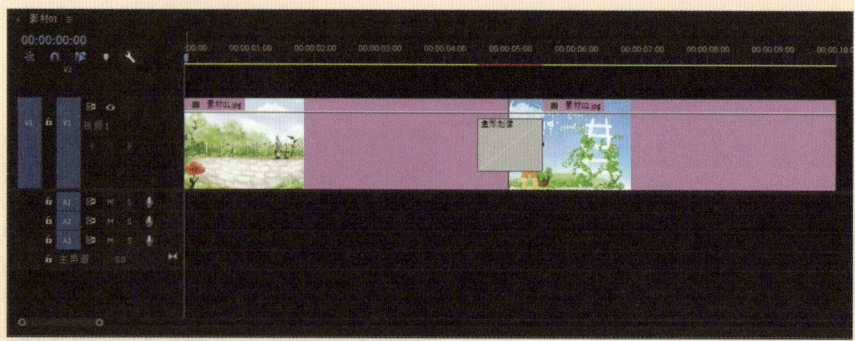

图 4-16

右击该视频转场，在弹出的快捷菜单中选择"清除"命令，便可以将视频转场清除，如图4-17所示。

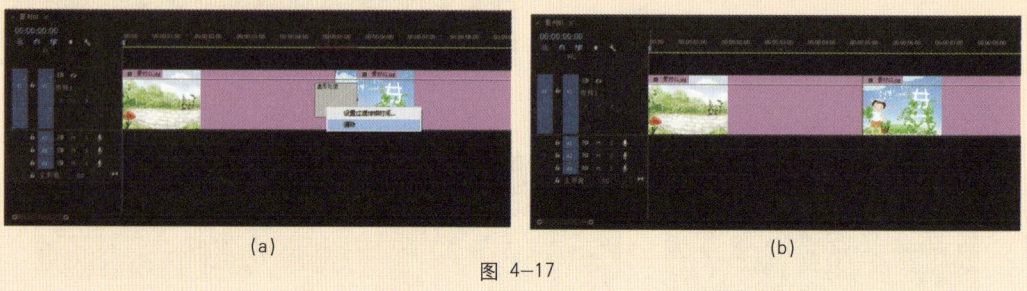

(a)   (b)

图 4-17

4.2.3 编辑视频转场

Premiere提供了更加灵活的操作空间，读者可以根据自己的需要对添加后的视频转场进行调整。以下是其操作方法。

选择添加的视频转场后，便可以在"效果控件"面板中设置该视频转场的参数，如图4-18所示。

单击"持续时间"选项右侧的数值，使其变为文本框形式，在该文本框中输入时间数值，即可设置视频转场的持续时间，或者将鼠标指针置于选项参数的数值位置，当指针变成小手形状时，左右拖动鼠标即可更改其数值，如图4-19所示。

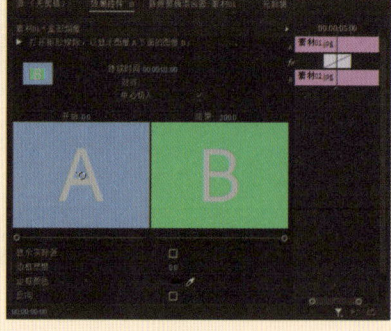 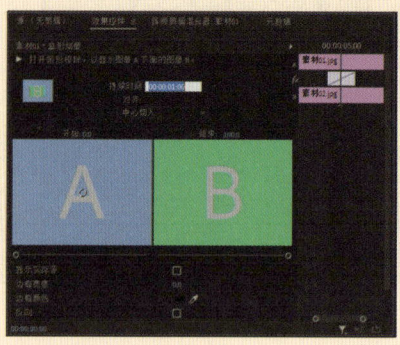

图 4-18   图 4-19

在"效果控件"面板中选中"显示实际源"复选框后,两个素材在转场过程中的前后效果将分别显示,如图4-20所示。

在特效预览区中,单击"播放转场过渡效果"按钮后,可以在预览区中预览视频转场效果,通过单击"方向"按钮设置视频转场效果的开始方向与结束方向,如图4-21所示。

图 4-20

图 4-21

单击"对齐"下三角按钮,在其下拉列表中设置特效位于两个素材上的位置。例如,选择"起点切入"选项,视频转场效果会在时间滑块进入第一个素材时开始播放,如图4-22所示。

选择对齐方式后,可以在"时间线"窗口中查看对齐效果,如图4-23所示。

图 4-22

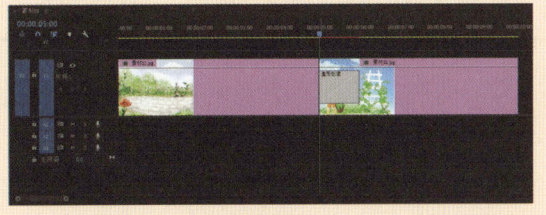
图 4-23

调整"开始"或"结束"选项内的数值,或拖动该选项下方的时间滑块来设置视频转场开始和结束时的效果,如图4-24所示。

通过设置"边框宽度"选项中的数值来调整素材在转场时的边框宽度,并通过"边框颜色"选项来设置边框的颜色,还可以通过单击"边框颜色"吸管按钮在图像中选取一种颜色,如图4-25所示。

图 4-24

当选中"反向"复选框后，视频转场将使用相反的顺序进行播放，效果如图4-26所示。

单击"消除锯齿品质"下三角按钮，在其下拉列表中可选择品质级别，如图4-27所示。

图 4-25

图 4-26

图 4-27

4.3　视频转场特效

在Premiere中，根据功能可分为10大类多达百余种的转场特效。每一种转场特效都有其特殊效果，使用方法基本相同，如图4-28所示。如果根据转场影响的边数分类，转场方式可以分为两大类：单边转场和双边转场。单边转场方式只影响相邻编辑点的前一个或后一个片段，其空白区域会透出低层轨道画面，但低层画面只是被动透出而已；而双边转场则需要两个片段的参与。

单边转场的添加需要先选中一种转场方式，然后按住Ctrl键将其拖至某一片段的开头或结尾处，而双边转场则只需拖至片段相邻处。其转场的标志有差异，注意区分。双边转场有左、中、右3种对齐方式。左、右对齐方式与单边转场有差异。本节就转场特效的具体内容以分组的形式进行分析与讲解。

图 4-28

4.3.1　3D 运动转场特效

1. 立方体旋转特效

这种特效用来产生类似于立方体转动的过渡效果。该效果中的立方体转动会使图像产生透视变形，立体感非常强烈，如图4-29所示。

2. 翻转特效

这种特效用来产生一段素材像一块板一样翻转，并显示出另一段素材的效果，如图4-30所示。

图 4-29

图 4-30

4.3.2 划像转场特效

1. 交叉划像特效

这种特效用来产生一段素材以十字的形状在另一段素材上展开的效果,这种效果可以调整十字展开的中心位置,如图4-31所示。

2. 圆划像特效

这种特效用于产生一段素材以圆形的形状在另一段素材上展开的效果,这种效果可以调整圆形展开的开始位置,如图4-32所示。

3. 盒形划像特效

这种特效用来产生一段素材以矩形的形状在另一段素材上展开,并逐渐覆盖另一段素材的效果,这种效果可以调整十字展开的中心位置,如图4-33所示。

4. 菱形划像特效

这种特效用来产生一段素材以钻石的形状在另一段素材上展开的效果,这种效果可以调整钻石展开的开始位置,如图4-34所示。

图 4-31　　　　　图 4-32　　　　　图 4-33　　　　　图 4-34

4.3.3 擦除转场特效

1. 划出

这种特效用于产生一段素材以水平、垂直或斜向划变到另一段素材的效果,如图4-35所示。

2. 双侧平推门特效

这种特效用于产生一段素材像门一样打开或关闭,随之展现出另一段素材的效果,如图4-36所示。

3. 带状擦除特效

这种特效用于产生一段素材以带状划入并逐渐取代另一段素材的效果。该效果与Band Slide(带状滑动)特效相似但不相同,划变过渡时,过渡的素材在画面中均不移动,如图4-37所示。

4. 径向擦除特效

这种特效用于产生一段素材从另一段素材的4个角之一以放射线的形式划过另一段素材的效果,如图4-38所示。

图 4-35　　　　　图 4-36　　　　　图 4-37　　　　　图 4-38

5. 插入特效

这种特效用于产生一段素材从另一段素材的角上以方形划变的方式出现的效果，如图4-39所示。

6. 时钟式擦除特效

这种特效用于产生一段素材以顺时针或逆时针方向转动，从而覆盖另一段素材的效果，如图4-40所示。

7. 棋盘特效

这种特效用于产生一段素材下面的另一段素材以方格棋盘形式展示出来的效果，这种效果中棋盘格数的多少和方向是可以调整的，如图4-41所示。

8. 棋盘擦除特效

这种特效用于产生一段素材下面的另一段素材以棋子形式逐渐展示出来的效果，这种效果中棋子的多少和方向是可以调整的，如图4-42所示。

图 4-39　　　　　图 4-40　　　　　图 4-41　　　　　图 4-42

9. 楔形擦除特效

这种特效用于产生一段素材从另一段素材的中心以楔形旋转划过的效果，如图4-43所示。

10. 水波块特效

这种特效用于产生一段素材以之字形碎块的形式出现在另一段素材上的效果，如图4-44所示。

11. 油漆飞溅特效

这种特效用于产生一段素材在另一段素材上以涂料的点形逐渐过渡的效果，如图4-45所示。

12. 渐变擦除特效

这种特效用于产生两段素材依据所选择图形的灰度进行渐变的效果，如图4-46所示。

图 4-43　　　　　图 4-44　　　　　图 4-45　　　　　图 4-46

13. 百叶窗特效

这种特效用于产生一段素材在水平或垂直的方向上以百叶窗窗帘的形式显示出来的效果，如图4-47所示。

14. 螺旋框特效

这种特效用于产生一段素材在另一段素材上以螺旋盒的形状逐渐出现的效果，如图4-48所示。

15. 随机块特效

这种特效用于产生一段素材在另一段素材上以自由碎块的形式逐渐出现的效果，如图4-49所示。

16. 随机擦除特效

这种特效用于产生一段素材以自由边界碎块组成的边界形式划入另一段素材的效果，如图4-50所示。

图 4-47

图 4-48

图 4-49

图 4-50

17. 转动风车特效

这种特效用于产生一段素材在另一段素材上以风车叶轮转动的形式逐渐出现的效果，如图4-51所示。

图 4-51

4.3.4 溶解转场特效

1. 交叉溶解特效

这种特效用于产生一段素材叠化到另一段素材的效果，如图4-52所示。

2. 叠加溶解特效

这种特效用于产生一段素材与另一段素材淡变的效果，如图4-53所示。

3. 渐隐为白色特效

这种特效用于产生一段素材以变明的模式淡化到另一段素材的效果，如图4-54所示。

4. 渐隐为黑色特效

这种特效用于产生一段素材以变暗的模式淡化到另一段素材的效果，如图4-55所示。

图 4-52

图 4-53

图 4-54

图 4-55

5. 胶片溶解特效

这种特效用来产生一段素材以透明模式淡出/淡入到另一段素材的效果，如图4-56所示。

6. 非叠加溶解特效

这种特效用来产生一段素材的亮度图被映射到另一段素材上的效果，如图4-57所示。

图 4-56　　　　　　图 4-57

4.3.5　缩放转场与页面剥落转场特效

1. 交叉缩放

这种特效用于产生随着一段素材的放大，另一段素材逐渐缩小而显示的效果，如图4-58所示。

2. 翻页特效

这种特效产生的效果与"卷页"特效类似，只是卷页的背面不是银白色而是先前的一段素材，如图4-59所示。

3. 页面剥落特效

这种特效用于产生一段素材以银白色的背页色卷曲，卷曲方向从4个角开始，并逐渐显露出另一段素材的效果，如图4-60所示。

图 4-58　　　　　图 4-59　　　　　图 4-60

4.4　案例——制作附加溶解过渡效果

本例将使用Premiere的"溶解"转场特效组中的"附加溶解"转场特效来实现镜头的溶解过渡效果，从而使不同的画面能够完美地过渡。

步骤01 新建项目

新建项目，在"常规"选项卡中设置序列参数，如图4-61所示。

步骤02 导入素材

导入本书配套资源"Chapter4\4.4\素材"文件夹中的素材文件，如图4-62所示。

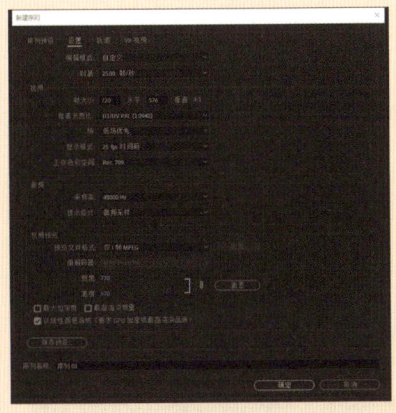
图 4-61

图 4-62

步骤03 将素材插入到时间线
将导入的素材文件按照顺序插入"时间线"窗口，并将其并列排列在一层中，如图4-63所示。

步骤04 选择特效
在"效果"面板中选择"溶解"中的"叠加溶解"转场特效，如图4-64所示。

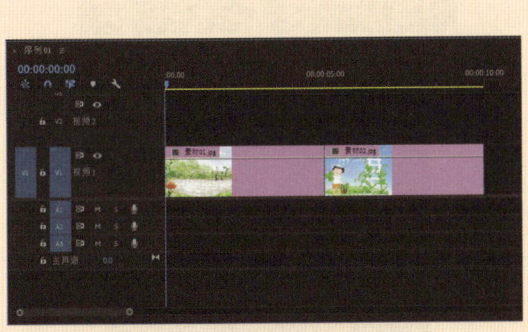
图 4-63

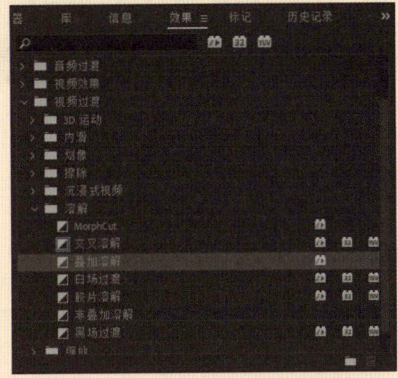
图 4-64

步骤05 添加特效
将转场特效添加到"时间线"窗口中两个素材文件的连接处，如图4-65所示。

步骤06 设置特效
在"效果控件"面板中设置转场特效参数，最后保存编辑项目，参数设置及效果如图4-66所示。

图 4-65

图 4-66

4.5 案例——飘入的文字

本例将介绍应用"插入"切换效果的操作，实现镜头文字逐个显示的效果。通过本例的学习，读者可掌握用"插入"切换效果的实现方法。

步骤01 新建项目

选择"文件"→"新建"→"项目"命令，在打开的"新建项目"对话框中设置项目的存储位置和文件名，然后单击"确定"按钮，如图4-67所示，在打开的"新建序列"对话框中选择一个预置或创建一个自定义设置，再单击"确定"按钮创建一个新序列，如图4-68所示。

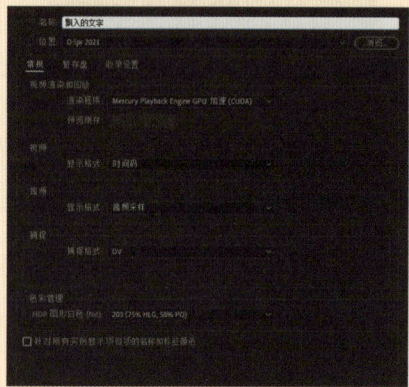

图 4-67

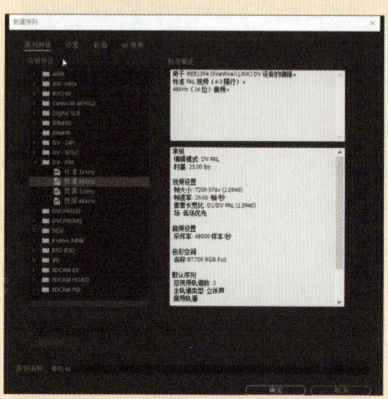

图 4-68

步骤02 选择特效

选择"文件"→"导入"命令，将需要的素材导入到"项目"面板中，如图4-69所示。

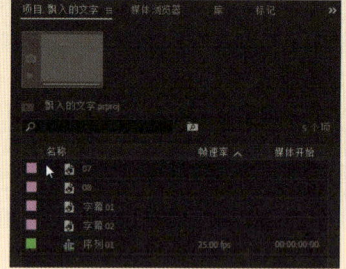

图 4-69

步骤03 选择特效

选择素材"07.jpg"并右击，在弹出的快捷菜单中选择"速度/持续时间"命令，如图4-70所示，在打开的"剪辑速度/持续时间"对话框中将"持续时间"设置为2秒，然后单击"确定"按钮，如图4-71所示。

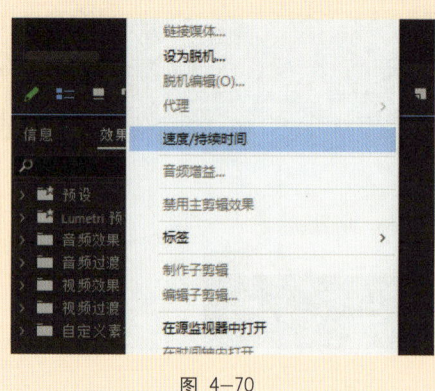

图 4-70

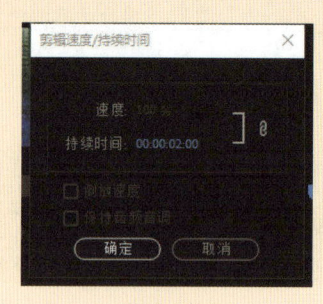

图 4-71

步骤04 设置特效

使用同样的方法将素材"08.jpg"的持续时间设置为4秒,将素材"文字01.tif"的持续时间设置为6秒,将素材"文字02.tif"的持续时间设置为4秒,如图4-72所示。

步骤05 设置特效

将素材"07.jpg"和"08.jpg"依次添加到"视频1"轨道中,将素材"文字01.tif"添加到"视频2"轨道中,将素材"文字02.tif"添加到"视频3"轨道中,如图4-73所示。

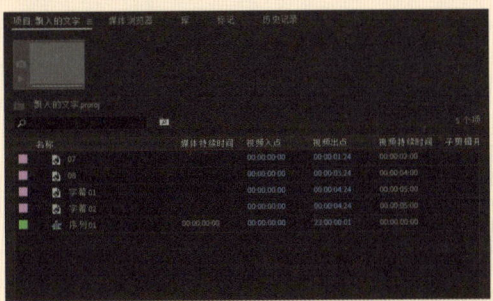

图 4-72

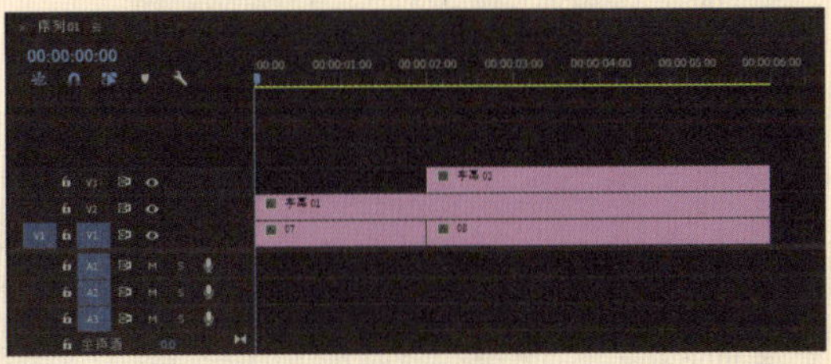

图 4-73

步骤06 设置特效

在"效果"面板中选择"溶解"中的"抖动溶解"转场特效,如图4-74所示,将"抖动溶解"转场特效添加到"07.jpg"和"08.jpg"素材之间,如图4-75所示。

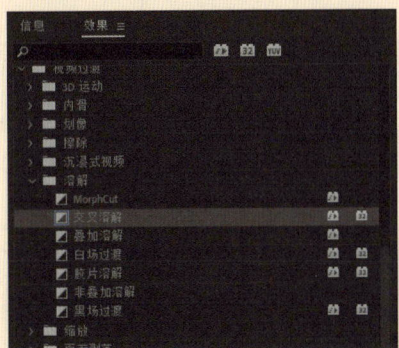
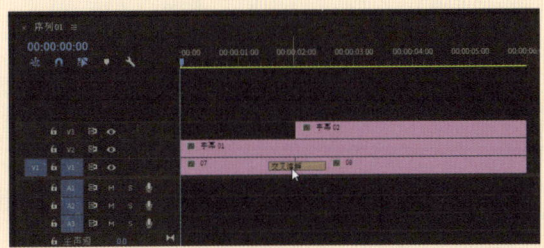

图 4-74

图 4-75

步骤07 设置特效

在"效果"面板中选择"擦除"中的"插入"转场特效,如图4-76所示,然后将"插入"转场特效添加到"文字01.tif"和"文字02.tif"素材的前端,如图4-77所示。

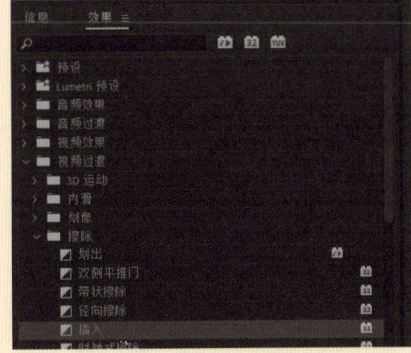
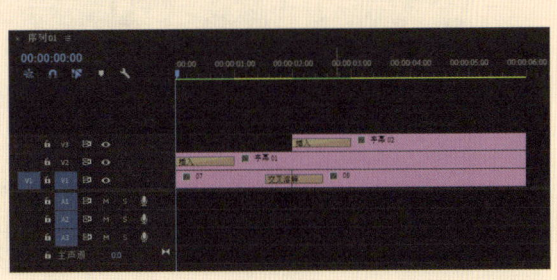

图 4-76

图 4-77

步骤08 设置特效

双击"文字01.tif"素材上的转场图标,打开"效果控件"面板,设置转场特效的起始位置为"从北东到南西"、持续时间为2秒,选中"显示实际源"复选框,如图4-78所示。

步骤09 设置特效

用同样的方法设置"文字02.tif"素材上的转场特效的参数,然后在"节目监视器"窗口中对添加转场特效后的素材进行预览,效果如图4-79所示。

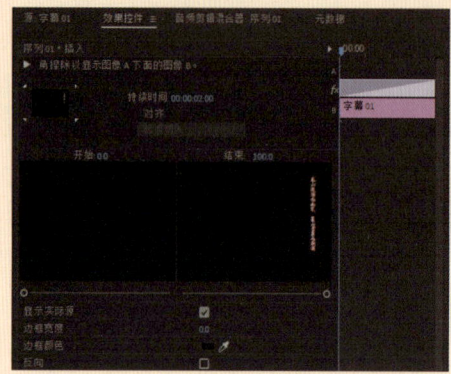

图 4-78

图 4-79

步骤10 设置特效

按Ctrl+M组合键,在打开的"导出设置"对话框中设置影片保存的位置和名称,然后单击"导出"按钮,如图4-80所示。

图 4-80

步骤11 设置特效

使用播放软件播放输出后的影片文件,效果如图4-81所示。

图 4-81

4.6 案例——阳光饮品

本例利用实际拍摄的饮品画面，按顺序进行排列并添加转场效果，综合运用转场特效，使拍摄的画面平稳过渡，最后添加音乐，完成制作。

微课：
案例——阳光饮品

步骤01 新建项目
新建项目，在"常规"选项卡中设置序列参数，如图4-82所示。

步骤02 导入素材
在"项目"窗口中双击，导入本书配套资源"Chapter4\4.6\素材"文件夹中的素材文件，如图4-83所示。

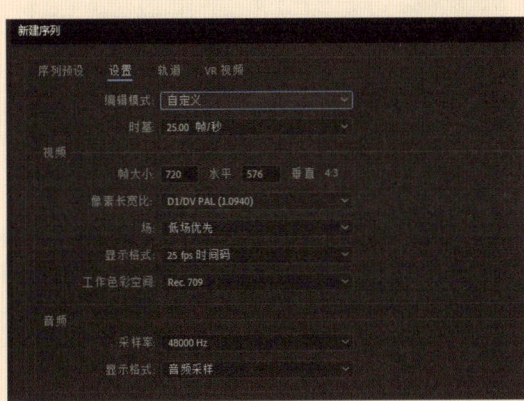

图 4-82

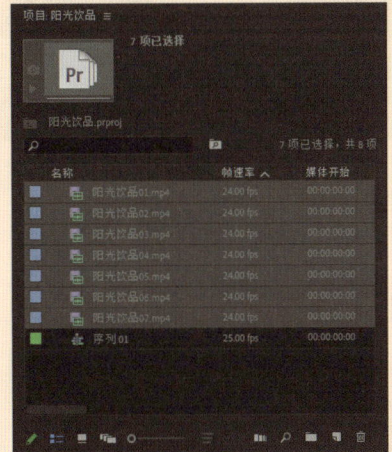

图 4-83

步骤03 将素材插入到时间线
将导入的视频素材文件按顺序插入到"时间线"窗口中，如图4-84所示。

步骤04 查看文件
由于导入的是视频文件，这些文件包含的音频和视频是连接在一起的，如图4-85所示。

图 4-84

图 4-85

步骤05 拆分素材

选择"时间线"窗口上的所有视频文件,然后右击,在弹出的快捷菜单中选择"取消链接"命令,分离视频和音频,如图4-86所示。

步骤06 删除素材

选择分离开的所有音频文件,按Delete键删除,如图4-87所示。

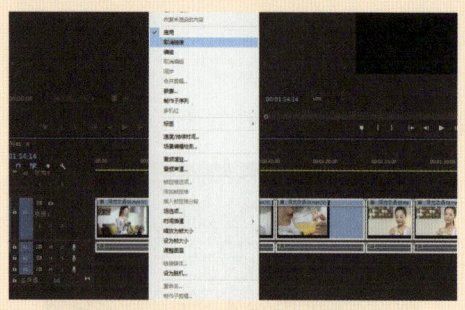
图 4-86

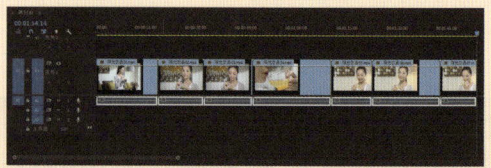
图 4-87

步骤07 选择特效

在"效果"面板中选择"溶解"中的"白场过渡"转场特效,如图4-88所示。

步骤08 添加特效

将"白场过渡"视频转场特效添加到"阳光饮品01.mp4"和"阳光饮品02.mp4"素材之间,完成效果,如图4-89所示。

图 4-88

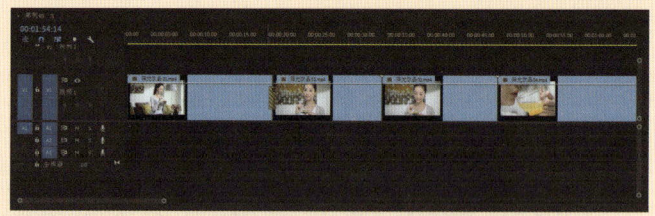
图 4-89

步骤09 查看画面

拖动时间滑块可预览到"白场过渡"视频转场特效的切换画面效果,如图4-90所示。

步骤10 设置特效

在"效果控件"面板中设置转场特效参数,如图4-91所示。

图 4-90

图 4-91

步骤11 添加"交叉溶解"特效

将"交叉溶解"视频转场特效添加到"阳光饮品02.mp4"和"阳光饮品03.mp4"素材之间，设置转场特效参数，如图4-92所示。

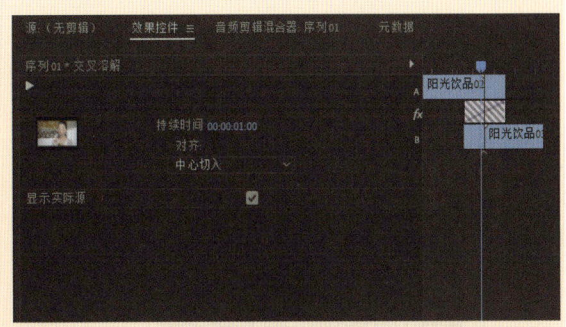

图 4-92

步骤12 添加"翻转"特效

将"翻转"视频转场特效添加到"阳光饮品03.mp4"和"阳光饮品04.mp4"素材之间，该转场特效的参数设置及画面过渡效果如图4-93所示。

步骤13 添加"交叉缩放"特效

将"交叉缩放"视频转场特效添加到"阳光饮品04.mp4"和"阳光饮品05.mp4"素材之间，设置转场特效参数，如图4-94所示。

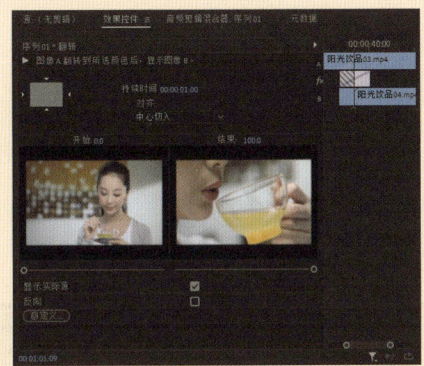 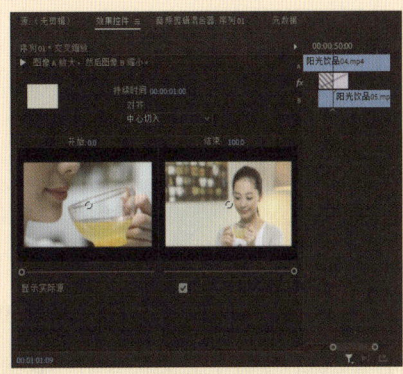

图 4-93　　　　　　　　　　图 4-94

步骤14 添加"内滑"特效

将"内滑"视频转场特效添加到"阳光饮品05.mp4"和"阳光饮品06.mp4"素材之间，该转场特效的参数设置及画面过渡效果如图4-95所示。

步骤15 添加"棋盘"特效

将"棋盘"视频转场特效添加到"阳光饮品06.mp4"和"阳光饮品07.mp4"素材之间，设置转场特效参数，如图4-96所示。

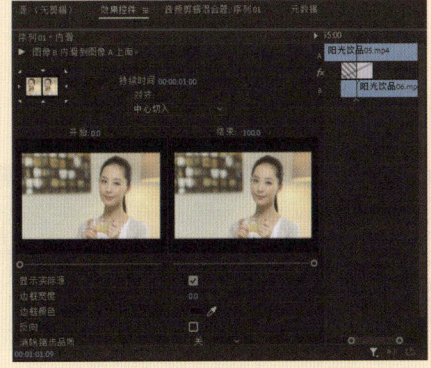 

图 4-95　　　　　　　　　　图 4-96

步骤16 导入音频

为所有的素材添加转场效果后，便可以平滑过渡了，再添加合适的音乐，导入音频，如图4-97所示。

步骤17 插入音频

将"阳光饮品（音乐）.mp3"拖到"序列"面板的"音频1"轨道开始处，如图4-98所示。

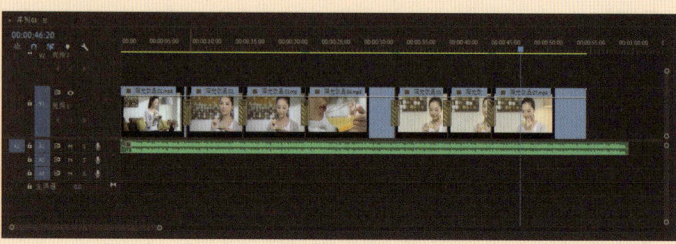

图 4-97　　　　　　　　　　　　　　图 4-98

步骤18 剪切音频

此时可以看出，音频和视频的长度不一样，音乐前面一部分是空白的，使用"剃刀工具"删除该部分，如图4-99所示。

步骤19 调整音频

删除部分音频后，发现音乐仍然较长，可以选择"选择工具"在音频结尾处单击并拖动至视频结尾处，如图4-100所示。

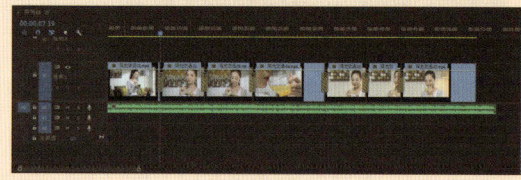

图 4-99　　　　　　　　　　　　　　图 4-100

步骤20 为音频选择特效

为音乐添加淡入/淡出的效果，在"效果"面板中选择"音频过渡"→"交叉淡化"→"恒定增益"音频特效，如图4 101所示。

步骤21 添加特效

将"恒定增益"音频特效分别拖到背景音乐的开头和结尾处，完成效果，如图4-102所示。

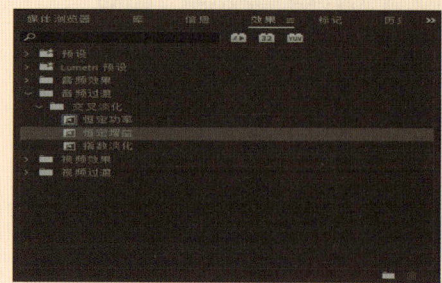

图 4-101　　　　　　　　　　　　　　图 4-102

Chapter 4 视频转场

步骤22 导出设置

选择"文件"→"导出"→"媒体"菜单命令,在打开的"导出设置"对话框中设置输出基本参数,如图4-103所示。

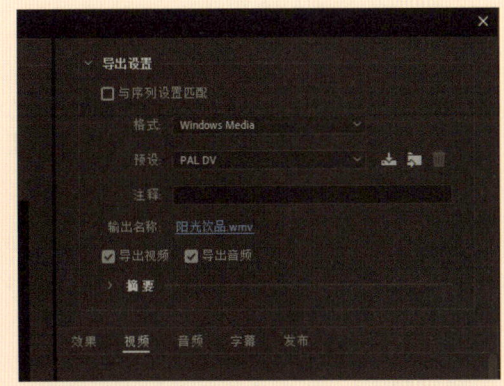

图 4-103

步骤23 保存并输出

在"视频"选项卡中设置输出视频参数,最后将项目输出并保存编辑项目,如图4-104所示。

图 4-104

4.7 知识与技能梳理

一部完整的影片少则几十个镜头,多则数千个镜头。镜头与镜头的过渡和衔接应符合平滑、自然等要求。衔接和过渡会影响整部影片的质量,因此镜头的衔接和过渡是后期编辑工作的重点工作内容之一。视频转场特效是Premiere的重点特效之一,系统默认提供的转场特效达上百种,这些转场特效可以省去用户制作镜头过渡效果的时间,极大地提高工作效率。在编辑影片的过程中,可以非常方便地在两个视频素材衔接处添加转场特效,做好影片的衔接与过渡。

- 重要工具:转场工具、3D 运动转场特效、溶解转场特效、页面剥落转场特效。
- 核心技术:通过已有的素材新建项目,导入素材,进行编辑调整,插入到"时间线"窗口中,进行特效的添加,完成转场等效果。
- 实际运用:视频制作、相册制作。

4.8 课后练习

一、选择题（请扫描二维码进入即测即评）

1. 在两个素材衔接处加入转场效果，两个素材（ ）排列。

   A. 应分别放在上下相邻的两个视频轨道上
   B. 应放在同一轨道上
   C. 可以放在任何视频轨道上
   D. 可以放在任何音频轨道上

2. 为影片添加转场特效后可以改变转场的长度，下列关于改变转场长度的描述中，错误的是（ ）。

   A. 在序列中选中转场部分，拖动其边缘即可
   B. 可以在"效果控件"面板中对转场部分进行进一步的调整
   C. 当把一个新的转场特效添加到一个现有的转场部分后，两个转场效果将并存，共同影响
   D. 当把一个新的转场特效添加到一个现有的转场部分后，新的转场特效将替换原有的转场方式

3. 下列对于Premiere序列嵌套的描述中，正确的是（ ）。

   A. 序列本身可以自嵌套
   B. 对嵌套素材的源序列进行修改，会影响到嵌套素材
   C. 任意两个序列都可以相互嵌套，即使有一个序列为空序列
   D. 嵌套可以反复进行，处理多级嵌套素材时，需要大量的处理时间和内存

二、简答题

1. 如何添加视频的转场？

2. 简述常用转场特效。

3. 简述编辑视频转场的方法。

Chapter 5

视频特效

　　运用Premiere软件所提供的一些特效可以实现丰富的影视效果,它既能够使影片在视觉上变得更为精彩,又可以使枯燥无味的画面变得生动有趣,还可以弥补拍摄过程中造成的画面缺陷等问题。Premiere提供了多种类型的视频特效,读者可以运用视频特效对画面进行变换等操作,以达到强化影片主题及增强视觉效果的目的。本章主要介绍Premiere中一些常用视频特效的添加和编辑方法。

	知识点　　　　学习目标	了解	掌握	应用	重点知识
学习要求	添加视频特效	🚩			
	编辑视频特效	🚩			
	实现运动模糊效果		🚩		
	使图像更清晰		🚩		
	颜色抠像操作		🚩		
	添加背景				🚩
	调整色阶			🚩	
	调整亮度和对比度			🚩	

能力与素质目标

5.1 视频特效概述

Premiere中的视频特效可以改变或丰富影片的画面效果并可以为任意轨道中的视频素材添加一个或者多个效果。本节主要向用户介绍为影片中的视频、图像等素材添加视频特效的方法和技巧,以及对视频特效进行编辑等操作。

"效果"面板中不仅包括"视频过渡"文件夹,还包括"视频效果""音频效果"和"音频过渡"文件夹,单击"效果"面板上"视频效果"文件夹左侧的三角,可以查看其中的视频特效,如图5-1所示。

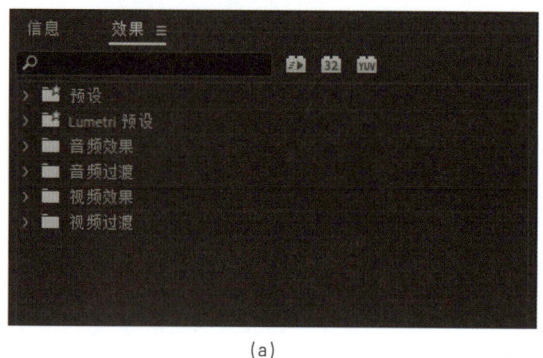
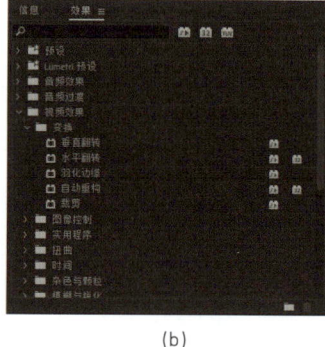

微课:
视频特效概述

(a)　　　　　　　　　　　　(b)

图 5-1

5.1.1 添加、删除、复制视频特效

读者可以利用视频特效功能创建各式各样的艺术效果。其操作方法也比较简单,只需将视频特效拖动到"时间线"窗口的视频轨道中即可。调节时,可以拖动滑块,也可以激活参数文本框直接输入数字。使用Premiere视频特效时,可以使用"效果"面板的功能选项来辅助管理。

1.添加视频特效

Premiere为用户提供了100多种不同的视频特效,按照类别分别置于不同的子素材箱中,这样用户就可以方便地添加不同的视频特效。其方法主要有两种:一种是利用"时间线"窗口添加,另一种是利用"效果控件"面板添加。

利用"时间线"窗口添加视频特效:在"视频特效"素材箱中选择所要添加的视频特效后,将其拖动至视频轨道中的相应素材上即可,fx框变为紫色,以便用户区分素材是否添加了视频特效,如图5-2所示。

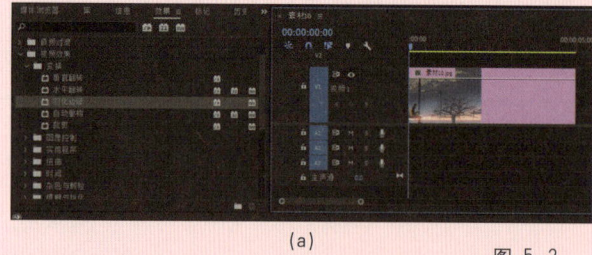
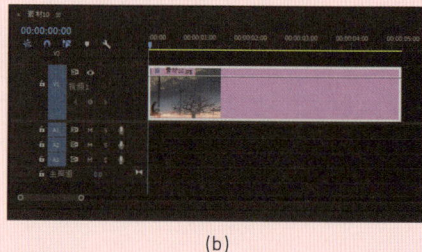

(a)　　　　　　　　　　　　(b)

图 5-2

利用"效果控件"面板添加视频特效:在"效果控件"面板中为同一个素材添加多种视频特效后可在该面板中一目了然地查看这些视频特效。在选择素材后,从"效果"面板中选择所要添加的视频特效,并将其拖至"效果控件"面板中,如图5-3所示。

图 5-3

若要为同一个视频素材添加多个视频特效,只需依次将要添加的视频特效拖动到"效果控件"面板中即可,在"效果控件"面板中,用户可以通过拖动各个视频特效来调整其排列顺序,如图5-4所示。

图 5-4

2. 查找视频特效

使用"效果控件"面板顶部的查找字段定位效果,在查找字段中输入想要查找的特效名称,Premiere将会自动查询,如图5-5所示。

3. 新建自定义文件夹

单击"效果"面板底部的"新建自定义文件夹"图标,或选择"效果"面板菜单中的"新建自定义文件夹"命令,创建自定义文件夹来更好地管理特效。图5-6所示是新建自定义文件夹并在其中添加特效的效果。

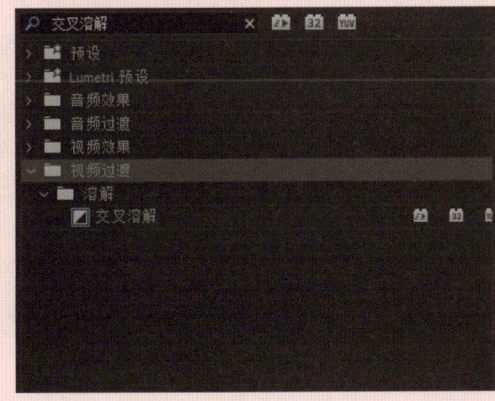

图 5-5

图 5-6

5.1.2 编辑视频特效

在使用Premiere提供的精彩视频特效之前，一般可对其属性参数进行设置，从而使特效的表现效果更为突出，为打造精彩影片提供更为广阔的创作空间。

选择素材视频文件后，在"效果控件"面板中单击视频特效前的三角按钮，即可显示该特效所具有的全部参数，如图5-7所示。根据Premiere中视频特效效果的不同，其属性参数及设置方法也会有所差别。

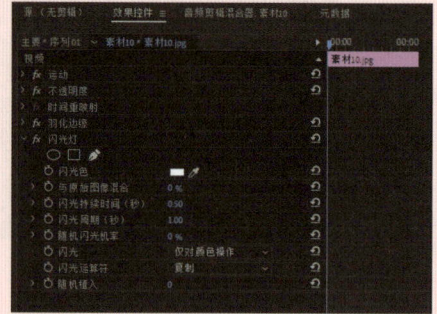

图 5-7

单击参数后的数值使其进入编辑状态后，输入具体数值即可改变特效效果，单击色块，即可弹出"拾色器"对话框，选择合适的颜色，也可改变特效中的颜色，如图5-8所示。将鼠标指针置于属性参数值的位置，当指针变成小手形状时，拖动鼠标也可修改参数值。

图 5-8

若想使视频效果不起作用，但是又不想把它删除，可以临时关闭视频效果，下面介绍临时关闭视频效果的操作方法。

首先在"时间线"面板中选中应用效果的剪辑，打开"效果控件"面板，选择该效果，如图5-9所示。然后单击效果名称左侧的按钮即可临时关闭，如图5-10所示。

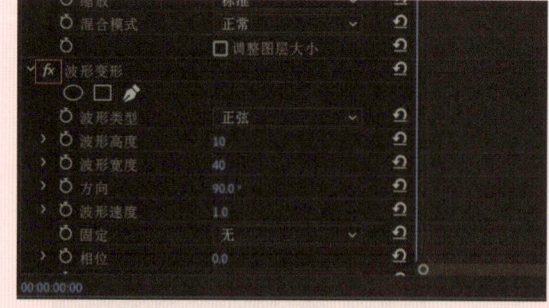

图 5-9

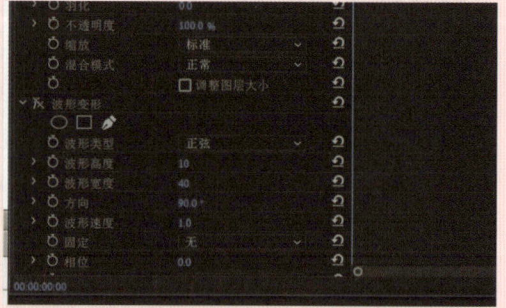

图 5-10

5.2 调整类特效

调整类特效共包括5种特效,如图5-11所示。这是常用的一类特效,主要用于修复原始素材的偏色或曝光不足等方面的缺陷,也可以调整颜色或亮度来制作特殊的色彩效果。

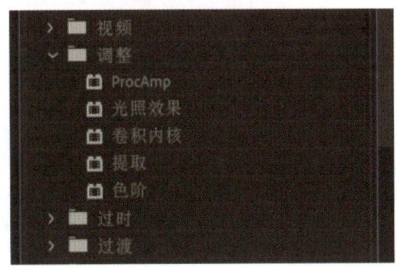

图 5-11

5.2.1 调整类特效类别

1. ProcAmp

该特效相当于一个综合的颜色调整控制台。应用该特效后,可在如图5-12所示的面板中进行参数设置,完成后的效果如图5-13所示。

亮度:调整当前画面素材的亮度。

对比度:调整当前画面素材的对比度。

色调:调整当前画面素材的色调。

饱和度:调整当前画面素材的饱和度。

拆分屏幕:将屏幕拆分为两个。

拆分百分比:调整将屏幕拆分为两个部分的百分比。

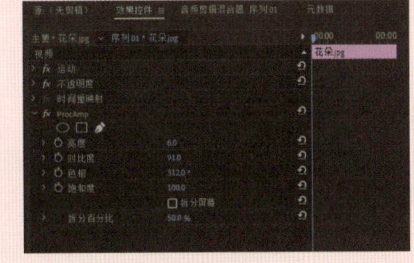

图 5-12

(a)　　　　　　　　　(b)

图 5-13

2. 光照效果

该特效用于添加光照效果,可以对影片的明暗范围进行调整,给画面添加一个或多个光照效果。

应用该特效后,可在如图5-14所示的面板中进行参数设置,一共可以添加5个灯光。

这些参数主要控制光照属性,如光照效果、强度、颜色等。完成后的效果如图5-15所示。

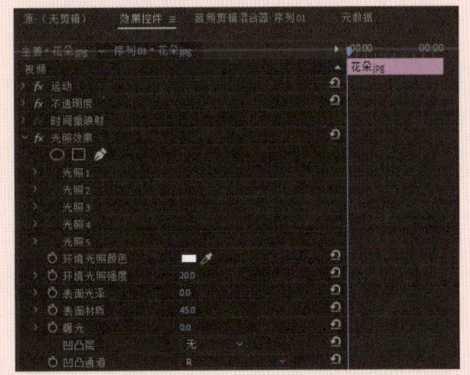

图 5-14

图 5-15

3. 卷积内核

该特效按照预先设计的科学方法，改变片段的每一个像素值，这一数学方法称为卷积积分。应用该特效后，可在如图5-16所示的面板中进行参数设置。

M11、M13、M21、M22、M23、M31、M32、M33是代表像素亮度增效矩阵。其参数修改的范围在-30～30之间。

偏移：输入一个数值，该数值将被添加到结果中。

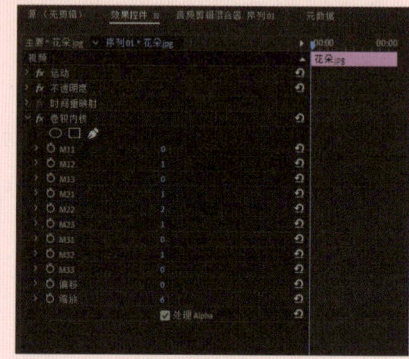

图 5-16

缩放：调整该数值，可以对画面进行放大和缩小操作，默认是原始大小，即100%。该值过大会导致画面不清晰。

修改其参数，查看应用"亮度调整"后的效果，如图5-17所示。

图 5-17

4. 提取

该特效将从视频素材中提取颜色，生成一个有纹理的灰度蒙版，用户可以通过定义灰度级别来控制蒙版。应用该特效后，可在如图5-18所示的面板中进行参数设置，完成后效果如图5-19所示。

输入黑色阶：表示黑色的提取情况。

输入白色阶：表示白色的提取情况。

柔和度：用于调整画面的灰度级别，数值越大，其灰度级别越高。

单击位于"提取"参数框右上角的"设置"按钮，打开"提取设置"对话框，"输入范围"决定提取像素的范围。

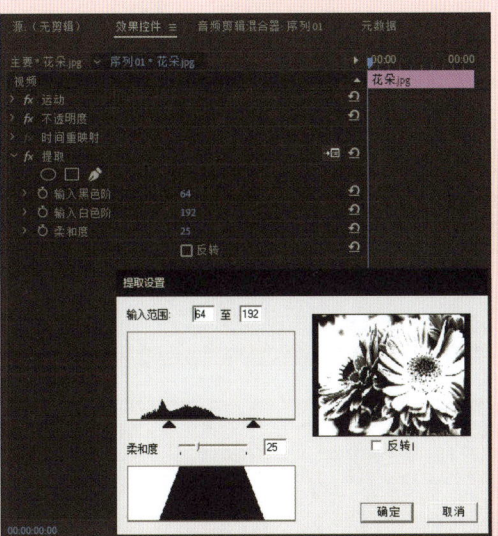

图 5-18

(a)

(b)

图 5-19

图像显示了当前帧每一个亮度级别上的像素数，拖动图像下方的设置手柄，可以设置被转换为白色或黑色的像素范围。两个设置柄之间的像素被转换为白色，其他的被转换为黑色。

反转：将当前设置的效果反转，也就是黑白反转。

5.色阶

该特效应用于调整影片亮度和对比度，可以对影片的颜色范围进行调整。

应用该特效后，可在如图5-20所示的面板中进行参数设置。单击位于灰度级别参数框右上角的"设置"按钮，打开"色阶设置"对话框，可在"RGB通道"下拉列表中选择所需要调整的通道。

输入色阶：拖动柱状图下方的滑块，或者在文本框中输入数值来调整影片的对比度。

输出色阶：拖动滑块，或者在文本框中输入数值来调整影片的亮度。

图 5-20

设置完成后，单击"确定"按钮应用特效，如图5-21所示。

(a) (b)

图 5-21

> ● 技巧 提示
>
> Premiere还提供了许多调整类特效，在新版本中Premiere将一些不常用的特效放置到"过时"文件夹中，其中包括自动颜色、自动对比度、自动色阶和阴影/高光等选项。如果需要，可以选择对应选项，如图5-22所示。

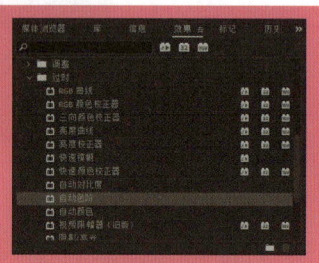

图 5-22

5.2.2 案例——调整色阶

本例将应用"色阶"视频特效，通过将图像各个通道的输入颜色级别范围重新映像到一个新的输出颜色级别范围中，改变画面的质感。通过对本例的操作，读者可以掌握使用特效调整画面色阶的方法。

步骤01 新建项目

新建项目，在"新建序列"对话框设置项目参数，如图5-23所示。

步骤02 导入素材

导入本书配套资源"Chapter5\5.2\素材"文件夹中的"街景.jpg"文件，"项目"窗口中的效果如图5-24所示。

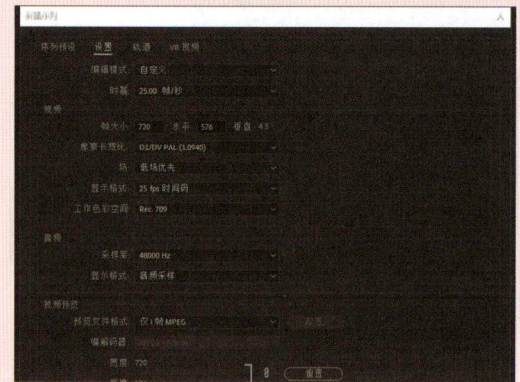 

图 5-23 图 5-24

步骤03 插入素材

将"街景.jpg"素材文件插入到"时间线"窗口中,如图5-25所示。

步骤04 选择特效

在"效果"面板中选择"调整"视频特效组中的"色阶"视频特效,添加给素材对象,如图5-26所示。

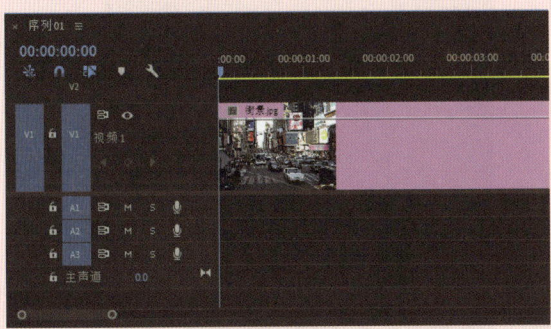

图 5-25　　　　　　　　　　　　图 5-26

步骤05 查看特效

选择"街景.jpg"素材,在"效果控件"面板中展开特效参数卷展栏,可以观察到有许多参数,如图5-27所示。

步骤06 参数修改1

在"色阶"视频特效中设置"(RGB)输入白色阶"等,如图5-28所示。

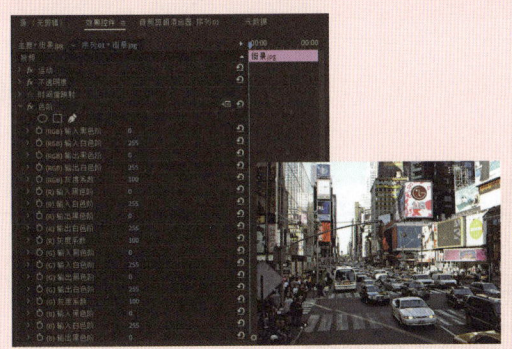 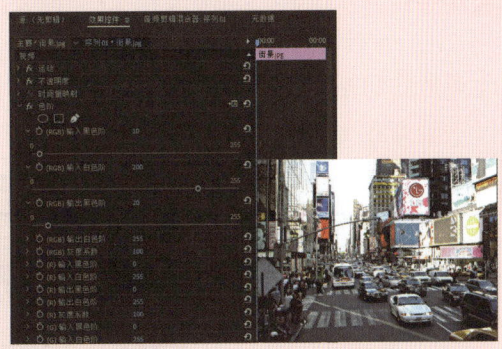

图 5-27　　　　　　　　　　　　图 5-28

步骤07 参数修改2

设置"(RGB)输出白色阶"等参数,如图5-29所示。

步骤08 参数修改3

继续设置"(R)输出黑色阶"等参数,如图5-30所示。

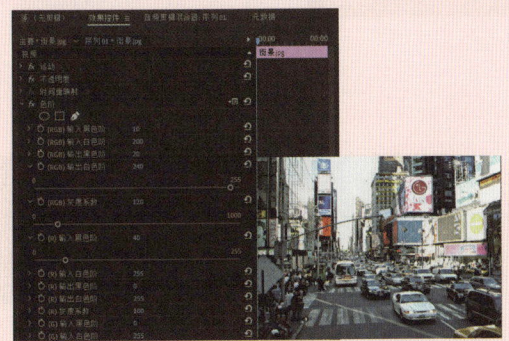 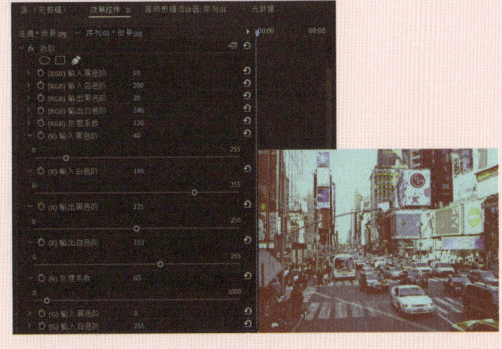

图 5-29　　　　　　　　　　　　图 5-30

步骤09 参数修改4

继续设置"(G)输入白色阶"和"(G)灰度系数"等参数,如图5-31所示。

步骤10 参数修改5

最后设置"(B)输出白色阶"和"(B)灰度系数"等参数,如图5-32所示。

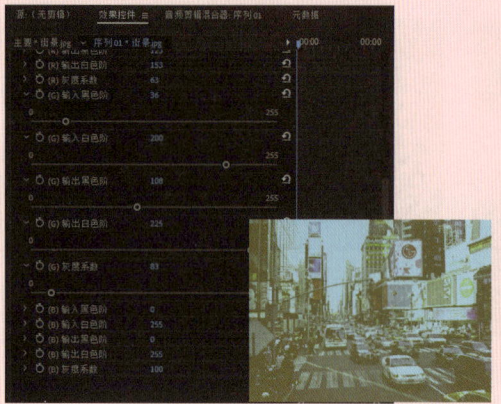
图 5-31

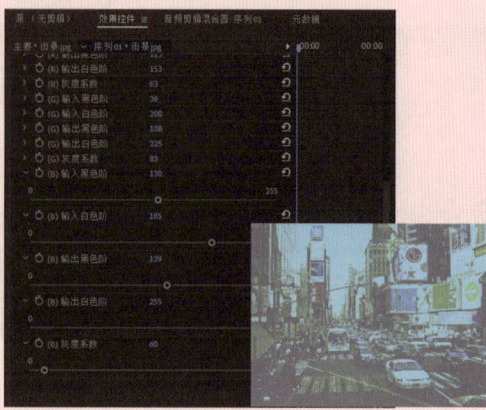
图 5-32

5.3 模糊与锐化特效

此类特效包括9种特效,如图5-33所示。模糊与锐化类特效主要用于柔化、锐化图像或边缘过于清晰或者对比度过强的图像区域,甚至将原本清晰的图像变得朦胧,甚至模糊。

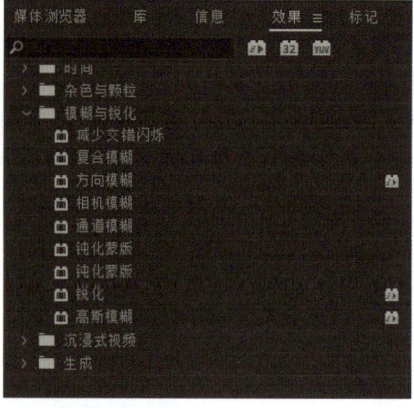
图 5-33

1. 减少交错闪烁

该特效可以减少画面闪烁,通过牺牲画面质量来减少闪烁。可在如图5-34所示的面板中进行参数设置,选项只有柔和度参数可以设置。

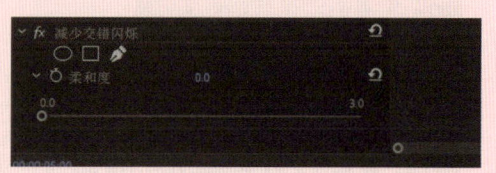
图 5-34

2. 复合模糊

可以用来模拟大气，如烟雾和火光，特别是映射层为动画时，效果更生动；也可以用来模拟污点和指印，还可以和其他效果，特别是位移组合时更为有效。应用该特效后，可在如图5-35所示的面板中进行参数设置，完成后的效果如图5-36所示。

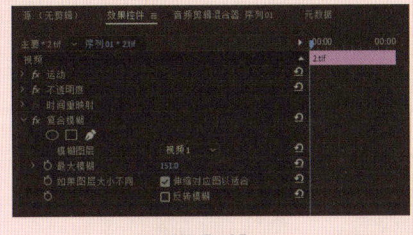

图 5-35

(a)

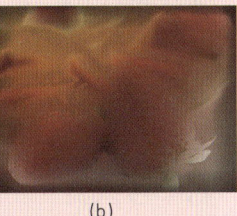
(b)

图 5-36

模糊图层：设置模糊图层的位置。

最大量模糊：设置模糊的程度。

混合层的位置：选中该选项下的"拉伸以适应"复选框，如果模糊映射层和本层尺寸不同，伸缩映射层。

反转模糊：设置反方向的模糊。

3. 方向模糊

该效果可以产生一个方向性模糊，使素材产生一种幻觉运动的效果。应用该特效后，可在如图5-37所示的面板中进行参数设置，完成后的效果如图5-38所示。

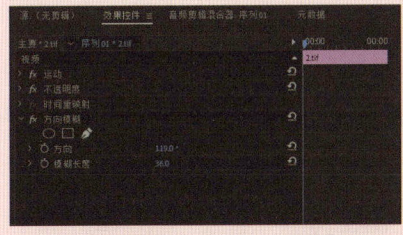

图 5-37

(a)

(b)

图 5-38

方向：用于设置模糊的方向。

模糊程度：用于设置图像虚化的程度。使用滑动条块只能取0~20之间的数值。当需要用到高于20的数值时，可以单击参数选项旁有下画线的数字，激活参数文本框，在其中输入需要的数值。

4. 相机模糊

该特效可以产生图像离开摄影机焦点范围时所产生的"虚焦"效果。应用该特效后，可在如图5-39所示的面板中进行参数设置，完成后的效果如图5-40所示。

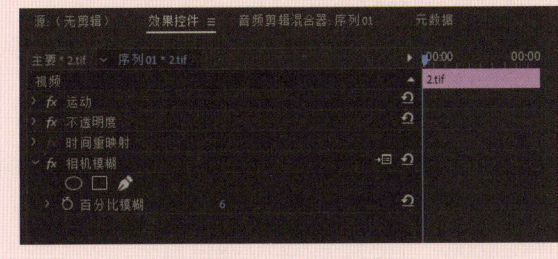

图 5-39

(a)

(b)

图 5-40

模糊百分比：设置模糊的百分比。

5. 通道模糊

该特效可对素材的不同通道进行模糊。应用该特效后，可在如图5-41所示的面板中进行参数设置，完成后的效果如图5-42所示。

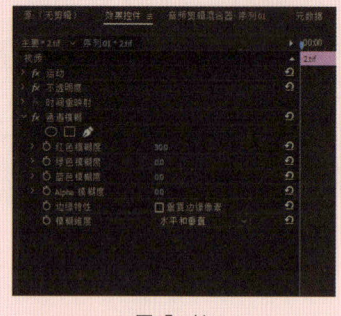

图 5-41

图 5-42

红通道模糊：设置红色通道的模糊程度。

绿通道模糊：设置绿色通道的模糊程度。

蓝通道模糊：设置蓝色通道的模糊程度。

Alpha通道模糊：设置Alpha通道的模糊程度。

设置边缘：选中该选项下的"重复边缘像素"复选框，可以让图像的边缘更加透明。

模糊方向：设置图像的模糊方向，包括"水平和垂直方向""水平方向"和"垂直方向"3种方式。

6. 钝化蒙版

该特效用于在一个颜色边缘增加对比度。和锐化不同，它不对颜色边缘进行突出，看上去是整体对比度增强。应用该特效后，可在如图5-43所示的面板中进行参数设置，完成后的效果如图5-44所示。

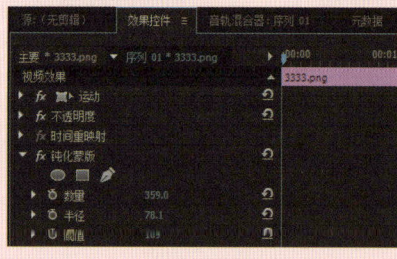

图 5-43

(a)　　　　　　　　　　(b)

图 5-44

数量：加强锐利度的量，对高分辨率的打印，一般设置为150%~200%。

半径：影响光度的半径范围。对高分辨率的图像一般设置为1~2。

阈值：在加强锐利度时，任何在阈值范围内的区域，都会产生锐利效果。当图像中有无色或一些区域中不希望增加介质时，可用2~20的阈值。

7. 锐化

该特效通过增加相邻像素间的对比度使图像清晰化。应用该特效后，可在如图5-45所示的面板中进行参数设置，完成后的效果如图5-46所示。

锐化强度：调整画面的锐化强度，取值范围为0~4000，取值越大，锐化强度越大。

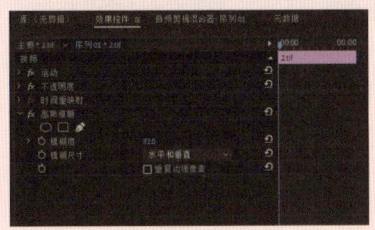

图 5-45　　　　　　　　　　　　　　图 5-46

8．高斯模糊

该效果可以大幅度地模糊图像，使其产生虚化效果。该特效的各项参数与"快速模糊"相同，如图5-47所示，完成后的效果如图5-48所示。

图 5-47　　　　　　　　　　　　　　图 5-48

5.4　通道类及颜色校正类特效

通道类特效主要是利用图像通道的转换与插入等方式来改变图像，从而制作各种特殊效果，此类特效共包括7种，如图5-49所示。"通道"效果用来控制、抽取、插入和转换一个图像的通道。通道包含各自的颜色分量（RGB）、计算颜色值（HSL）和透明值（Alpha）。

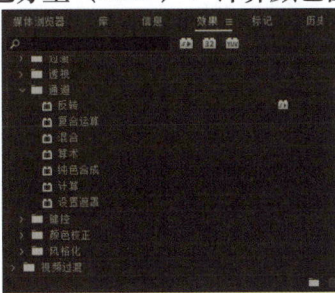

图 5-49

5.4.1　通道类特效类别

1．反转

该特效可以将通道的颜色反转成相应的补色。应用该特效后，可在如图5-50所示的面板中进行参数设置，完成后的效果如图5-51所示。

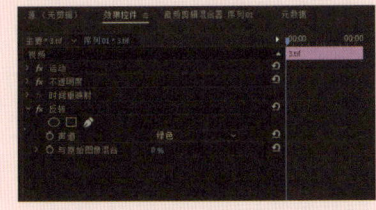

图 5-50　　　　　　　　　　　　　　图 5-51

与原始图像混合：控制效果在原始素材上的施加程度，即效果的透明度。

2. 复合运算

该特效与"混合"特效类似，都是将两个重叠素材的颜色相互组合在一起。应用该特效后，可在如图5-52所示的面板中进行参数设置，完成后的效果如图5-53所示。

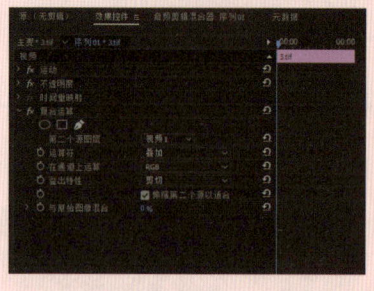
图 5-52

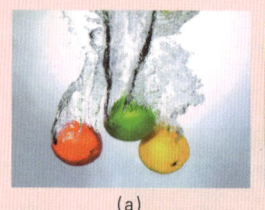 
(a)　　　　　　　　　(b)
图 5-53

第二个源图层：用于当前操作中指定原始的图层。

运算符：选择两个素材混合模式。

在通道上运算：选择混合素材进行操作的通道。

溢出特性：选择两个素材混合后颜色允许的范围。

伸缩第二个源以适合：当素材与混合素材大小不同时，不选中该复选框，混合素材与原素材将无法对齐重合。

与原始图像混合：控制效果在原始素材上的施加程度，即效果的透明度。

3. 混合

该特效可以将当前素材与指定轨道上的素材进行混合。应用该特效后，可在如图5-54所示的面板中进行参数设置，完成后的效果如图5-55所示。

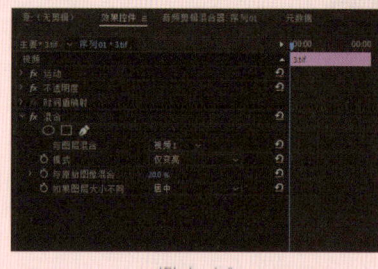
图 5-54

(a)　　　　　　　　　(b)
图 5-55

与图层混合：选择需要混合的轨道。

模式：选择不同的混合模式。

与原始图像混合：控制效果在原始素材上的施加程度，即效果的透明度。

4. 算术

"算术"称为"通道运算"，是对图像中的红、绿、蓝通道进行简单运算。

应用该特效后，可在如图5-56所示的面板中进行参数设置，完成后的效果如图5-57所示。

运算符：选择不同的算法。

红色值：应用算术中的红色通道数值。

绿色值：应用算术中的绿色通道数值。

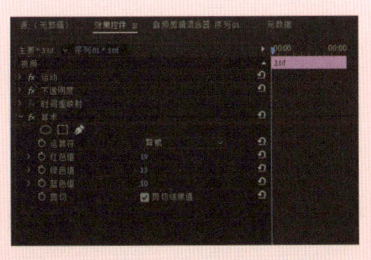

图 5-56　　　　　　　　(a)　　图 5-57　　(b)

蓝色值：应用算术中的蓝色通道数值。

剪切：选中"剪切结果值"复选框，以防止设置的颜色值超出所有功能函数项的限定范围。

5．纯色合成

该特效可以将一种颜色填充合成图像，放置在原始素材的后面。应用该特效后，可在如图5-58所示的面板中进行参数设置，完成后的效果如图5-59所示。

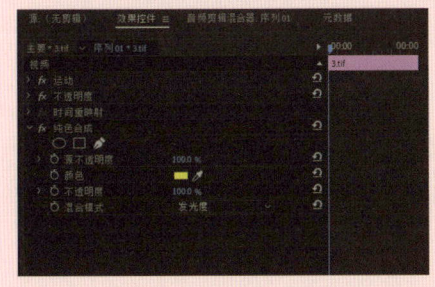

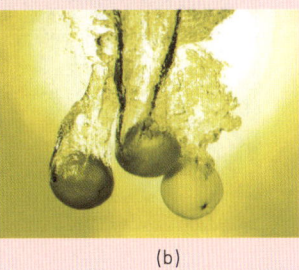

图 5-58　　　　　　　　(a)　　图 5-59　　(b)

源不透明度：用于指定素材图层的不同透明度。

颜色：用于设置新填充图像的颜色。

混合模式：设置素材图层和填充图像以何种方式混合。

6．计算

该特效通过通道混合进行颜色调整。应用该特效后，可在如图5-60所示的面板中进行参数设置，完成后的效果如图5-61所示。

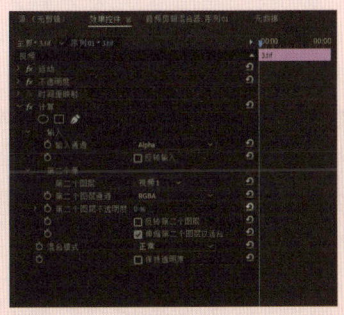

图 5-60　　　　　　　　(a)　　图 5-61　　(b)

输入：设置原素材显示。

输入通道：选择需要显示的通道。

反转输入：将"输入通道"中选择的通道反向显示。

第二个源：设置与原素材混合的素材。

第二个图层：选择与原素材混合素材所在的视频轨道。

第二个图层通道：选择与原素材混合显示的通道。

第二个图层不透明度：设置与原素材混合素材的透明度值。

反转第二个图层：与"反转输入"的作用相同，但这里指的是与原素材混合的素材。

伸缩第二个图层以适合：当混合素材小于原素材，选中该复选框将在显示最终效果时放大混合素材。

混合模式：用于设置原素材与第二信号源的多种混合模式。

保持透明度：确保被影响素材的透明度不被修改。

7. 设置遮罩

该特效以当前层的Alpha通道取代指定层的Alpha通道，使其产生运动屏蔽的效果。应用该特效后，可在如图5-62所示的面板中进行参数设置，完成后的效果如图5-63所示。

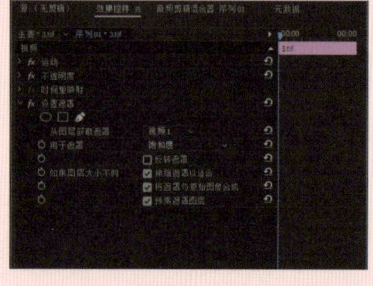  

图 5-62   (a)   (b)
                                  图 5-63

从图层获取遮罩：该选项用于指定作为蒙版的图层。

用于遮罩：选择指定的蒙版层用于效果处理的通道。

反转遮罩：反转蒙版层的透明度。

伸缩遮罩以适合：用于放大或缩小屏蔽层的尺寸，使其与当前层匹配。

将遮罩与原始图像合成：使当前层合成新的蒙版，而不是替换原始素材层。

预乘遮罩图层：选中该复选框，软化蒙版层素材的边缘。

5.4.2 颜色校正类特效类别

颜色校正类特效用于对素材画面进行颜色校正处理，此类特效共包括12种特效，如图5-64所示。色彩校正又称为调色，是对视频画面颜色和亮度等相关信息的调整，使其能够表现某种感觉或意境，或者对画面中的偏色进行校正，以满足制作上的需求。在视频处理中调色是一个相当重要的环节，其结果有时可以决定影片的画面基调。以下是常用的特效。

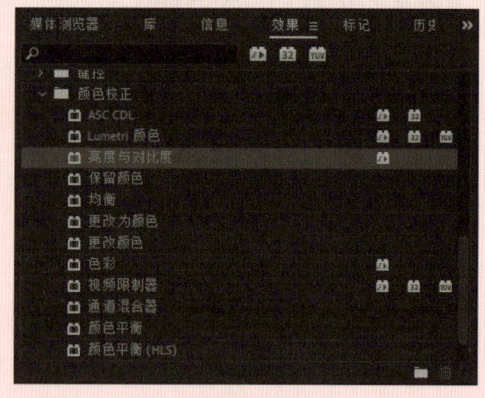

图 5-64

1. 亮度与对比度

该特效用于调整片段的亮度和对比度，并同时调节所有像素的亮部、暗部和中间色，但不能对单一通道进行调节。

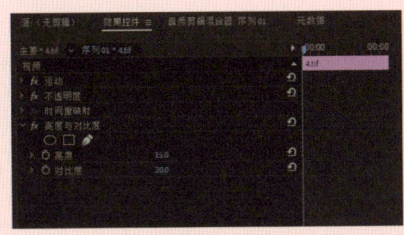
图 5-65

(a) (b)
图 5-66

应用该特效后，可在如图5-65所示的面板中进行参数设置，完成后的效果如图5-66所示。

亮度：调节影片的画面亮度。正值增加亮度，负值降低亮度，取值范围为-100~100。

对比度：调节影片画面的对比度。正值增加对比度，负值降低对比度，取值范围为-100~100。

2. 更改颜色

该特效又称为颜色替换，用于改变图像中某种颜色区域（创建某种颜色遮罩）的色调饱和度和亮度。应用该特效后，可在如图5-67所示的面板中进行参数设置，完成后的效果如图5-68所示。

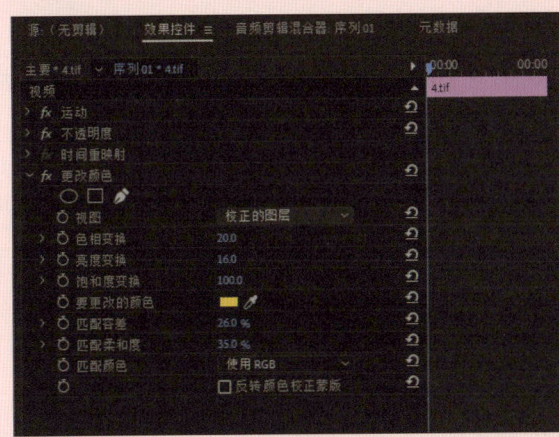
图 5-67

(a) (b)
图 5-68

视图：选择合成窗口的观察效果，可以选择"颜色校正视图"或"颜色校正遮罩"。

色相变换：以度为单位改变所选颜色的区域。

亮度变换：亮度变换的调节。

要更改的颜色：选择图像中要改变颜色的区域颜色。

匹配容差：调整颜色匹配的相似程度，与"匹配柔和度"类似。

匹配颜色：选择匹配的颜色空间。

3. 更改为颜色

该特效和上述的"转换颜色"特效是不同的，该特效可以使用新颜色替换原有颜色，并能够使用图像的色调、亮度和饱和度来调整色彩效果。应用该特效后，可在如图5-69所示的面板中进行参数设置，完成后的效果如图5-70所示。

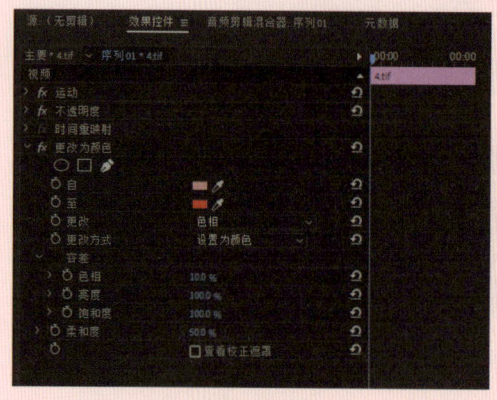

图 5-69

图 5-70

自：吸取需要被替换的颜色。

至：吸取需要替换的颜色。

更改：选择颜色空间。

更改方式：选择颜色转换的方式。

容差：选择容差的百分比。

柔和度：设置柔和度。

查看校正遮罩：选中此项，查看差异蒙版。

4．通道混合器

该特效可以使用当前颜色通道的混合值来修改一个颜色通道，以产生其他颜色调节工具难以实现的效果。

应用该特效后，可在如图5-71所示的面板中进行参数设置，完成后的效果如图5-72所示。在面板中以红开头的参数，表示最终效果用于红色通道；以绿开头的，表示最终效果用于绿色通道；以蓝开头的参数，表示最终效果用于蓝色通道。

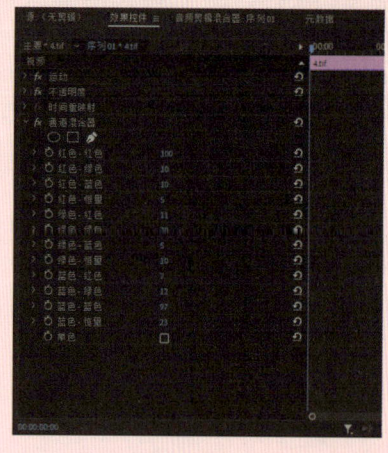

图 5-71

图 5-72

下面仅以红色通道为例，分析其中选项的意义。

红色-红色：设置原始红色通道的数值有百分之几用于最终效果的红色通道中。

红色-绿色：设置原始绿色通道的数值有百分之几用于最终效果的红色通道中。

红色-蓝色：设置原始蓝色通道的数值有百分之几用于最终效果的红色通道中。

红色-恒量：设置一个常数，决定各原始通道的数值，以相同百分比加到最终效果的红色通道中。最终效果的红色通道就是这4项设置结算结果的和。

单色：对所有通道输出相同的数值，产生包含灰阶的彩色图像。

5．颜色平衡

该特效用于调整色彩平衡。通过调整层中包含的红、绿、蓝的颜色值来实现颜色平衡。

应用该特效后，可在如图5-73所示的面板中进行参数设置，完成后的效果如图5-74所示。

图 5-73

(a)　　　　　　　　(b)

图 5-74

阴影红色／绿色／蓝色平衡：用于调整RGB彩色的阴影范围平衡。

中调红色／绿色／蓝色平衡：用于调整RGB彩色的中间亮度范围平衡。

高亮红色／绿色／蓝色平衡：用于调整RGB彩色的高光范围平衡。

保持发光度：选项用于保持图像的平均亮度来保持图像的整体平衡。

6．颜色平衡（HLS）

该特效按照HLS（色相、亮度、饱和度）来调节图像的颜色。应用该特效后，可在如图5-75所示的面板中进行参数设置，完成后的效果如图5-76所示。

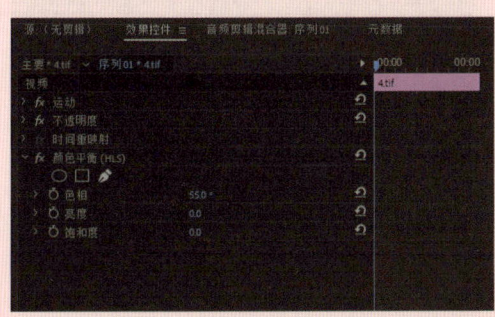

图 5-75

(a)　　　　　　　　(b)

图 5-76

色相：用角度来调节色相环，转动角度180°时为反相。

亮度：调整画面的明亮程度，范围为-100~100。

饱和度：调整画面颜色的鲜艳程度，范围为-100~100。

7．均衡

该特效用于颜色均衡，用来使图像变化平均化。应用该特效后，可在图5-77所示的面板中进行参数设置，完成后的效果如图5-78所示。

均衡：选择均衡方式，可以选择"RGB""亮度值"和"Photoshop样式"3个选项。

均衡量：设置重新分布亮度值的百分比。

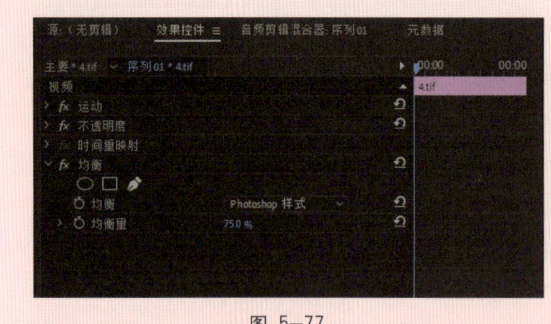

图 5-77　　　　　　　　　　　(a)　　　　　　(b)
　　　　　　　　　　　　　　　　　图 5-78

5.5　案例——制作素描效果

本例将用"查找边缘"视频特效制作画面素描效果，该特效用于强调图像的边缘，使图像看起来犹如铅笔勾勒出的素描线条，明暗对比越强烈的图像，其边缘效果越明显。

步骤01 新建项目

新建项目，在"新建序列"对话框的"常规"选项卡中设置项目参数，如图5-79所示。

步骤02 导入素材

导入本书配套资源"Chapter5\5.5\素材"文件夹中的"插画03.jpg"文件至"项目"窗口中，如图5-80所示。

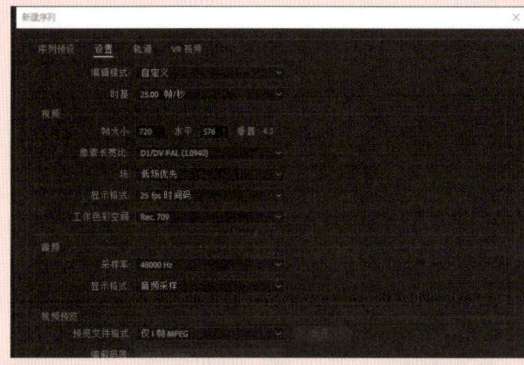

图 5-79　　　　　　　　　　　　　　图 5-80

步骤03 插入素材

将"插画03.jpg"素材插入到"时间线"窗口中，如图5-81所示。

步骤04 添加特效

在"效果"面板中将"风格化"组中的"查找边缘"视频特效添加到素材文件上，如图5-82所示。

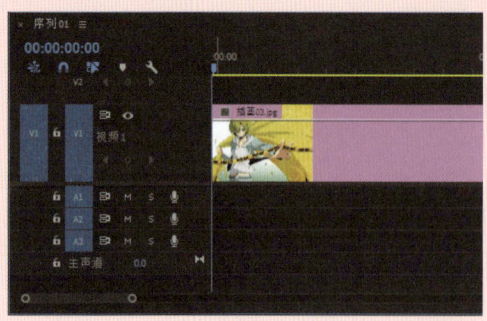
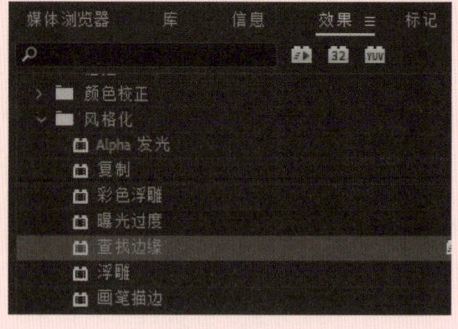

图 5-81　　　　　　　　　　　　　　图 5-82

Chapter 5 视频特效

步骤05 查看特效

添加视频特效后,在"节目"监视器中可预览"查找边缘"视频特效,默认参数的画面效果如图5-83所示。

步骤06 设置参数

在"时间线"窗口中选择素材,在"效果控件"面板中展开"查找边缘"参数,在素材起始位置设置参数,如图5-84所示。

图 5-83

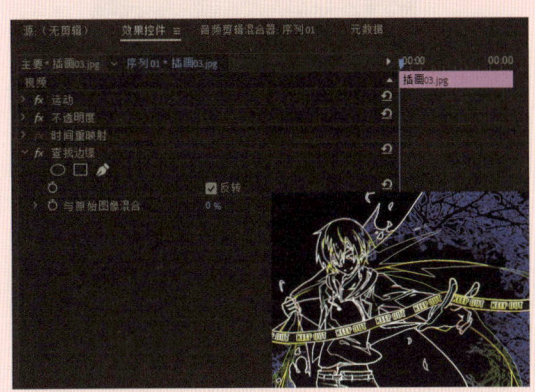

图 5-84

步骤07 添加关键帧1

取消选中"反转"复选框,为"查找边缘"视频特效添加第一个关键帧,参数设置如图5-85所示。

步骤08 添加关键帧2

将时间滑块拖动至 00:00:02:17 处,为"查找边缘"视频特效添加另一个关键帧,参数设置如图5-86所示。

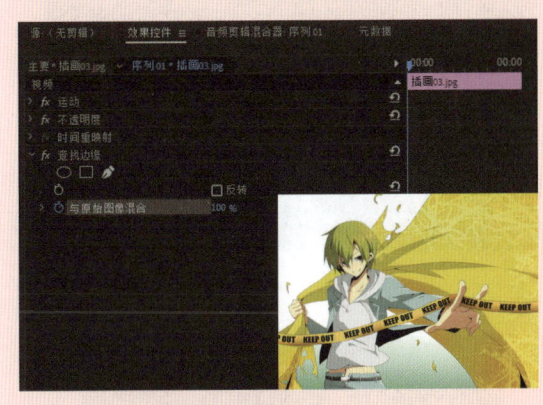

图 5-85

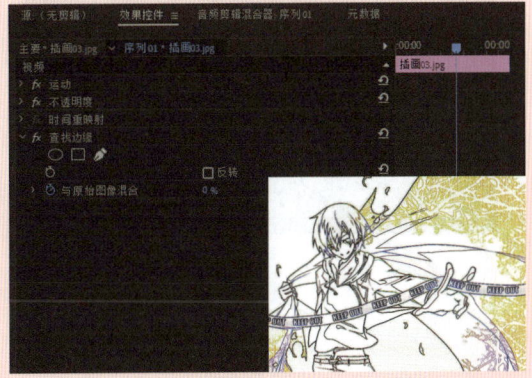

图 5-86

步骤09 导出格式

选择"文件"→"导出"→"媒体"菜单命令,在打开的"导出设置"对话框中单击"格式"下拉按钮,在下拉列表中选择文件格式,如图5-87所示。

步骤10 预设参数

单击"预设"下拉按钮,在下拉列表中选择PAL DV预设格式,如图5-88所示。

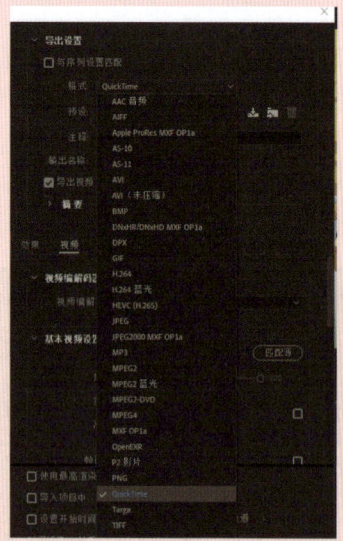
图 5-87

图 5-88

步骤11 保存设置

在"导出设置"对话框中设置输出文件的文件名和保存路径等，参数设置如图5-89所示。

步骤12 编解码器

选择"视频"选项卡，在其中单击"视频编解码器"下拉按钮，在下拉列表中选择编解码器，如图5-90所示。

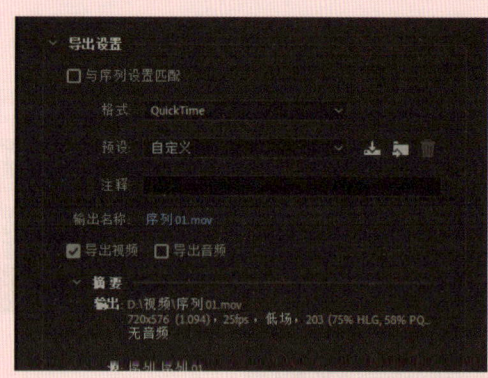
图 5-89

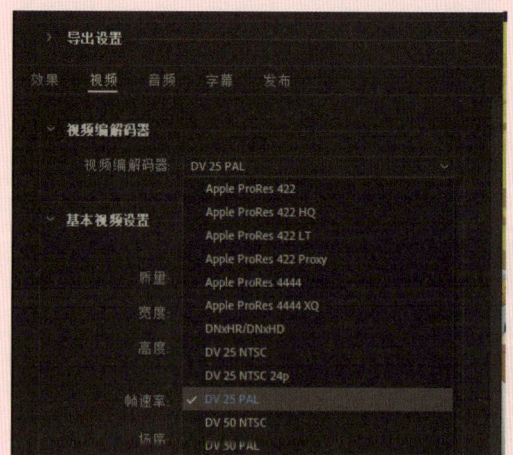
图 5-90

步骤13 基本设置

在"基本视频设置"选项组中设置"质量"和"帧速率"等参数，如图5-91所示。

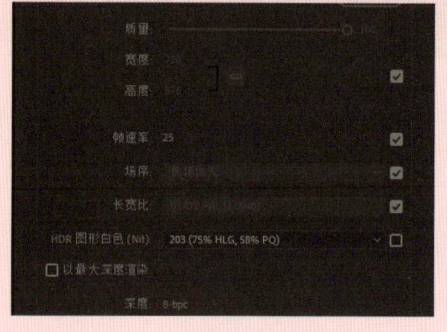
图 5-91

步骤14 场类型

单击"场序"下拉按钮,在下拉列表中选择"逐行"选项,如图5-92所示。

步骤15 纵横比

单击"长宽比"下拉按钮,在下拉列表中选择参数,最后保存编辑项目,如图5-93所示。

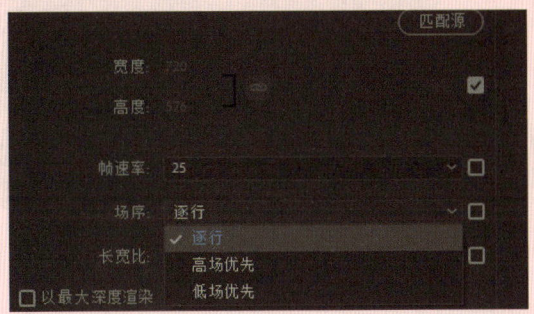

图 5-92

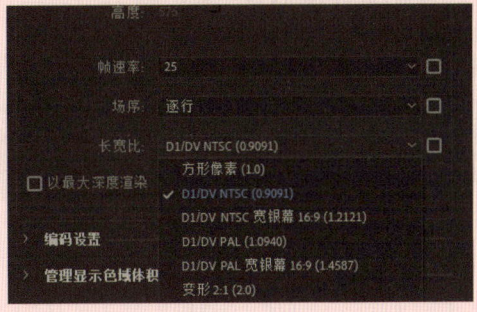

图 5-93

5.6 案例——为画面添加边框

本例将通过使用"斜角边""杂波HLS"和"投影"特效来实现相框画面效果。通过对本例的学习,读者可以掌握为画面添加边框的操作方法。

步骤01 编解码器

新建项目,在打开的"新建序列"对话框的"常规"选项卡中设置项目参数,如图5-94所示。

步骤02 导入素材

导入本书配套资源"Chapter5\5.6\素材"文件夹中的"古刹.jpg"文件至"项目"窗口中,如图5-95所示。

微课:
案例——为画面添加边框

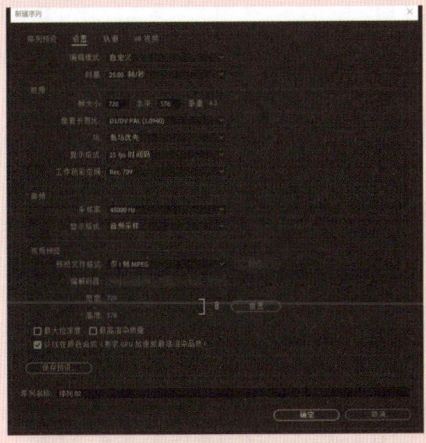

图 5-94

图 5-95

步骤03 插入素材

将导入素材插入到"时间线"窗口的"视频2"轨道中,如图5-96所示。

步骤04 缩放比例

在"效果控件"面板中设置素材的"缩放"参数,如图5-97所示。

图 5-96

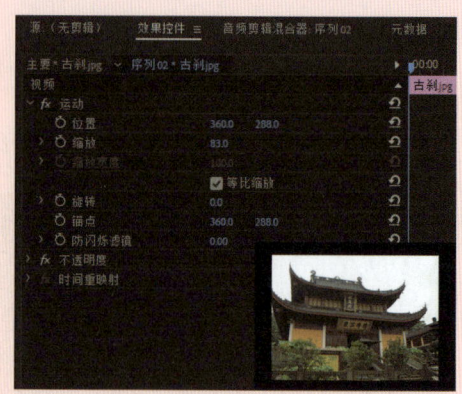
图 5-97

步骤05 新建项目

在"项目"窗口的工具栏中右击,在弹出的快捷菜单中选择"新建项目"→"颜色遮罩"命令,如图5-98所示。

步骤06 像素纵横比

在打开的"新建颜色遮罩"对话框中设置"像素长宽比"等参数,如图5-99所示。

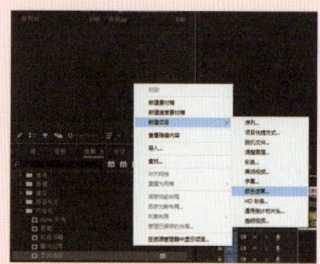
图 5-98

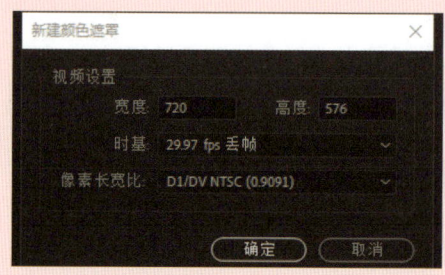
图 5-99

步骤07 颜色拾取

在打开的"拾色器"对话框中将颜色设置为淡黄色,然后单击"确定"按钮,如图5-100所示。

步骤08 选择名称

在打开的"选择名称"对话框中输入文件名称"背景",然后单击"确定"按钮,如图5-101所示。

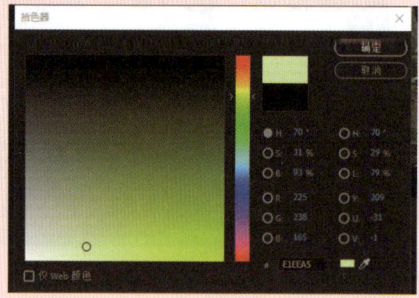
图 5-100

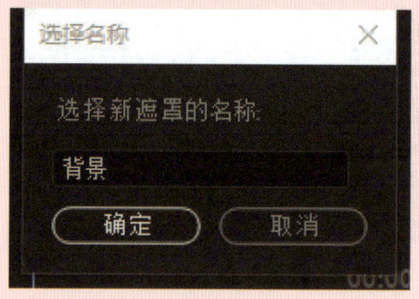
图 5-101

步骤09 查看文件

新建的"背景"图像文件会以素材方式自动保存在"项目"窗口中,如图5-102所示。

步骤10 插入素材

将新建的"背景"文件插入到"时间线"窗口的"视频1"轨道中,如图5-103所示。

图 5-102

图 5-103

步骤11 选择特效

打开"效果"面板,展开"透视"视频特效组并选择"投影"视频特效,如图5-104所示。

步骤12 添加特效

将"投影"特效添加到"古刹.jpg"素材上,并在"效果控件"面板中设置其特效参数,如图5-105所示。

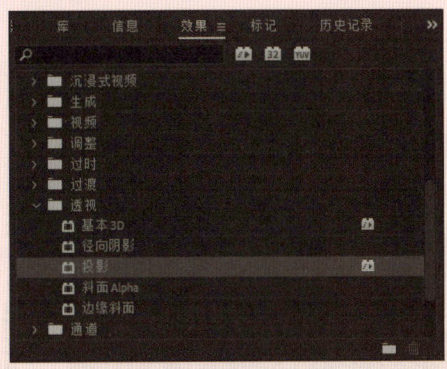

图 5-104

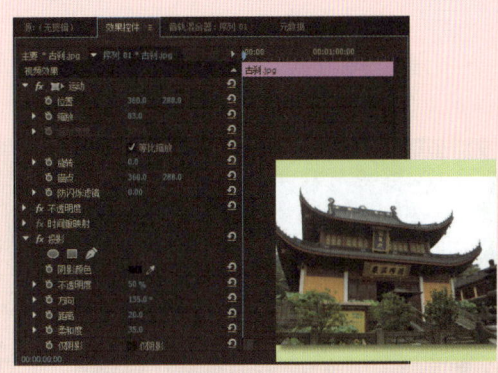

图 5-105

步骤13 设置参数

继续在"效果控件"面板中设置"不透明度"和"方向"等特效参数,如图5-106所示。

步骤14 选择特效

在"效果"面板中选择"杂色与颗粒"视频特效组中的"杂色HLS"特效,将其添加到"背景"素材上,如图5-107所示。

图 5-106

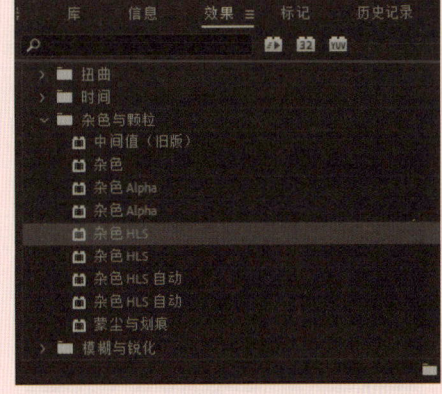

图 5-107

步骤15 设置参数1

打开"效果控件"面板,在其中设置"杂色HLS"特效参数,如图5-108所示。

步骤16 设置参数2

继续在"效果控件"面板中设置"饱和度"等参数,如图5-109所示。

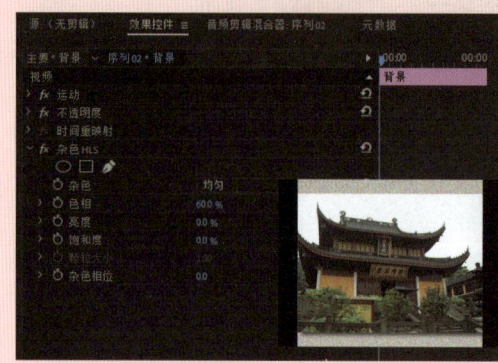

图 5-108　　　　　　　　　　　图 5-109

步骤17 选择特效

在"效果"面板中选择"透视"视频特效组中的"边缘斜面"特效,如图5-110所示。

步骤18 设置参数

将"边缘斜面"特效添加到"古刹.jpg"素材上,并在"效果控件"面板中设置其参数,如图5-111所示。

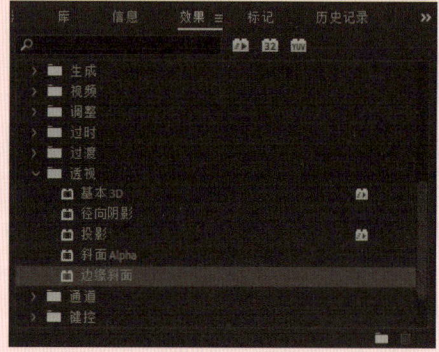
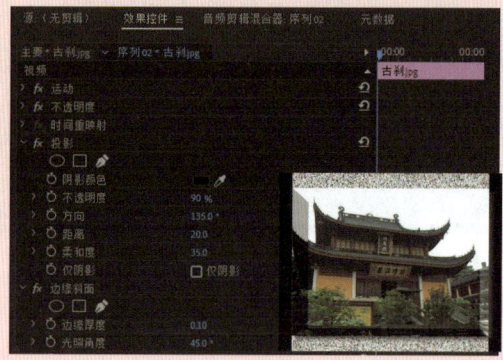

图 5-110　　　　　　　　　　　图 5-111

步骤19 颜色拾取

单击"阴影颜色"后的色块,在打开的"拾色器"对话框中设置颜色参数,如图5-112所示。

步骤20 阴影颜色

设置完"阴影颜色"参数后,"效果控件"面板中的效果如图5-113所示。

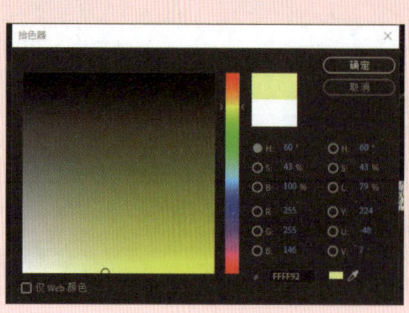
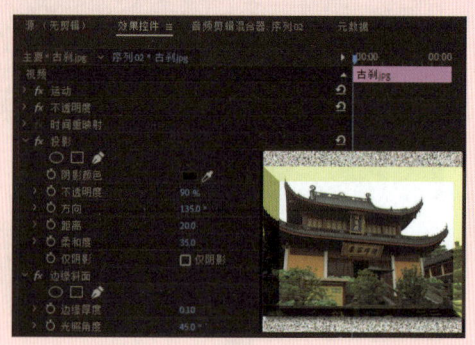

图 5-112　　　　　　　　　　　图 5-113

步骤21 导出设置

选择"文件"→"导出"→"媒体"菜单命令,在打开的"导出设置"对话框中设置输出文件格式,如图5-114所示。

步骤22 基本设置

在"基本设置"选项中设置"场序"等参数,最后输出并保存编辑项目,如图5-115所示。

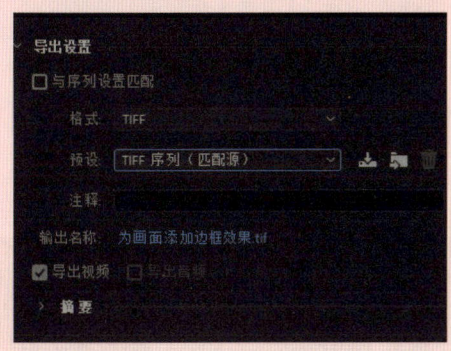

图 5-114

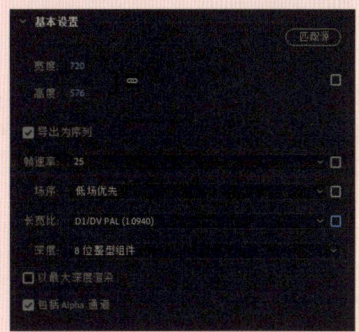

图 5-115

5.7 知识与技能梳理

视频特效是专门用于处理视频画面,并且按照指定的要求实现各种视觉效果的。其特效非常丰富,包括画面颜色的调整、键控类特效、风格化类特效等,极大地增加了画面的视觉效果和艺术效果。

本章主要讲解了视频特效的添加方法及特效的参数设置,读者在学习过程中,要仔细阅读,反复练习,真正掌握视频特效的精髓。

- **重要工具**:视频特效工具。
- **核心技术**:颜色抠像、色阶的调整。
- **实际运用**:添加视屏特效、编辑视频特效、设置特效参数。

5.8 课后练习

选择题(请扫描二维码进入即测即评)

5.8课后练习

1.在"颜色校正"特效中"曲线"调整方式的曲线图中,水平坐标和垂直坐标分别代表( )。

    A.原始色调区域,色度值   B.原始色度值,色调区域
    C.原始亮度级别,亮度值   D.原始亮度值,亮度级别

2.在调色过程中,如果需要在调色稿及图标之间进行比较观察,可以进行的操作不包括( )。

    A.在"节目"面板的菜单中选择New Reference Monitor命令
    B.选择Gang to Reference Monitor命令
    C.选择Gang Source and Program命令
    D.在"效果控件"面板中激活Preview命令

3.下列抠像特效中,基于亮度进行抠像的是( )。

    A.Blue Screen Key   B.Green Screen Key
    C.Chroma Key   D.Luma Key

Chapter 6

创建与编辑字幕

    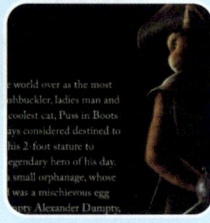

　　字幕是影视作品中不可或缺的元素。Premiere提供了强大的字幕编辑功能，从基本的字幕创建和版式到提供多种字幕预设效果，Premiere都有很好的支持。还为设计师提供多种样式参考及详尽的编辑参数和可控性，这使Premiere字幕功能的实用性大大增强。同时，Premiere还提供很多字幕模板，可以直接调用到不同的工作项目中，有助于提高设计师的工作效率。

	知识点 　　　　　学习目标	了解	掌握	应用	重点知识
学习要求	建立字幕的方式		🚩		
	字幕编辑工具的使用		🚩		
	编辑字幕的参数			🚩	
	使用字幕样式			🚩	
	使用字幕模板		🚩		
	制作运动字幕				🚩
	字幕安全区			🚩	
	字幕的分类	🚩			

能力与素质目标

6.1 字幕的历史与分类

字幕是指在视频素材和图片素材之外，由用户自行创建的可视化元素，如文字、图形等。而作为影片中的一个重要组成部分，字幕独立于视频、音频这些常规内容。为此，Premiere为字幕准备了一个与音视频编辑区域完全隔离的字幕工作区，以便用户能够专注于字幕的创建工作。

微课：字幕的历史与分类

6.1.1 字幕的历史

字幕的出现始于20世纪80年代的纽约城歌剧院演出。在歌剧演出过程中，为帮助有语言障碍的非母语观众及有听力障碍的人士更好地欣赏节目，组织方在舞台侧面列出同步翻译的唱词，此做法受到广泛好评。随后，字幕迅速成为欧美歌剧院的标准"硬件"之一，并在舞台演出和影视娱乐业发达的国家得到广泛普及。

在我国，不同地区语言发音差别很大，所以视频节目中字幕的添加，不仅可以帮助听力较弱的观众理解节目内容，而且也能增加非母语影视节目对观众的亲和力，成为影视制作人员不可忽略的部分。

6.1.2 字幕的分类

当字幕的发展由舞台迈入视频类节目后，在保有其真实记录对话、旁白等原始功能的基础上，也附加了另外的重要作用。在影片和所有视频作品中，字幕因其高度的表现能力而区别于画面中的其他内容，同时也定义为视像的一部分出现在画面中，便于观众对相关节目信息的接收和正确理解。电视字幕采用什么样的字体、字形都必须根据电视节目的内容和形式来确定，否则会出现反作用。

（1）单从表现角度来看，字幕可以分为标题性字幕和说明性字幕两大类

·标题性字幕：字号相对大些，字体艺术性强，常用于片名或地点的表述。

·说明性字幕：字号相对小些，字体一般不会追求艺术性和太多的表现力，但要求简洁明了，便于在第一时间内快速阅读和理解，常用于展示主持人名字等信息。

（2）从呈现方式来看，字幕可以分为静态字幕和动态字幕两种

对此，目前的电视类节目没有做过多的硬性定义。为了突出表现的能力，需要制作出更多精细的字幕效果，但在有些情况下也会有严格的定义。

·静态字幕：一种固定不动的字幕形式。

·动态字幕：在字幕出现的过程中会添加一些特效，如片头和片尾字幕，在感受动感的同时也要能欣赏到运动中的细节。

（3）在制作字幕过程中需要考虑的因素

·字幕与图形、图案的关系。

·字幕与色彩、光色、画面的关系。

·字幕与节目内容的关系。

·字幕与运动节奏、运动形式的关系。

6.2　Premiere的字幕编辑窗口

无论使用哪一种方式创建字幕文件，字幕文件的规格与建立的项目规格都是完全一致的，一般不需要特别的修改（如都是PAL制规格）。在"新建字幕"对话框的"名称"文本框中输入项目名称，单击"确定"按钮即可，如图6-1所示。字幕创建完成后，会以素材形式出现在"项目"窗口中，如图6-2所示。

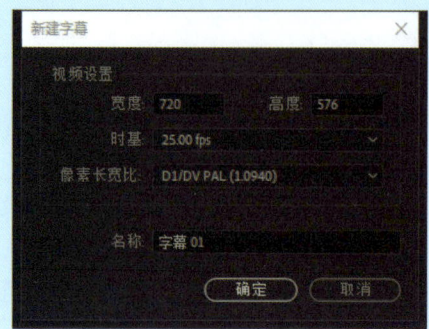

图 6-1

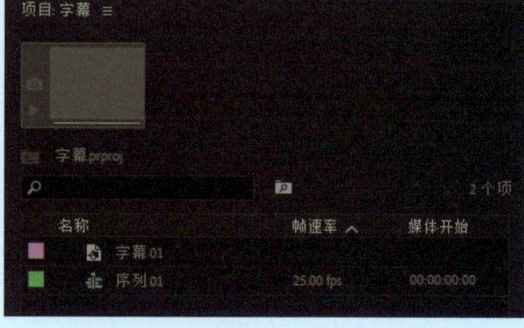

图 6-2

编辑当前字幕文件时，在"项目"窗口中双击字幕文件的名称，即可进入字幕编辑窗口，如图6-3所示。

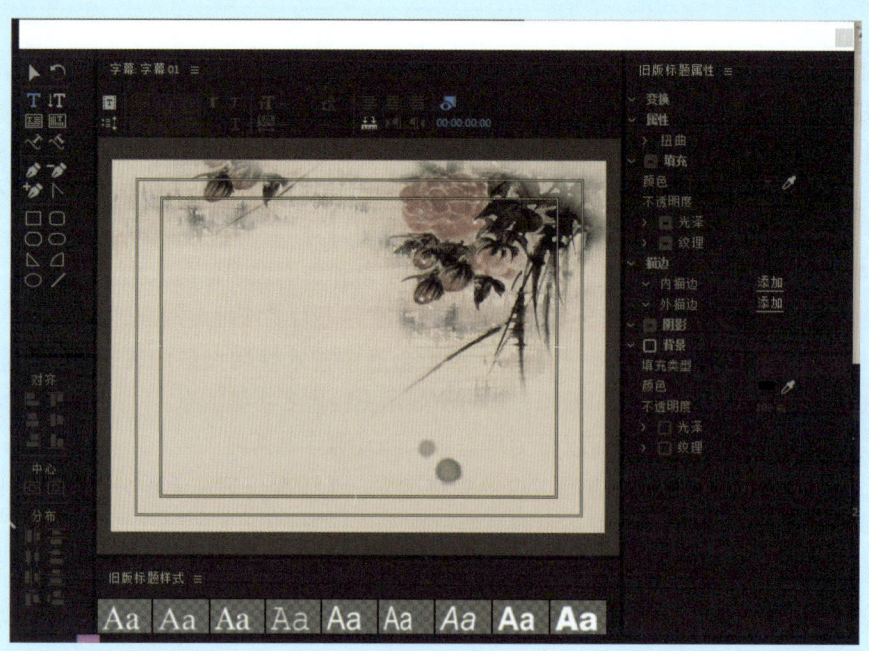

图 6-3

注意，在窗口上方单击 按钮可控制背景视频的显示/隐藏，默认状态一般为显示，制作过程中结合鼠标左右拖动定位下方时间码，可以协助字幕编辑更好、更准确地匹配背景视频进度。

如图6-4所示是字幕编辑窗口中的字幕工具，其包含变换工具组、文本工具组、钢笔工具组和绘图工具组4个部分，并通过分割线分割。

1. 变换工具组

该工具组包含位移工具和旋转工具,可以对字幕进行移动和旋转操作。

2. 文本工具组

该工具组对文本进行编辑,与其他字幕软件相同。选择工具,在舞台上单击确定文本输入的起始位置输入文本即可。

3. 钢笔工具组

该工具组用来绘制曲线,作为图形素材或字幕路径来使用。具体操作方法如下。

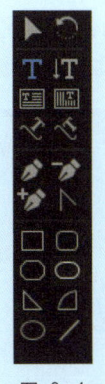

图6-4

曲线绘制方法:如图6-5所示,在舞台上单击确定一点作为绘制起点,松开鼠标左键移动一段距离,再单击作为绘制终点,此时按住鼠标左键,继续向不同方向移动,可发现曲线弧度发生变化,目视在合适的弧度程度松开鼠标,即完成绘制。绘制完成后若需要修改,可拖动锚点两端的弧度控制柄进行调节。

曲线修改方法:选中一条路径,单击 工具可以在曲线上增加一个控制点;单击 工具可删除曲线上的控制点。 工具可对某一锚点进行拖动以更改其位置及该点两侧弧度的大小。 工具可以将锚点在弧度点和尖点两种状态之间切换,当一个锚点退化为尖点时,便不能修改弧度,两侧曲线在此处进行硬连接。

4. 绘图工具组

该工具组可以在画面中创建特定的矢量图形。使用方法如下。

选择一个图形工具,拖动鼠标可在舞台上绘制图案;按住Shift键拖动鼠标可绘制等宽高图形;按住Shift+Alt组合键拖动鼠标(Windows)或者按住Shift+Option组合键拖动鼠标(Mac OS)可限制从图形中心点开始绘制;拖动图形四周8个控制点可直观地对其进行缩放,更改宽高值。

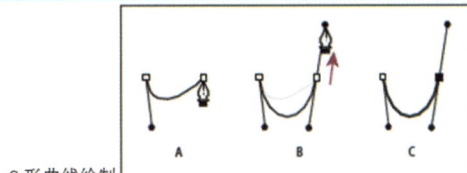

图6-5

6.3 字幕安全区

视频节目在播出时存在溢出扫描(又称过扫描)的现象,导致在数字环境下制作的图像在转换为模拟信号输出时屏幕四周边缘部分可能出现一定的信号损失,使原始画面不能完整地呈现。所以为了避免字幕、动作等重要图像在电视接收终端被切除,在现有可查的资料中一般将整个屏幕分为两个区域作为参考,如图6-6所示。

字幕安全区占整个屏幕的80%,所有字幕都应该尽量放在该区域中;动作安全区占整个屏幕的90%,视频画面中的其他重要元素应该放在该区域中。

字幕安全区和动作安全区在字幕编辑窗口中为默认给定功能，无须手动添加。若需转换其显示/隐藏状态，可在如图6-7所示的"字幕"面板下拉菜单中进行修改。

图 6-6　　　　　　　　　　　　　　　　图 6-7

安全字幕边距：打开或关闭字幕安全框。
安全动作边距：打开或关闭动作安全框。

6.4　制作字幕的方法与技巧

1. 向字幕中添加图片

选择"字幕"→"图形"→"插入图形"菜单命令，如图6-8所示，在打开的对话框中选择图片素材，然后单击"确定"按钮即可。

2. 向文本中添加图片

单击需要插入图片的文本正文处，出现文本输入提示光标，然后选择"字幕"→"图形"→"将图形插入到文本中"菜单命令，如图6-9所示。

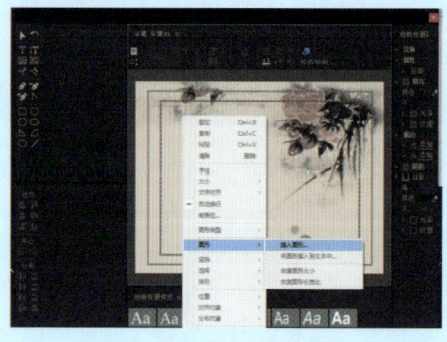
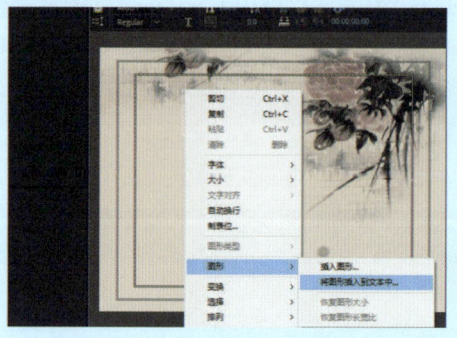

图 6-8　　　　　　　　　　　　　　　　图 6-9

3. 重置图片

如果想把修改后的图片还原为原始大小及原始分辨率，需选中该图片，选择"字幕"→"图形"→"恢复图形大小"菜单命令即可，如图6-10所示。

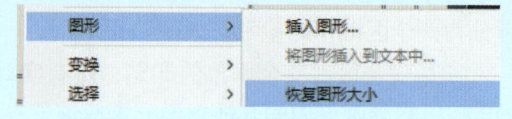

图 6-10

4. 改变字幕元素层级关系

当字幕中的元素重叠放置在一起时，彼此之间会产生遮挡关系，经常会需要对其中的元素进行重新排列，可以选择"字幕"→"排列"菜单命令，其级联子菜单中有4个选项可选择使用，如图6-11所示，分别是移到最前、前移、移到最后、后移。同理，在复杂字幕文件中，各元素堆叠在一起，选择起来也很麻烦，可以选择"字幕"→"选择"子菜单下的4个命令，如图6-12所示。

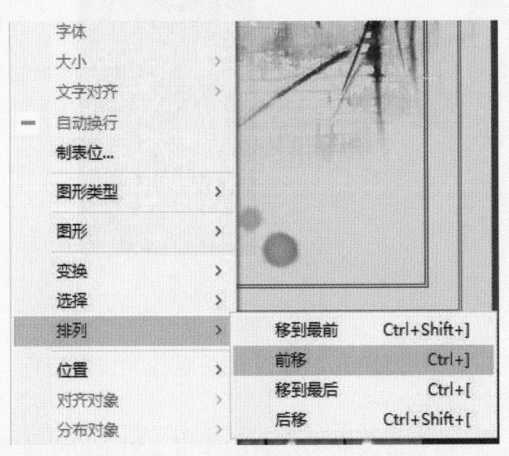

图 6-11　　　　　　　　　　图 6-12

5. 排列、分布字幕元素

如图6-13所示为对齐和分布功能区域。对画面中的多元素，经常需要精确排列与对齐，其提供的排列方法有以下3种。

对齐工具：可以帮助对象相对于舞台排列及对齐。

中心工具：使元素与舞台对齐。

分布工具：可以控制字幕对象的分布情况。

需要注意的是，在使用对齐和分布功能时，字幕是处于独立的文本框中，而不能是一个文本框中的字幕对齐。

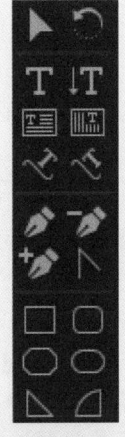

图 6-13

6. 字幕元素变换

字幕元素可进行变换的属性有位置、缩放、旋转及透明度4组。选择"字幕"→"变换"→"位置""缩放""旋转"或"透明度"菜单命令可对其中任意属性进行修改，如图6-14所示。另一种方法更为直观也更为常用，即在"字幕"属性面板中统一进行修改。

7. 常用字幕属性

常用的字幕属性有变换、属性、填充、描边、投影。更改这些属性需用到"字幕"属性面板，如图6-15所示。在此对经常使用的一些属性进行讲解，学会了这些术语，就基本掌握了对文本的效果控制。

颜色：单击色块在拾色器中选择颜色，或用滴管工具选择画面中存在的颜色。

描边：指字符的轮廓线。细轮廓线的存在可以起到加强字形的作用。

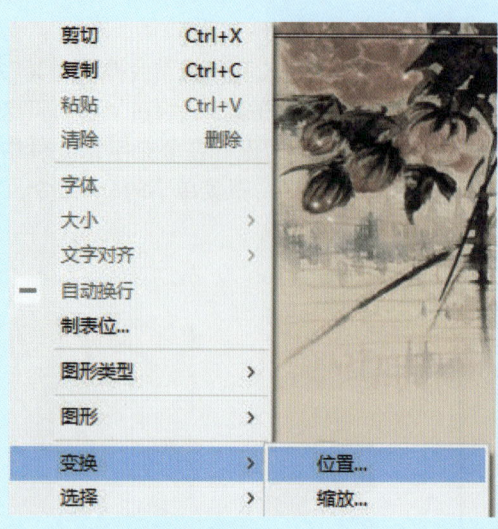 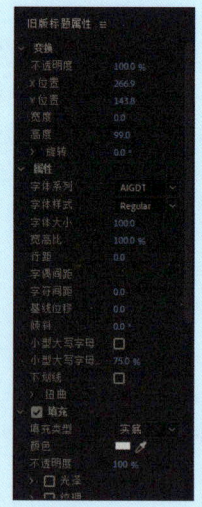

图 6-14　　　　　　　　　　　图 6-15

渐变：除可以指定文本为实色填充外，也可以添加渐变填充，以及控制渐变角度和方向。渐变可以辅助实现很多丰富的视觉效果，是经常应用的属性之一。

投影：可以拉开自身和背景之间的视觉距离，起到丰富画面层次感的作用。对于近色文字和背景，也可以帮助文字更易被识别。

角度：渐变和投影均可调整角度，取值为0°~360°。

距离：通常取大于0的数值，一般配合投影和模糊度来使用，使得投影效果在视觉上合理、舒适。

柔和度：控制阴影的柔和程度。

8．字幕的设计

在传统设计领域，画面中的文字首先作为信息提供者需清晰，具有高识别性；其次作为图形在画面中存在，要考虑其字形、色彩、风格等所营造的美感。这与平面设计的一般规则并不违背，例如，暗色背景使用亮色文字加强对比可提高辨识度，大段文本使用衬线字体可提高阅读舒适度，不要在画面中使用过多的字体等。读者可参照平面设计及构成方面的知识和方法。

此外，由于显示器在呈现视频画面时采用不同的扫描机制（NTSC制采用逐行扫描，PAL制采用隔行扫描），这会使画面中某些元素出现闪烁，影响视觉舒适度。为避免该问题出现，应提高字幕制作质量，以下是需要注意的几点要求。

① 确保字幕文字的笔画线条宽度大于1像素。若使用1像素宽的线在采用隔行扫描的显示终端就会出现闪烁。

② 对于字号较小的文本，慎用衬线字体，如Times New Roman，过细的衬线也易产生隔行频闪。

③ 暗色背景亮色文字和亮色背景暗色文字均可产生高对比度，大多数情况下采用前者，因后者较易产生视觉疲劳。

④ 当背景具有复杂图案时，灵活为字幕文字添加阴影或单色背景图形来提高文字辨识度和可读性。

⑤ 确保字幕文字在字幕安全区内。

6.5 案例——《穿靴子的猫》

本例将通过《穿靴子的猫》详细介绍电影中片头、片尾字幕的制作方法。

微课：
案例——《穿靴子的猫》（1）

步骤01 创建字幕

确定字幕出现的起点时刻，定位时间码为00:00:05:00处，如图6-16所示新建字幕文件。

步骤02 输入文字

在左侧字幕工具面板中选择"文字工具" T ，并在字幕窗口中输入文字"Push In Boots"，如图6-17所示。

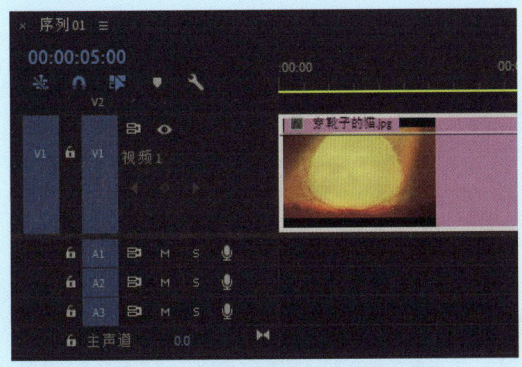

图 6-16

图 6-17

步骤03 设置基本字幕参数

选择文本，单击"横向居中"按钮设置文字居中，如图6-18所示。根据画面比例构成，调整文字的字体、字号和字间距，如图6-19所示。为使字幕显示为金属效果，还需设置"字幕"属性面板中的填充、描边和阴影这3项。

图 6-18

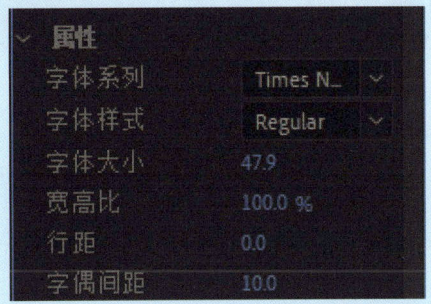

图 6-19

步骤04 设置字幕效果

展开"填充"，设置"填充类型"为"径向渐变"，并设置渐变颜色为从明黄到暗棕色的变化；展开"描边"，单击"外描边"属性右侧的"添加"按钮创建一个外描边。设置"填充类型"为"线性渐变"，并设置渐变颜色为从棕色到橙黄色的变化；展开"阴影"，设置"颜色"为暗棕色、"不透明度"为79%、"距离"为0.2、"大小"为0，如图6-20所示。

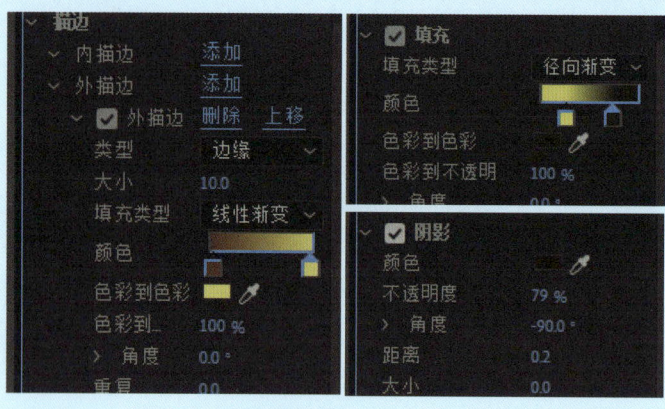

图 6-20

步骤05 微调字幕

参照步骤02～步骤04，添加"THE THREE DIABLOS"字幕，并对其字体大小、字间距、渐变颜色进行适当的调整，效果如图6-21所示。

步骤06 通过复制的方式新建字幕

制作《穿靴子的猫》子篇章3的字幕。打开字幕文件，进入字幕编辑窗口，单击舞台左上角的"复制字幕文件"按钮■，可以基于当前字幕新建一个字幕文件，会自动保存在"项目"窗口中，如图6-22所示。

图 6-21

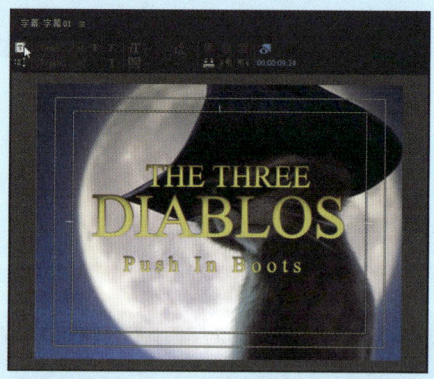

图 6-22

步骤07 添加路径文字

单击"路径文字"工具■，为当前文本添加路径，结合钢笔工具组编辑路径曲线的形状。输入文字后，完成字幕效果，如图6-23所示。

微课：
案例——《穿靴子的猫》(2)

图 6-23

> ● **技巧 提示**
>
> 字幕文本的位置，不要超出安全框。在使用路径字幕时需注意的是，路径的使用在一定程度上会降低文字的易读性，所以路径的应用多从文字的图形化功能考虑，目的是配合画面的视觉效果，或增加冲击力，或为画面增加曲线柔和的感觉。读者在使用时要善于从路径优缺点之间寻求平衡，不要顾此失彼。

● 技巧 提示

在为影片制作字幕时，最后一步需要添加字幕文件到"时间线"窗口中，其制作过程的步骤如下。
①创建一个字幕专用视频轨道，为轨道重命名为Titles。
②在"项目"窗口中找到字幕文件，将其拖动到Titles轨道播放头处。
③调整该静态字幕的开始点与结束点。
④依据影片的需要，为字幕添加淡入/淡出等效果。

步骤08 创建横向运动字幕

制作《穿靴子的猫》片尾右进左出的演职人员介绍字幕。选择"文件"→"新建"→"字幕"菜单命令，可以创建一个横向运动字幕，如图6-24所示。

步骤09 制作字幕效果

单击"垂直文本框工具"，在舞台中拖出文本显示区域，并输入演职人员名单。可为字幕添加半透明的黑色矩形作为背景，以提高字幕文字的识别度，如图6-25所示。

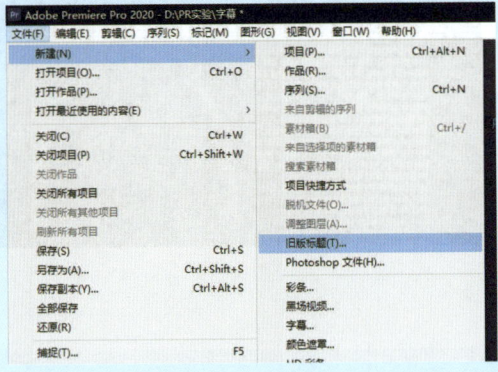

图 6-24

图 6-25

步骤10 设置字幕运动

选中文字，单击"滚动/游动"按钮，在打开的"滚动/游动选项"对话框中选中"向左游动"单选按钮，选中"开始于屏幕外"和"结束于屏幕外"复选框，如图6-26所示。单击"确定"按钮，该字幕文件将作为一段影片动画保存在"项目"窗口中，使用方法同普通视频素材，添加到"时间线"窗口后，画面显示如图6-27所示。

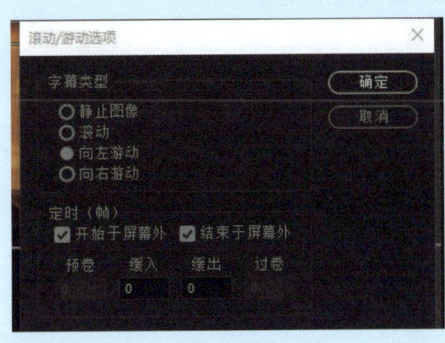

图 6-26

图 6-27

步骤11 设置垂直运动字幕

制作由下至上的滚动字幕方法和游动字幕原理相同，准备好高于一屏的字幕文本，如图6-28

所示。单击"滚动/游动"按钮，在打开的"滚动/游动选项"对话框中选中"滚动"单选按钮，选中"开始于屏幕外"和"结束于屏幕外"复选框，如图6-29所示。

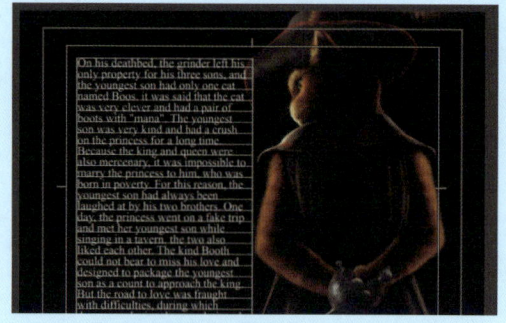

图 6-28

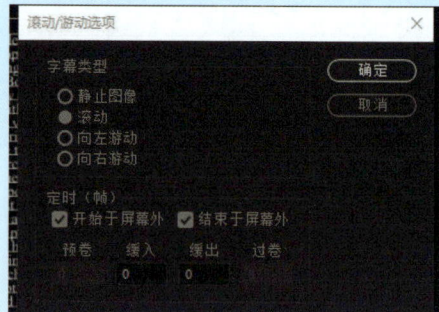

图 6-29

步骤12 添加字幕到时间线

将字幕文件添加到"时间线"窗口后，画面显示如图6-30所示。这样便完成了给《穿靴子的猫》添加的故事背景介绍。

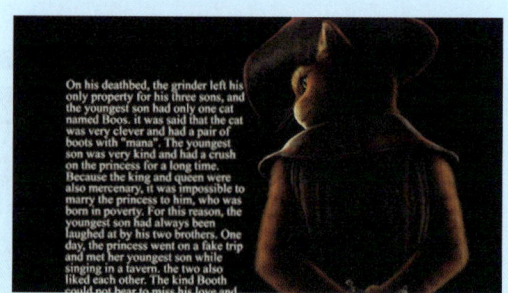

图 6-30

6.6 知识与技能梳理

字幕是影视作品中重要的元素之一，本章介绍了Premiere中字幕文件的制作方法。Premiere提供了强大的字幕编辑功能及多种样式，并为设计师提供了字幕模板以在完成不同的工作项目时提高工作效率。

- 重要工具：字幕编辑工具、字幕样式。
- 核心技术：字幕制作的重要事项、字幕模板。
- 实际运用：字幕样式的添加、滚动/游动字幕、字幕模板的使用。

6.7 课后练习

一、选择题（请扫描二维码进入即测即评）

6.7课后练习

1.下列关于字幕设计的说法中，错误的是（   ）。

A．应确保字幕文字的笔画线条宽度大于1像素，否则采用隔行扫描时，显示终端会出现闪烁

B．暗色背景亮色文字和亮色背景暗色文字均可产生高对比度，大多数情况下采用前者，因后者较易产生视觉疲劳

C．当背景具有复杂图案时，应当为字幕文字添加阴影或单色背景图形来提高文字辨识度和可读性

D. 字幕文字可以超出字幕安全区

2.下列关于字幕模板的描述中，正确的是（　　）。

A. 字幕模板的主要作用是方便各种特定片种的编辑工作
B. Premiere中预置很多字幕模板，一旦载入后就不能继续编辑
C. 字幕模板需要自己建立，载入后将无法修改
D. Premiere中没有字幕模板功能，只能通过插件来实现

二、简答题

1.在Premiere中，字幕设计需要注意哪些问题？

2.在Premiere的字幕编辑窗口中，应该如何设置运动字幕？

Chapter 7

音频编辑

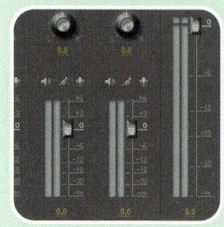 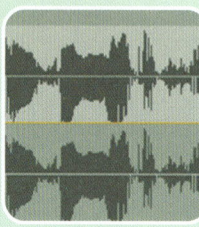 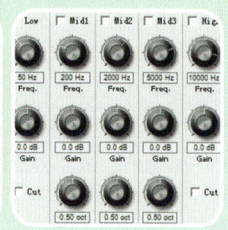 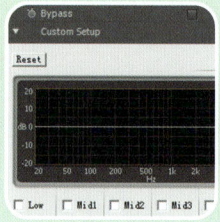 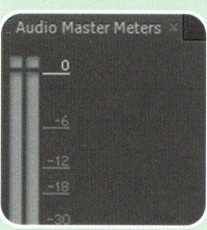

声音是影视作品重要的组成部分,通过录音师和音频编辑师的创造性工作,为影视作品录制语音、音响和音乐,并通过对声音的处理,可以使影视作品达到更高的艺术境界。随着影视行业的飞速发展和观众欣赏水平的日益提高,观众希望视频工作者提供制作更加精良、内容更加丰富的视频,而伴随着数字化音频技术的日新月异,完全能够做到利用高科技手段制作一些声音效果,以增强影片的感染力。

	知识点＼学习目标	了解	掌握	应用	重点知识
学习要求	录音前的系统设置	🚩			
	调音台		🚩		
	调节增益		🚩		
	调节音量		🚩		
	为录制的语音降噪			🚩	
	EQ(均衡)				🚩
	Delay(延时)				🚩
	Reverb(混响)				🚩

能力与素质目标

7.1 使用Premiere录音

声音与图像、字幕等有机地结合在一起，共同承载着制作者所要表现的客观信息和所要表达的思想、感情。因此，声音素材的制作与运用是多媒体影音制作中非常重要的一环。本节将在Windows操作平台下使用Premiere进行录音，具体包括操作系统设置、打开音频编辑工作界面、录音、调节增益等几个环节。

微课：
认识音频编辑

7.1.1 音频基础知识

随着数字技术的广泛应用，不仅使得各种音频制作设备因其高性能、低价格而得以"飞入寻常百姓家"，而且随着PC的普及与性能的不断提高，更使得原来许多只有价格昂贵、体积庞大的专业音频制作设备才具有的强大功能，可以通过软件而得以实现。这些数字音频应用程序的用户界面通常非常友好，不仅符合专业音响工程师的操作习惯，而且因为其直观易懂，一般多媒体开发人员也能很快掌握其操作使用的方法。正是这些数字音频技术的普及，使得今天的音频素材制作已经不再是专业影音制作单位的专营业务，也不再是音响工程师们垄断的业务。在Premiere中，用户可以新建单声道、立体声及5.1声道3种类型的音频轨道，每一种轨道只能添加相应类型的音频素材，下面分别介绍这3种音频轨道。

1.单声道

单声道的音频素材只包含一个音轨，其录制技术是最早问世的音频制式。单声道以文件较小、对硬件要求较低的特点，依然有着广阔的生存空间，如应用于手机铃声。若使用双声道的扬声器播放单声道音频，两个声道的声音完全相同。单声道音频素材在源监视器面板中的显示效果如图7-1所示。

2.立体声

立体声是在单声道的基础上发展起来的，该录音技术至今依然被广泛使用。在使用立体声录音技术录制音频时，使用左、右两个单声道系统，分别记录两个声道的音频信息，可以准确再现声源点的位置及其运动效果，其主要作用是能为声音定位。立体声素材在源监视器面板中的显示效果如图7-2所示。

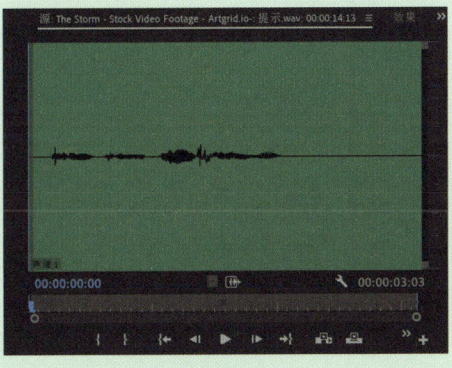
图 7-1

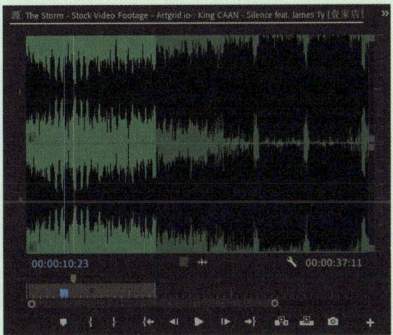
图 7-2

● 技巧 提示

目前，在视频编辑中常用的音频类型为"立体声"，在有DVD等高品质音频需要时均采用5.1声道环绕声系统，"单声道"类型已经很少使用。

3.5.1声道

5.1声道录音技术最早名称为杜比数码Digital（俗称AC-3）环绕声，主要应用于电影的音效系统，是DVD影片的标准音频格式。该系统采用高压缩的数码音频压缩系统，能在有限范围内将5+0.1声道的音频数据全部记录在合理的频率带宽内。

5.1声道包括左、右声道，中置声道，右后、左后环绕声以及一个独立的超重低音声道。由于超重低音声道仅提供100Hz以下的超低音信号，该声道被看成是0.1个声道，因此杜比数码环绕声又称为5.1声道环绕声系统。

7.1.2 操作系统设置

在录音之前需要对Windows声卡驱动进行一些简单配置。因为由于录音平台不同可能会导致设置方式略有区别，本设置的关键点有以下两个。

① 将扬声器播放设备的声音设置为禁用，这样可以避免录音时产生回声。

② 将扬声器播放录音的声音设置为最大化，这样可以在录音时有更大的音源音量进入，提高录音质量。

步骤01 打开播放设备

将话筒与计算机连接，右击Windows界面右下角的小喇叭图标，在弹出的快捷菜单中选择"声音"命令，如图7-3所示。

步骤02 打开播放设备属性

在弹出的"选择以下播放设备来修改设置"列表中找到"喇叭/耳机"选项，在名称上右击，在弹出的快捷菜单中选择"属性"命令，如图7-4所示。

步骤03 设置播放设备属性

打开"喇叭/耳机 属性"对话框，切换到"级别"选项卡，将Realtek HD Audio Output滑块拖动至0的位置，即关闭喇叭/耳机音量，如图7-5所示。不同的声卡驱动设置会略有不同。

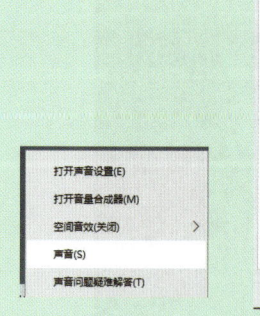

图 7-3

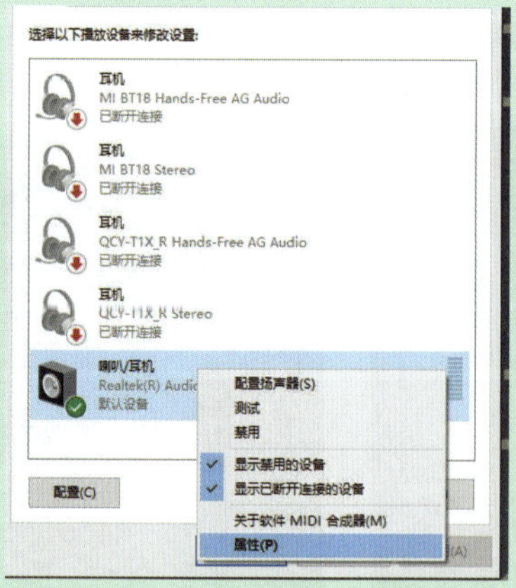

图 7-4

图 7-5

步骤04 打开录音设备

右击Windows界面右下角的小喇叭图标，在弹出的快捷菜单中选择"声音"命令，如图7-6所示。

步骤05 打开录音设备属性

在弹出的"选择以下录制设备来修改设置"列表中选择"麦克风阵列"选项,在名称上右击,在弹出的快捷菜单中选择"属性"命令,如图7-7所示。

步骤06 设置麦克风属性

在打开的"麦克风阵列 属性"对话框中切换到"级别"选项卡,将"麦克风阵列"滑块拖动至100的位置(最大化麦克风音量),如图7-8所示。不同的声卡驱动设置会略有不同。

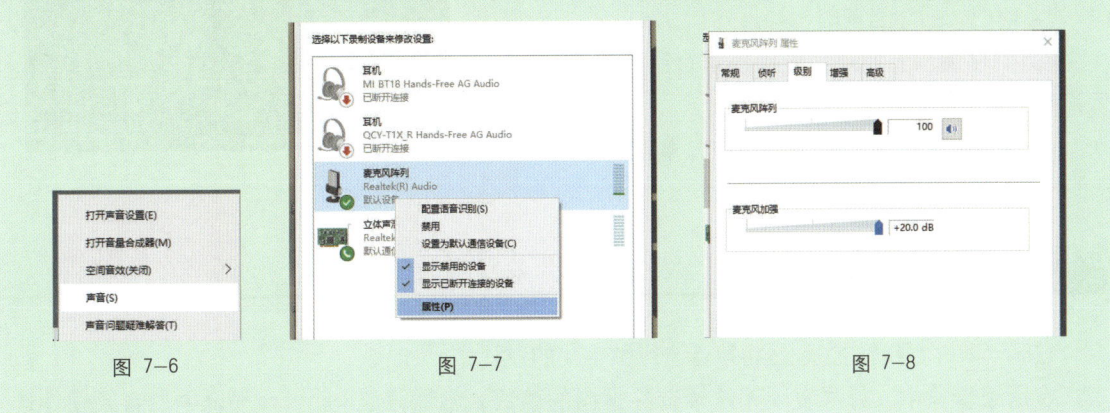

图 7-6　　　　　图 7-7　　　　　图 7-8

7.1.3 打开音频编辑工作界面

打开Premiere,选择"窗口"→"工作区"→"音频"菜单命令,将Premiere的工作界面转换为音频编辑工作界面,如图7-9所示。

微课:
打开音频编辑
工作界面

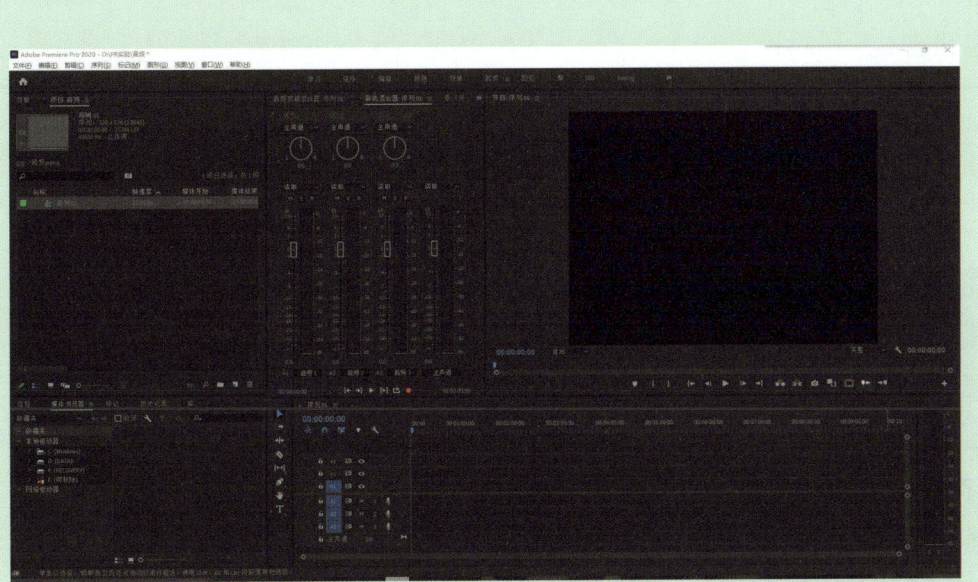

图 7-9

可以看到除了各个窗口的位置发生变动以外,还激活了一个名为"音轨混合器"(也称"调音台")的工作窗口,该窗口是录音和混合声音的重要窗口,如图7-10所示。

A：轨道输入声道。

B：旋钮，设置声像位置。

C：轨道按钮，对当前轨道进行静音、独奏、录制的操作。

D：音量调节：对当前轨道的音量进行音量调节。

E：时码，显示当前时间码。

F：失真指示，如果当前播放声音出现失真则失真指示会变成红色。

G：音量监控，调节音量和显示音量大小。

H：回放，回放声音或录制声音。

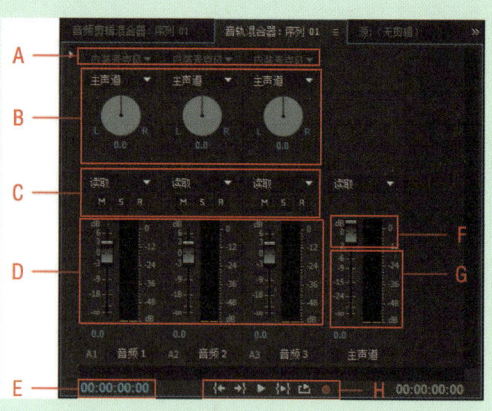

图 7-10

7.1.4 录音

在Premiere中录音的过程是将声音进行数字化的过程。

在后续步骤中，如果发现无法录音并报错的情况，尝试修改Premiere预设中的音频硬件选项，将驱动载入到Premiere中。

步骤01 设置音频混合器

选择"窗口"→"工作区"→"音频"菜单命令，将Premiere的工作界面转换为音频编辑工作界面；在"音轨混合器"窗口中选择一个可以用于录音的空白音频轨道，单击"启用轨道以进行录制"按钮，将选择的空白轨道作为录音轨道使用，如图7-11所示。

微课：录音

步骤02 准备录音

单击"音轨混合器"窗口底部的"录制"按钮，让轨道处于待录状态，为录音做好准备，如图7-12所示。

步骤03 录音

单击Audio Mix窗口底部的"播放-停止切换"按钮，开始录音，如图7-13所示。这时对着话筒说话，即可将语音实时录制到Premiere中。

图 7-11

图 7-12

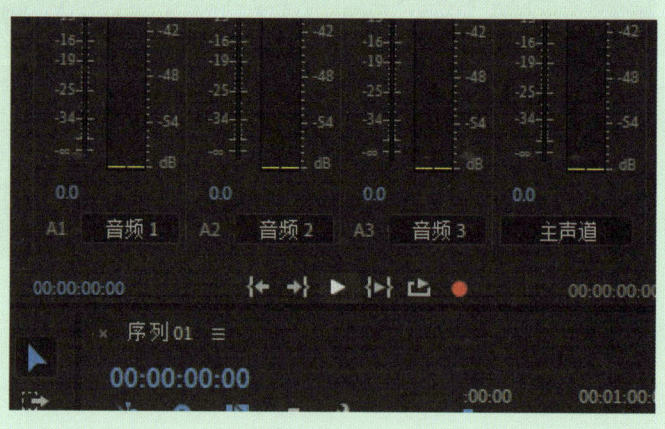

图 7-13

步骤04 停止录音

在录制好需要的语音后,再次单击"播放-停止切换"按钮,完成录音。录音完成后,可以在"项目"窗口和"时间线"窗口中看到录制的WAV格式的语音,如图7-14所示。

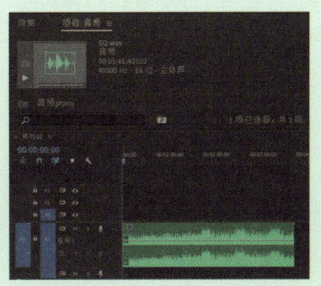

图 7-14

7.1.5 调节增益

录音完成后,一般会通过调整增益来改变声音的大小,对录制的音频进行标准化处理。设置增益要注意的是,增益设置得过低就会降低信噪比,增益设置得过高就会出现削波失真。选中录制的音频素材,选择"素材"→"音频选项"→"音频增益"菜单命令,打开"音频增益"对话框。该对话框主要有两个作用,一是可以最大幅度地调整音量,二是可以设置声音音量的强度标准化。

选中"标准化最大峰值为",单击"确定"按钮,即可完成标准化操作,如图7-15所示。

标准化前后的波形显示如图7-16所示,可以看到初始录音的音量波形并不够强,标准化以后就得到了很大的增强。标准化的操作和手动去调整最大的优势在于,标准化后音量可以达到理论允许的最大值,而不会出现超标现象。

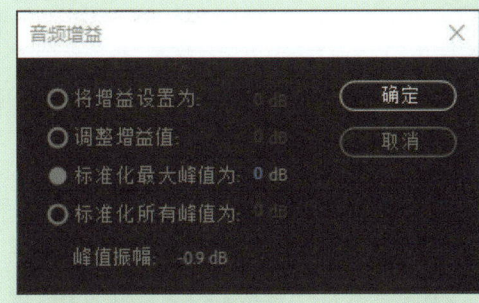

图 7-15

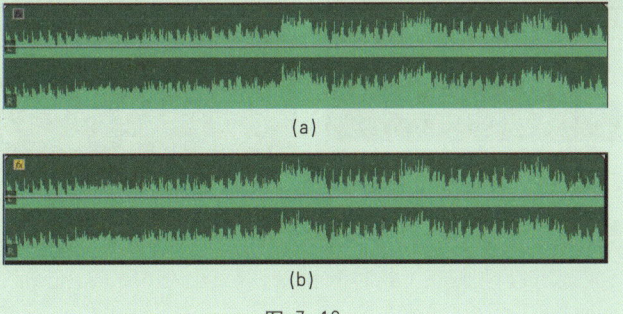

图 7-16

微课:
调节增益

7.2 调节音量

画面包括色相、饱和度和明度3个要素,声音也是类似的,频率、音色和音量就是声音的3个要素。音量比较简单,也是最常用的,因此首先需要了解音量的调节。

在上述操作中,了解了可以使用音频增益功能来调整音量,需要注意的是,音频增益直接修改的是原始波形,不适合进行反复修改。在混音过程中,一般选择其他方式来进行音量调节。

7.2.1 调节素材片段

选择音频素材中心的黄线（这条黄线代表当前素材音量，黄线位置越高，音量越强）进行上下拖动，可以直接修改音量。这是一种比较方便的操作，如图7-17所示。

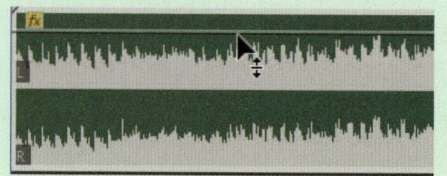

图 7-17

7.2.2 音频的淡入/淡出

很多电影、广告、纪录片和宣传片中都会应用淡入/淡出效果制作音频。淡入效果一般用于音频的开始，音频的音量随着播放逐渐增大；淡出效果一般用于段落结束或影片结束时，随着音频的结束，音量逐渐降低直至消失。

步骤01 执行"音量"命令

选中音频素材，在音频素材的fx按钮上右击，在弹出的快捷菜单中选择"音量"命令，如图7-18所示。

按住Ctrl键，再在音频的音量线上单击，音量线上会出现一个关键帧，如图7-19所示。

步骤02 设置关键帧

在素材开始位置添加一个关键帧，按住关键帧向下拖动关键帧至最低点，即可完成淡入效果。

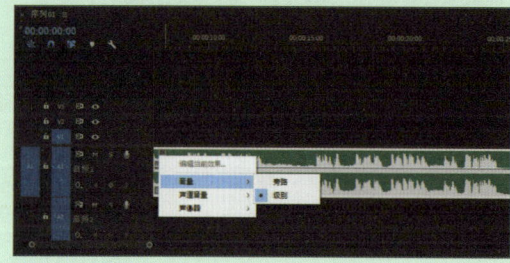

图 7-18

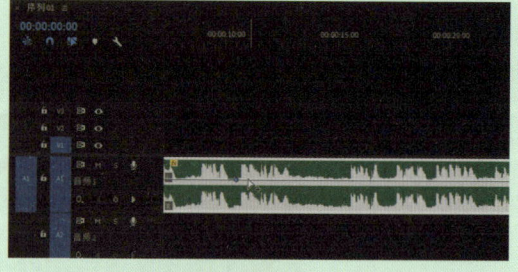

图 7-19

步骤03 完成淡入效果

按住第2个关键帧拖动可以控制淡入的时间长度，如图7-20所示。此时，按空格键播放，即可听到添加了淡入效果的音频。

步骤04 添加淡出效果

按照上述方法，为音频添加淡出效果，如图7-21所示。

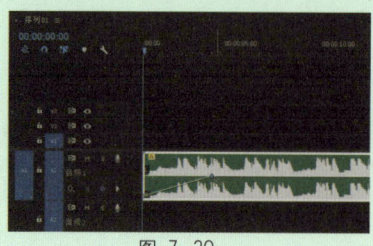

图 7-20

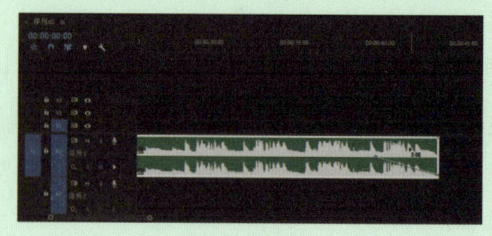

图 7-21

7.2.3 对轨道音量进行整体调整

整体调整，一般用于后期混音，如不同轨道的人声和背景音乐的混合。打开"音轨混合器"窗口，拖动轨道的音量滑块即可对轨道的音量进行调节。需要注意的是，主监视轨道顶部的音频指示不能为红色，如果出现红色则表示音量超标，会出现削波失真现象，如图7-22所示。

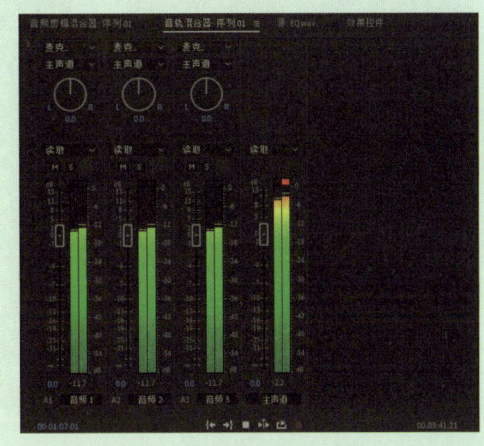

图 7-22

7.3 音频特效

在制作影片的过程中，经常需要对音频进行处理。Premiere提供了相对专业的音频编辑功能，涵盖了常用的降噪、均衡、混响、延时等音频特效。这样在编辑声音时，不需要在专业的音频软件和剪辑软件之间互相导出素材，极大地提高了编辑效率。

7.3.1 案例——为录制的语音降噪

这里说的噪声，泛指在音频录制的过程中，一切不应该存在的声音，如录音时的环境噪声、设备本身的电流声、外界的干扰声、配音者发出的杂音、静电造成的噪声、模拟信号转为数字音频后的底噪等。在为声音降噪之前，首先要明确知道声音中的噪声在哪个频率段，需要保留的声音在哪个频率段。在保证尽量不损失保留声音的情况下衰减噪声频率段的声音，以达到降噪的效果。

以下介绍使用高通/低通特效降噪。顾名思义，高通就是允许频率高于某一设置频点的声音通过，低通就是允许频率低于某一设置频点的声音通过。录音时可能由于设备、线路、环境、静电等干扰产生噪声，如果是噪声单一，集中在高频和低频，并且与需要的声音频率不冲突，可以使用高通或低通特效。如果使用不当，也很容易造成声音的失真。高通和低通的操作原理和操作方式都是一致的，下面以高通（Highpass）为例进行讲解。

步骤01 导入素材

打开"Highpass.wav"素材文件，将其导入到Premiere中，如图7-23所示。

步骤02 找到高通特效

在"效果"面板中找到"音频效果"→"高通"特效，如图7-24所示。

微课：案例——为录制的语音降噪

步骤03 添加高通特效

将"Highpass.wav"素材拖动到"时间线"窗口中，然后将"高通"特效拖动到"时间线"窗口中的"Highpass.wav"素材上，即可添加特效。在"时间线"窗口中选择该素材，在"效果控件"面板可以看到"高通"特效参数，如图7-25所示。

图 7-23

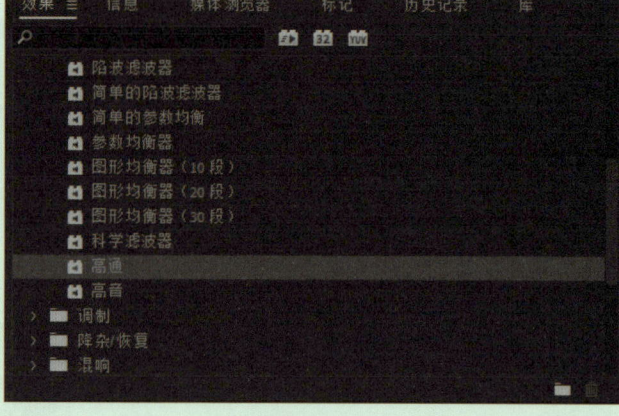
图 7-24

> **● 技巧 提示**
>
> 在Premiere中，可以为单声道、立体声和5.1声道的素材添加特效，这3种素材类型和特效必须一一对应，如立体声素材只能添加立体声特效。立体声和单声道的区别并不仅仅是有两个声道输出，真正的立体声两个声道的声音是完全不同的，就像人的耳朵可以听到声音的空间位置，这是由多种因素共同决定的。例如，声音传输到耳朵中的时间差、耳朵方向产生的遮蔽效应和身体的遮蔽效应都会对人的空间判断产生影响。所以，一般所讲的声道转换（如立体声转单声道），只有将多声道向少声道转换，才会达到相应品质的效果。

步骤04 设置高通特效

该特效名为"高通"，也称为"低切"，顾名思义是可以将低频的噪声消除掉。拖动"屏蔽度"滑块来调整切掉的低频范围，调整时要注意监听，才能找到合适的切除频点，本素材需要设置"屏蔽度"为650Hz，如图7-26所示。

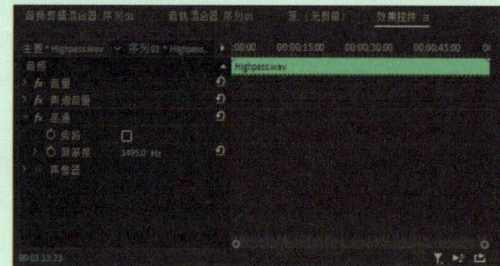
图 7-25

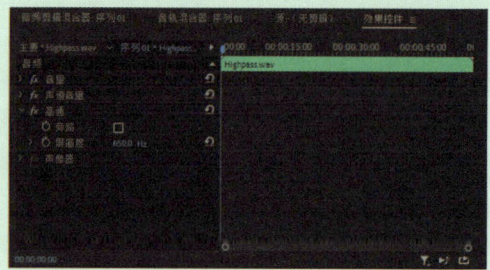
图 7-26

7.3.2 案例——使用均衡特效

要使用均衡特效，首先要明白频率和频点。

声音是由物体振动发出的，每秒振动的次数就是频率，其单位是Hz（赫兹）。要想知道哪些频率需要改进，如果不能具体说明是哪个较窄的频率段，至少要知道是哪个较宽的频率段，如高频、中频或中高频。经验丰富以后可以把频段分得更细，就可能直接说明，是多少Hz。

想要成功地调节均衡需要音频制作人员进行大量的实践并具备丰富的经验。当需要使用均衡特效突出一种声音时，要分析这种声音的频率多集中在什么频段，然后适当地升高这个频段的音量，再降低其他频段的音量。

下面是一些基本的均衡调整知识。

① 人耳的听觉范围为20Hz~20kHz。

② 人常用的语音多为500Hz~4kHz。

③ 人耳对不同频率的声音存在不同的接受特征：

● 在500Hz处对语音的接受程度较高。

● 在1kHz~2kHz处对语音的识别较敏感。

● 在4kHz时感觉较舒适。

● 超过4kHz以上的声音，如果声音小了听不清，如果声音大了容易刺耳。

下面使用均衡特效模拟广播播放效果。

步骤01 导入素材

打开本书配套资源"Chapter7\7.3\素材"文件夹中的"EQ.wav"素材文件，将其导入到Premiere的"项目"窗口中，如图7-27所示。

步骤02 找到EQ特效

在"效果"面板中找到"音频效果"→"立体声"→EQ特效，如图7-28所示。

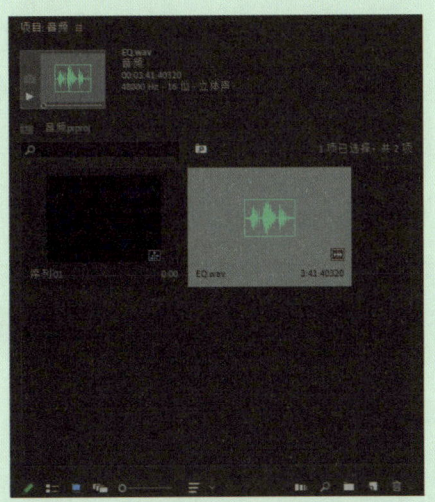

图 7-27

图 7-28

步骤03 添加EQ特效

将"EQ.wav"素材拖动到"时间线"窗口上，然后将EQ特效拖动到"时间线"窗口中的"EQ.wav"素材上，添加特效。在"时间线"窗口中选择该素材，在"剪辑效果编辑器"面板可以看到EQ的特效参数。可以看到这是一个比较复杂的特效，不仅有图形设置，还有很多参数设置。对于均衡器来说，图形设置和参数设置是联动的，或者说是两种不同的调整方式。一般选择在图形区域内调整，如图7-29所示。

步骤04 添加控制点

Premiere中的EQ特效虽然不是非常强大，只提供了5段的均衡器，但模拟一些常用的音效还是够用的。如图7-30所示，该图形在默认情况下表现为图表方式，横坐标代表声音的频率，纵坐标代表音量。因此，该特效的作用是调整某个频率段的音量。频率段的界定就是靠控制点来实现。

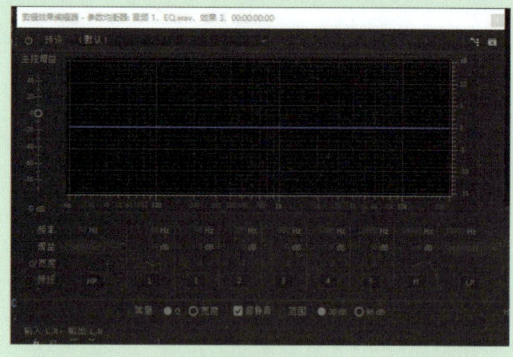

图 7-29

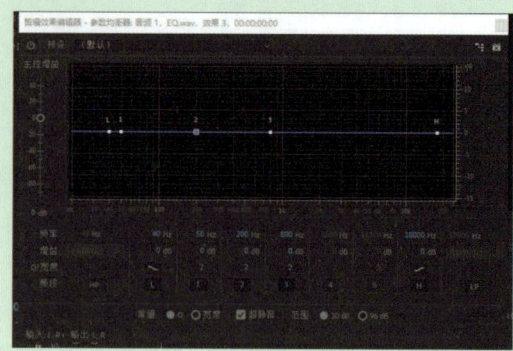

图 7-30

步骤05 设置EQ特效

调整控制点到如图7-31所示的位置，完成广播效果的制作。调整时注意监听。

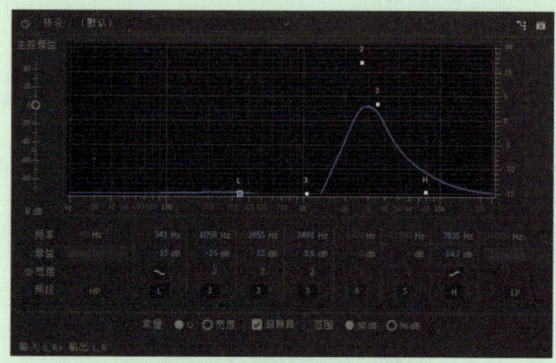

图 7-31

● 技巧 提示

在调整广播效果之前，需要掌握一些知识。图表的横坐标是人耳能听到的频率范围，人声最清晰和敏感的频率段在3kHz左右。

电话声有两个特征：第一是传输人声，第二是确保实时传输。所以模拟电话声时，均衡器的调节应满足两个条件：第一，3kHz左右的音频，应适当增强，增加语音的清晰度；第二，其余频率的声音应进行大量裁切和削弱，模拟电话线路为降低数据传输量而做的频率裁切。

下面使用均衡特效模拟超重低音音效效果。使用的MP3播放器中一般会自带均衡器调节，使用均衡器调节模拟如重低音、流行乐、爵士乐等效果。这些效果其实都是通过不同形状的均衡器来模拟的。超重低音调整的思路就是将音乐的低频部分增强。

步骤01 复位均衡器

将均衡器复位，如图7-32所示。

步骤02 添加控制点

将"低频""中频1"和"中频3"和"高频"4个控制选项激活，如图7-33所示。

图 7-32

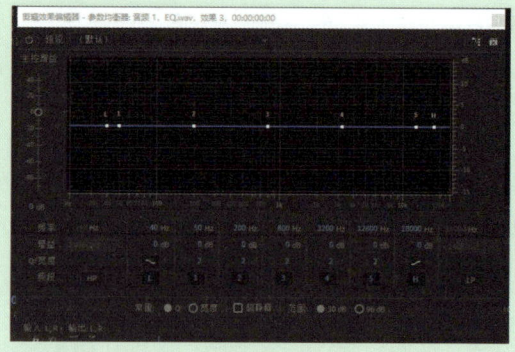

图 7-33

步骤03 设置控制点

设置控制点，如图7-34所示。至此，重低音调整完毕。

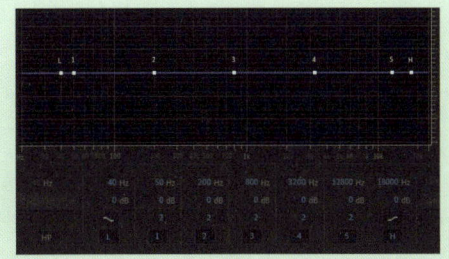

图 7-34

7.3.3 案例——使用延迟特效

延迟特效在影视作品中经常用到，其本质是在保持总音量不变的情况下，将素材复制并偏移播放时间。下面利用延迟模拟山谷中回声的效果。

步骤01 导入素材

打开"Delay.wav"素材文件，将其导入到Premiere的"项目"窗口中，如图7-35所示。

微课：案例——使用延迟特效

步骤02 找到延迟特效

在"效果"面板中找到"音频效果"→"延迟与回声"→"延迟"特效，如图7-36所示。

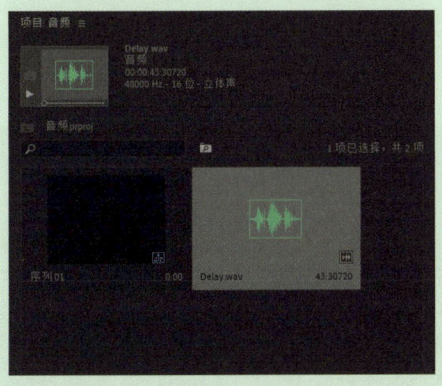

图 7-35

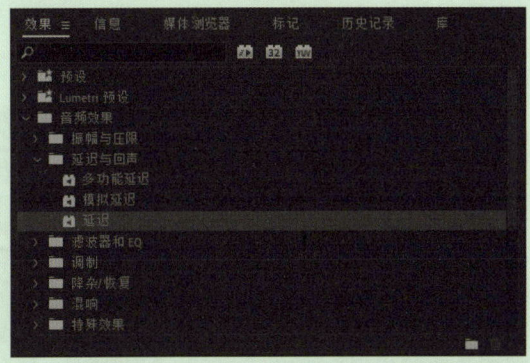

图 7-36

步骤03 添加延迟特效

将"Delay.wav"素材拖动到"时间线"窗口中，然后将"延迟"特效拖动到"时间线"窗口中的"Delay.wav"素材上，添加特效。在"时间线"窗口中选择该素材，在"效果控件"面板中可以看到"延迟"特效的参数，如图7-37所示。

步骤04 设置延迟特效

设置"延迟"值为0.5秒、"回馈"值为50%、"混合"值为30%，山谷回声效果就制作完成，如图7-38所示。

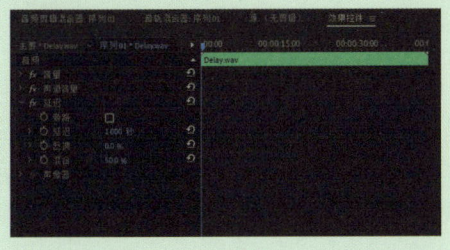

图 7-37

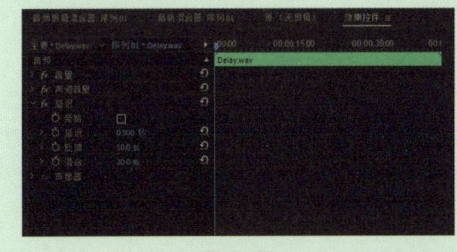

图 7-38

> **技巧 提示**
>
> 在音频编辑过程中，并没有一个固定的模式可循，调整参数时注意监听，得到合适的效果即可。"延迟"特效的参数释义如下。
> - 延迟：该参数确定回声的回馈时间。例如，默认参数为1秒，则回声会在1秒以后出现。
> - 回馈：该参数确定声音的折返程度。
> - 混合：该参数确定折返的声音和原始声音的混合强度。

7.3.4 案例——制作混响效果

混响是声音在空间中反弹产生的震荡效果。之所以一般在后期制作时才添加混响效果，而不是录音时就将混响一同录制下来，是因为混响一旦和语音同时录制，就无法再分离、清除，很难再进行调整或加工。此外，在对声音补录时，很难使环境同前期完全一致，但由于没有办法回到当初录音的地方补录，就需要模拟一个类似前期的环境声场，以满足要求。下面通过例子来模拟礼堂的空间混响效果。

微课：
案例——制作
混响效果

步骤01 导入素材

打开"Reverb.wav"素材文件，将其导入到Premiere的"项目"窗口中，如图7-39所示。

步骤02 找到"室内混响"特效

在"效果"面板中找到"音频效果"→"混响"→"室内混响"特效，如图7-40所示。

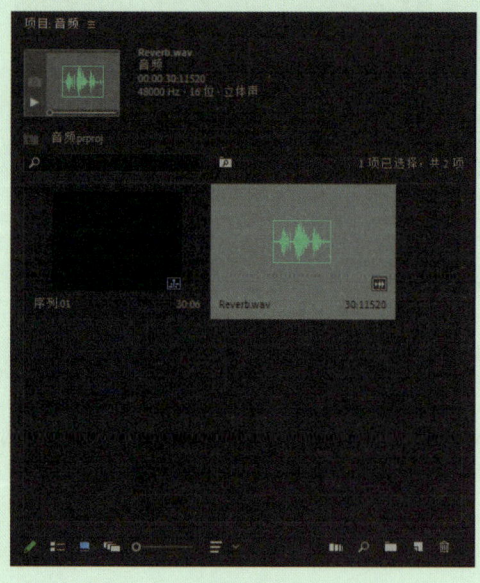

图 7-39

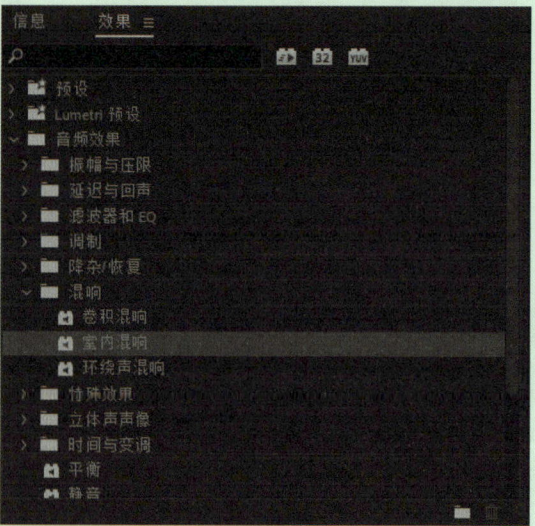

图 7-40

步骤03 添加"室内混响"特效

将"Reverb.wav"素材拖动到"时间线"窗口中，然后将"室内混响"特效拖动到"时间线"窗口中的"Reverb.wav"素材上，添加特效。在"时间线"窗口中选择该素材，在"效果控件"面板中可以看到"室内混响"特效的参数。单击"自定义设置"后的"编辑"按钮，可以看到这是一个比较复杂的特效，在其中可以调整多种不同预设文件等，如图7-41所示。

步骤04 添加"环绕声混响"特效

将"环绕声混响"特效拖动到"时间线"窗口中的"Reverb.wav"素材文件上,添加特效。在"时间线"窗口中选择该素材,在"特效控制"面板中可以看到"环绕声混响"特效的参数。单击"自定义设置"后的"编辑"按钮,将预设调整为"在教堂中",如图7-42所示。

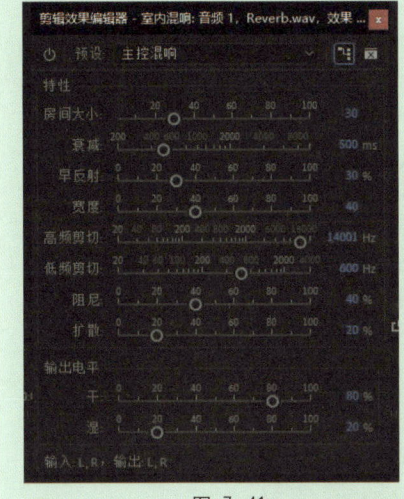

图 7-41

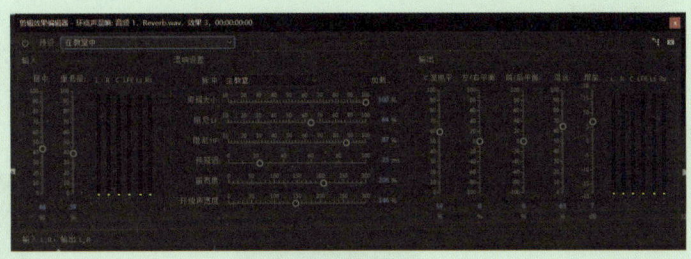

图 7-42

> **技巧 提示**
>
> 有些音频特效是有预置效果的,可以通过载入方式快捷地制作出某些常用效果。混响特效有不少预置,可以直接使用。

7.4 "基本声音"面板

为了方便快速地调节音频效果,Premiere Pro CC 2021提供了"基本声音"面板,内设了一些简单的控件。在这里可快速统一音量级别、修复声音、提高清晰度,以及添加特殊效果等,引导编辑人员完成对话、音乐、声音效果,以及环境等音频内容制作过程中的标准混合任务,从而使视频项目的音频效果达到专业音频工程师混音的效果。要启动"基本声音"面板,需要选择"窗口"→"基本声音"菜单命令。选择Premiere Pro CC 2021预设面板中的音频模式,如图7-43所示。

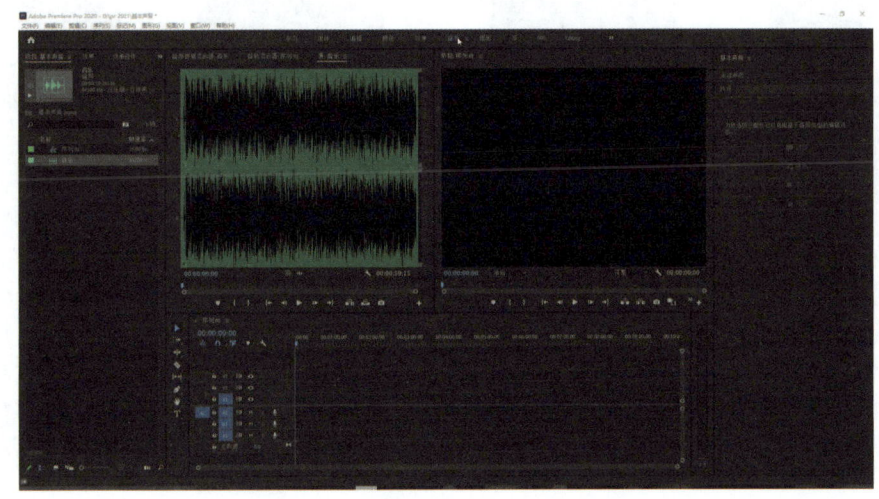

图 7-43

7.4.1 音频剪辑分类

Premiere Pro CC 2021将音频剪辑分为"对话""音乐"、SFX和"环境"四大类，还可以配置预设并将其应用于类型相同的一组剪辑或多个剪辑。下面分别讲解这4种类型的应用效果。

1. 对话

主要对人声进行设置，为制作者提供了多组参数，如将不同的音频素材统一为常见响度、降低背景噪声等。可直接应用预设效果，如图7-44所示。选择好预设效果后，"效果控件"面板会自动添加匹配效果的各项属性，如图7-45所示。

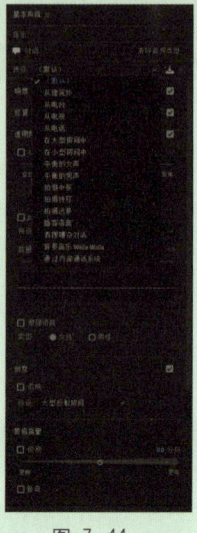
图 7-44

图 7-45

2. 音乐

主要针对背景音乐进行调节。需要先单击"清除音频类型"按钮，如图7-46所示，切换到原始界面，然后选择"音乐"选项，如图7-47所示。

音乐的预设效果设置如图7-48所示。想要手动调节音频的变速效果，可选中"持续时间"复选框，如图7-49所示。

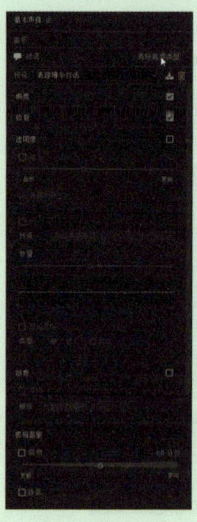
图 7-46

图 7-47

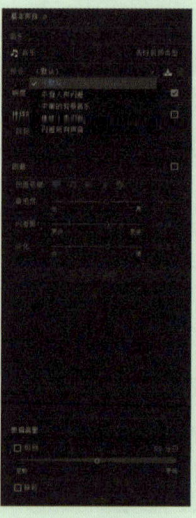
图 7-48

图 7-49

3.SFX

Premiere可以为音频创建伪声效果。SFX可帮助观众形成某些幻觉，如音乐源自工作室场地、房间环境或具有适当反射和混响的场地中的特定位置，其预设设置如图7-50所示。

4.环境

环境音的属性设置同前几种的属性设置类似，部分中和了音乐和SFX的功能，如图7-51所示。

图 7-50

图 7-51

7.4.2 "基本声音"面板的应用

1．统一音频中的响度

对话剪辑可能包含在表演期间录制的音频、在录音棚或场外录制的ADR或者画外音和旁白。虽然上述每个元素在作品中所起的作用可能不同，但用于提高清晰度的技术却十分相似。最初的目标是让所有内容具有统一的初始响度，接着要消除所有异常以凸显录制内容中的最佳元素，然后要添加一些巧妙创意，使音频与视频环境融为一体。最后，可以对特定元素进行一些细微调整，以达到突出强调的效果。

要在整个剪辑中统一响度级别，需展开"响度"并单击"自动匹配"按钮。Premiere将剪辑自动匹配到的响度级别（单位为LUFS）显示在"自动匹配"按钮下方，如图7-52所示。

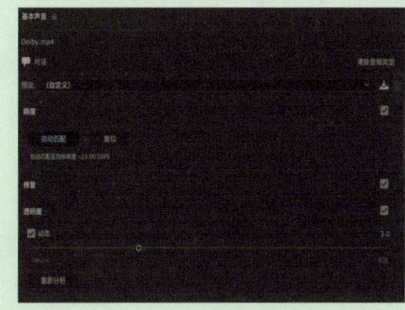

图 7-52

2．修复对话音轨

如果剪辑包含对话音频数据，则可以使用"基本声音"面板"对话"选项卡中的选项，通过降低噪音、隆隆声、嗡嗡声和齿音来修复声音，如图7-53所示。

减少杂色：降低背景中不需要的噪音的电平如工作室地板声音、麦克风背景噪声和咔嗒声。实际降噪量取决于背景噪声类型和剩余信号可接受的品质损失。

降低隆隆声：降低低于80Hz范围的超低频噪音，如轮盘式电动机或操作摄像机产生的噪音。

消除嗡嗡声：嗡嗡声这种噪音由50Hz范围（常见于欧洲、亚洲和非洲）或60Hz范围（常见于北美洲和南美洲）中的单频噪音构成。例如，由于电缆太靠近音频缆线放置而产生的电子干扰，就会形成这种噪音，可以根据剪辑选择嗡嗡声电平。

消除齿音：减少刺耳的高频嘶嘶声。例如，在麦克风和歌手的嘴巴之间因气息或空气流动而产生的嘶嘶声，从而在人声录音中形成齿音。

减少混响：可减少或去除音频录制内容中的混响。利用此选项，可对来自各种来源的原始录制内容进行处理，让它们发出的声音听起来就像是来自同样的环境。

3. 提高对话轨道的清晰度

提高序列中对话轨道的清晰度取决于各种因素。这是因为50Hz～2kHz的人声音量和频率存在许多变化，与之相随的其他轨道的内容也各不相同。

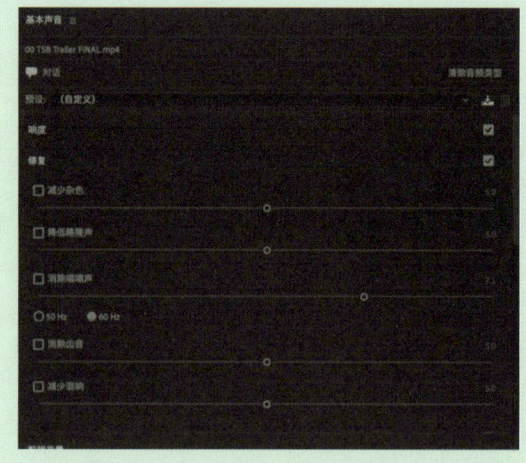

图7-53

提高对话音频清晰度的某些常用方法包括压缩或扩展录音的动态范围、调整录音的频率响应以及处理增强男声和女声，如图7-54所示。

动态：通过压缩或扩展录音的动态范围，更改录音的影响。可以将级别从自然更改为集中。音频压缩是指轻微调整响度，通常仅限于对特定音频范围进行特定比率的修改，以便让录制内容听起来更像是专业出品，更加悦耳。

EQ：降低或提高录音中的选定频率。可以从 EQ 预设列表中进行选择，这些预设可用于音频，并且使用滑块调整相应的量。要更改 EQ 预设的设置，则在"效果面板"中选择"音频效果"→"图形均衡器"，查看可在回放期间调整的图形均衡器，然后保存更改。

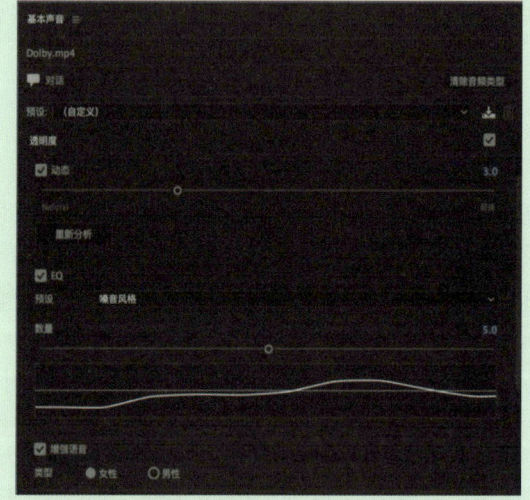

图7-54

增强语音：选择"男声"或"女声"作为对话的声音，以恰当的频率处理和增强该声音。

混响：以便让音频内容听起来就像是在房间、小巷或视频中可能出现的真实发出的声响。还提供了一些针对不同位置的预设，可以调整这些预设，以匹配项目中的气氛和环境。

7.5 知识与技能梳理

音频编辑最重要的是调节音量、录音、去除噪声、特效等几个方面的内容。音频是影视作品中不可或缺的内容，无论是人声的处理还是音乐的处理和最终的混音，都会对影片质量的提升起到决定性的影响。通过本章的学习，读者对音频编辑的流程会有一个比较清晰的认识。

- 重要工具："时间线"窗口、"调音台"面板、"效果控件"面板、"效果"面板。
- 核心技术：音量调节、混音和声音监测、录音、去噪特效、均衡特效、混响特效、延时特效、变声特效等。
- 实际运用：录音和声音处理。

7.6 课后练习

一、选择题（请扫描二维码进入即测即评）

1. "Clip（素材）"→"Audio Option（音频选项）"→"Audio Gain（音频增益）"命令的主要作用是（　　）。

7.6课后练习

 A. 可以大幅度调整音量或设置音量的强度标准化 B. 可以选择不同的声音文件

 C. 可以设置声音的淡入/淡出效果 D. 可以设置声音的快放和慢放

2. 人的语音大概处于（　　）频率范围。

 A. 0~20Hz B. 20~100Hz

 C. 200~5000Hz D. 5000~20000Hz

二、简答题

1. 在Premiere中主要有几种方式调整音量？这些方式各有什么特点？

2. 在使用均衡器模拟电话声时，应该提升哪段频率的声音？为什么？

Chapter 8

设计电子相册

电子相册制作是剪辑软件比较擅长的领域。Premiere提供了丰富的特效，可以让电子相册的动画效果更加精彩。当然，特效的作用主要是锦上添花，电子相册并不是靠复杂的特效取胜，而是通过简洁的版式及丰富的图片动画效果来表现。本章是一个较大的案例，对整个电子相册制作流程进行了比较详细的梳理。

	知识点　　　　　　学习目标	了解	掌握	应用	重点知识
学习要求	电子相册的基础知识		🚩		
	电子相册制作流程		🚩		
	导入PSD文件			🚩	
	投影等特效的添加和使用			🚩	
	关键帧动画				🚩
	转场的制作			🚩	
	文字的作用	🚩			
	图片的组合		🚩		

能力与素质目标

8.1 电子相册的基础知识

电子相册是指可以在计算机上观赏的区别于CD/VCD的静止图片的特殊文档，其内容不局限于摄影照片，也可以包括各种艺术创作图片。

微课：
电子相册的
基础知识

8.1.1 电子相册

电子相册分为两种：一种是软件类型的电子相册，另一种是硬件类型的电子相册。

软件类型的电子相册指的是使用各种专业软件将数字化的图片转化为动态视频或为多幅照片添加动态、声音、文字等修饰效果的特殊文档。通过电子相册制作软件，可以将照片以更生动、更多姿多彩的形式展现。电子相册具有传统相册无法比拟的优势，如图、文、声、像并茂的表现手法，随意修改编辑的功能，快速的检索方式，永不褪色的恒久保存特性，以及低廉的复制分发的优越手段。

硬件类型的电子相册指的是能够不借助计算机可以在LCD液晶面板上显示数码照片的电子产品。这种电子产品能够将照片显示到电视机上，还可连接U盘、SD卡、MMC卡。除播放图片外，还可播放MP3、内置左右双喇叭、边播放图片边听MP3，在手机上看AVI格式、DAT格式、MPEG格式或MPG格式的电影（VCD文件）、VOB格式的电影（DVD文件）（其他不支持的格式可以通过软件转换），输出音频、视频到电视机或音响，制作这种电子相册的产品称为电子相框。某些高级电子相框可以通过Internet从RSS、照片共享网站甚至电子邮件中下载图片。这些型号通常也支持无线传输（如IEEE 802.11协议簇），大部分电子相框可以像幻灯片一样按可调整的时间间隔显示图片。一些相框还可以播放MP3音乐或者用相机拍摄的视频片断，如MPEG文件。

8.1.2 制作电子相册的相关软件

目前，国内外电子相册种类繁多，不同软件制作出的电子相册都会有所不同。随着数码相机在家庭中越来越普及，人们可以更方便地拍摄照片且不需要冲印这些照片，而是选择将其保存在计算机或光盘中，电子相册制作软件就在这一过程中发挥了非常重要的作用。通过电子相册制作软件，可以更方便地将照片以整体形式分发给亲朋好友，刻录在光盘上保存，或在影碟机上播放。

数码大师：数码大师是国内发展最久、功能最强大的优秀多媒体电子相册制作软件，软件具有数码相册制作、礼品包相册制作、视频影像文件导出、网页数码相册制作及多媒体锁屏相册制作这五大相册功能。

COOZINE（XBOOKSKY）：COOZINE 基于 Flash 技术，是实现在线和离线电子相册、电子图书的核心，它应用在需要从PDF文件或JPEG文件源制作的电子杂志的情况，它同时提供一些协助处理工具软件，方便批量处理，且帮助文档较详细，还提供了演示下载包，稍作修改即可。COOZINE与目前的几类电子杂志软件不同，它把阅读及低成本批量制作作为首要追求目标。每一本COOZINE电子杂志(电子图书)由 COOZINE、JPEG 图片和 XML 文件 3 部分组成。

Portable Scribus：Portable Scribus是一款类似Adobe Pagemaker的开源电子相册制作软件，可以用来制作个人文件、邮件列表、电子杂志类型的电子文档。它的体积很小，可以存在U盘中，只需插入相应的计算机中就可以使用。

Windows Movie Maker：Windows Movie Maker是普通计算机中最常见的可制作电子相册的软件，它是Windows系统自带的视频制作软件。在软件中添加图片后，将图片拖到时间线上，即可将添加的图片生成WMV视频。作为Windows系统自带的软件，这款软件具有广泛的传播性，直接使用就可以将相片简单地制作为视频。但由于软件功能繁多，在制作电子相册上效果单一，没有转场特效，也没有其他注释功能，适用于对相册效果没有太多要求的制作者。

Premiere：Premiere是一款专业级具有高级编辑功能的电子相册制作软件，对于专业用户，它可以通过不断增加插件，制作出绚丽的相册。但由于面向专业用户，软件的操作十分复杂，上手时间较长，非专业用户使用有一定的难度。

8.1.3 电子相册的特色

电子相册除了以视频形式表现，还可以通过多种形式、多种格式来展现，如用计算机边浏览边交互、用网络交互方式查看、用视频方式观看等。

制作电子相册首先要获得数字化的图片，即图片文件。用数码相机拍摄，可以直接得到电子图片文件。也可以使用普通相机拍摄，通过扫描仪得到图片文件。如果是游戏画面或VCD/DVD画面，可采用屏幕复制或功能更强的截屏软件获得图片。

其次，要对图片进行加工处理，专业人士可以使用专业级的软件（如Photoshop等），实现更加精美的相册制作。

最后，使用电子相册制作软件将处理后的图片制作成电子相册，就可以进行观看。

8.2 电子相册经典案例欣赏

Chapter 8 设计电子相册

8.3 设计电子相册

实践●提高

●难易程度 ★★★

▶项目创设

电子相册可以将一些具有纪念意义的照片进行收藏，并以相册的方式进行保存和查看，使其更加具有纪念意义和收藏价值。

▶制作思路

首先导入图片文件以及动态素材，接着添加转场特效，制作关键帧动画，再使用花纹辅助转场效果。

素材文件：本书配套资源\素材与源文件\Chapter8\8.3\素材

案例制作步骤

01 创建新项目

打开Premiere，单击"新建项目"按钮，创建一个项目文件，如图8-1所示。

微课：
制作电子相册（1）

02 为项目命名

在打开的"新建项目"对话框中，设置"位置"与"名称"，如图8-2所示。

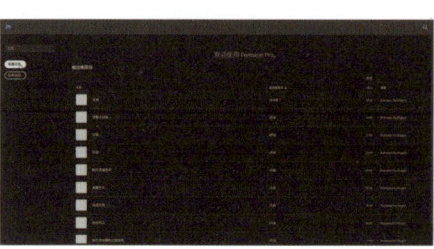

图 8-1

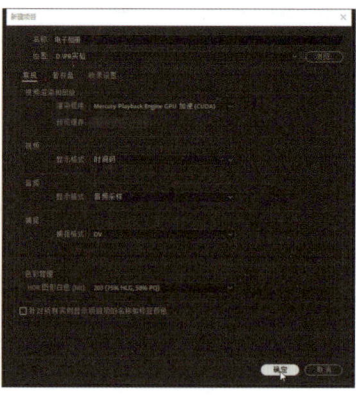

图 8-2

行业知识

电子相册的优越性

所谓电子相册，就是把现有的照片（包括彩色照片、黑白照片及胶卷）或数码相机拍摄的照片文件，通过专业软件加上前景、背景、音乐和动感视频素材等，然后利用影视特技及转场的效果制作成视频文件或是以VCD、SVCD、DVD等格式刻录到光盘中，在影碟机上动态播放，这不仅是一种可长期保存照片的方式，同时照片也从静态、无声、呆板、不宜展示的纸介质的存储方式变为生动的多媒体存储方式。

在数字化时代的背景下，制作电子相册首先要获得数字化的图片，即图片文件；其次对图片进行加工处理，使用相关的软件对图片做必要的修整编辑和效果装饰，以便得到更具专业设计水平

03 选择和导入素材

选择"文件"→"导入"菜单命令或按快捷键Ctrl+I导入所需的素材文件，如图8-3所示。在"项目"窗口中单击 按钮或在"项目"窗口中右击鼠标，在弹出的快捷键菜单中选择"新建文件夹"命令，创建两个文件夹，分别命名为"照片"和"装饰"，然后将素材分类拖到两个文件夹中，如图8-4所示。

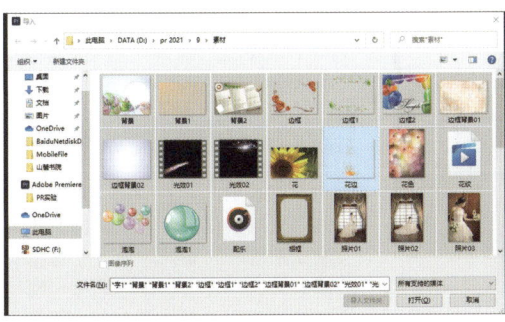
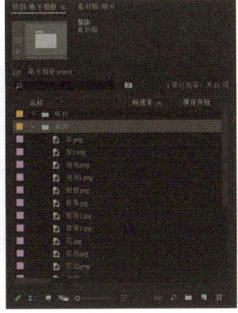

图 8-3　　　　　　　　图 8-4

04 拖曳素材文件

将"项目"窗口中的"背景.jpg"和"泡泡.png"素材文件拖到V1和V2轨道上，并设置结束时间为第4秒14帧的位置，如图8-5所示。

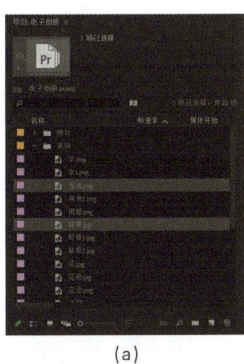
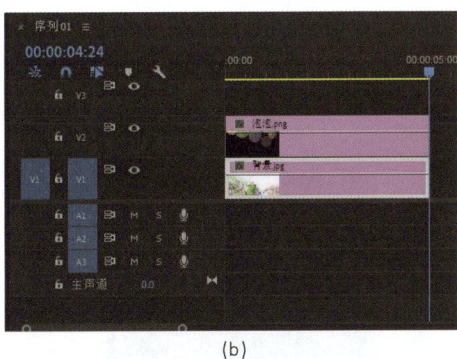

(a)　　　　　　　　　(b)

图 8-5

05 设置效果控件

选择V2轨道上的"泡泡.png"素材文件，然后设置"缩放"为111，接着将时间线拖到起始帧的位置，单击"位置"前面的按钮，开启自动关键帧，并设置"位置"为（360，-188），最后将时间线拖到第3秒的位置，设置"位置"为（360,911），如图8-6所示。

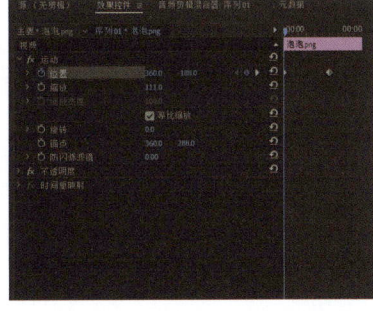

图 8-6

的图片，同时图片的存放及浏览工具也不容忽视；最后将制作好的文件复制、刻录到软盘或光盘中，就可以得到精美的个人电子相册。在制作过程中，运用图、文、声、像并茂的表现手法，以随意修改编辑的功能、快速的检索方式、永不褪色的恒久保存特性，以及低廉复制分发的优越手段，打破了传统相册的存储方式，具有无可比拟的优越性。它能让传统相册变得井然有序，既不会占据大量的空间，还能配上动听的背景音乐和炫丽的转换效果，随意在计算机、电视上播放，让人们的记忆流动起来。

电子相册与传统纸质照片相比，一方面具有传统照片无可比拟的优越性，另一方面弥补了传统纸质照片的不足，将数字化进一步深入到人们的生活中。它与传统纸质照片相比具有以下优点。

1. 易于保存

传统纸质照片的个体数量多，时间长了会自然褪色、发黄，甚至是发霉，电子相册则不存在这些问题，可以保存数百年之久。

2. 易于复制

传统纸质照片的底片一旦遗失就很难复制，电子相册则不同，它易于复制，并可以再进行数码晒像。

3. 易于展示

电子相册携带方便，人们可以在计算机及影碟机上播放，不但可以"独乐乐"，而且可以与亲朋好友一起"众乐乐"。

4. 更具娱乐性

不同的照片，不同的美化效果，不同的特技变换、转场，不同的音乐，更加充分体现了个人特色，可以得到多重享受，符合现代人个性化的追求。

创建字幕。选择"文件"→"新建"→"字幕"菜单命令，并在打开的对话框中设置"名称"为"字幕01"，单击"确定"按钮，如图8-7所示。

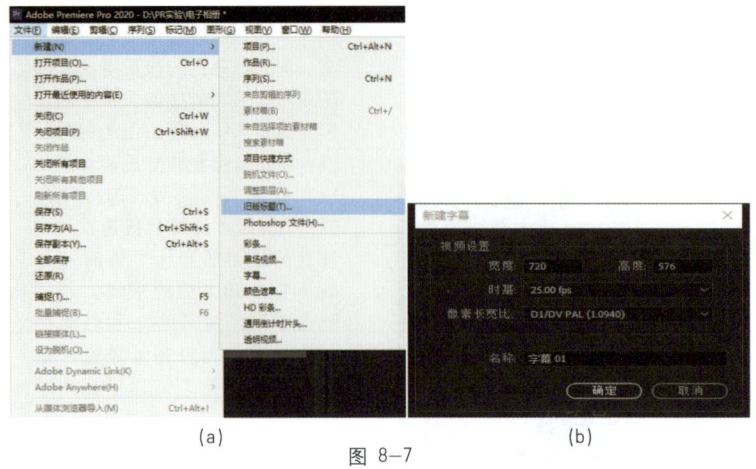

图 8-7

06 设计字幕

在"字幕"面板中单击"文字工具"按钮，然后输入文字"Eternal moment永恒一瞬"，并设置"字体"为DFkai-SB；接着选择Eternal moment文字，设置"字体大小"为45；再选择"永恒一瞬"文字，设立"字体大小"为70；设置"填充类型"为"线型渐变"、"颜色"为蓝色（R：178，G：215，B：241）和粉色（R：213，G：147，B：229），如图8-8所示。

图 8-8

07 拖曳素材

新建"字幕"文件夹，然后将"字幕01"拖到文件夹中，接着将"字幕01"拖到V3轨道上，并与下面素材文件对齐，如图8-9所示。

5.更具观赏性

将自己的照片制作成卡拉OK、个人MTV，满足自己成为明星的愿望。

6.更具时尚性

随着计算机的普及，数字化生活一步步向人们靠近，照片数字化正成为一种必然的趋势。

设计师经验
相册设计中的色彩

数码后期设计制作的主要构成要素就是色彩，有光的地方就有色彩的存在。人们所设计的每一幅作品，能让人第一印象产生美感的就是色彩，所以色彩是设计的重中之重。

色彩作为一门专业的学科博大精深，千变万化的色彩元素构成了人们生活的全部内容。为了能让后期美工尽可能迅速地使用好它的合理搭配，这里总结了一些规律。

1.单色配色

使用一种色彩的明暗色来进行搭配。很多后期美工缺少色彩基础知识，但由于工作需要，又必须完成影楼所交待的设计工作任务。因此，这里采用一种非常保守的方法，即使用一种色彩进行配色。所谓的单色配色，就是利用一种色彩的明暗来进行搭配。使用一种色彩的明暗进行配色，在大多数情况下不会出现让人失望的效果，而且会使画面更有统一感、整体感和协调感。

2.版面的色彩

一个设计版面会存在很多种色彩，为了再次加强统一感、整体感和协调感，不能在同一版面中使用太多的色调。而只使用3种色调就基本能满足需要，即主色调、次色调、点缀色，有时点缀色可以再多几种。

Chapter 8 设计电子相册

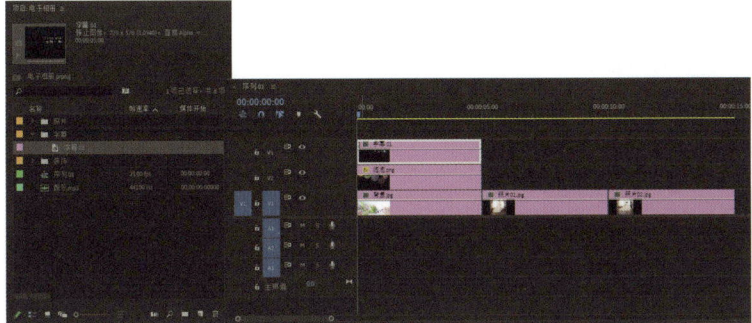

图 8-9

08 设置字幕效果

选择V3轨道上的"字幕01",然后将时间线拖到第24帧的位置,单击"位置"前面的按钮,开启自动关键帧,并设置"位置"为(360,-188),最后将时间线拖到第2秒06帧的位置,设置"位置"为(360,280),如图8-10所示。此时效果如图8-11所示。

微课:制作电子相册(2)

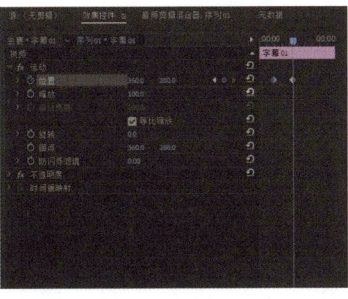

图 8-10

图 8-11

09 拖曳素材

将"项目"窗口中的"照片01.jpg"和"照片02.jpg"素材文件拖到V1轨道上,并设置结束时间为第10秒18帧的位置。接着右击鼠标,在弹出的快捷菜单中选择"缩放为帧大小"命令,如图8-12和图8-13所示。

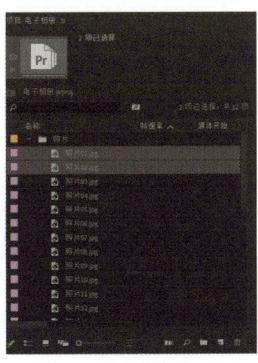

图 8-12

3.色调

色调的确定来自于数码照片本身。特别是版面主色调的确定,通常来自数码原始照片中人物的衣服或者背景,以及某一个有特色的东西。只要所选取的主色调能充分表达这张数码原始照片的主题,就可以确定使用它。

设计师经验
背景的处理

背景色就是版面的主色调,所以选取什么样的色彩来处理背景非常重要。背景的表现手法有以下几种。

1.单一色背景

不建议单一色背景,特别是在对婚纱照片进行设计时,这种背景给显得呆板,不具有空间感,不够灵活。

2.渐变式背景

渐变式背景的表现形式能让整个版面显得清爽简洁,增强了版面的空间感和变化。通常方法是在背景上用Photoshop的渐变工具进行渐变处理,这种处理可以是多样性的,可以灵活运用。有一点需要注意,就是在任何渐变的使用中,要同时考虑版面的构图问题,要懂得首尾呼应、轻重得当。

3.对比式背景

对比式背景个性时尚、棱角分明,如果与渐变式背景处理方法结合使用,有时会有意想不到的效果。所谓对比式背景,实际上是用一些色块来表现背景。

4.添加背景素材

数码原始照片本身所具有的风格才是最重要的,任何背景素材的使用都是为了衬托主体(人物)。

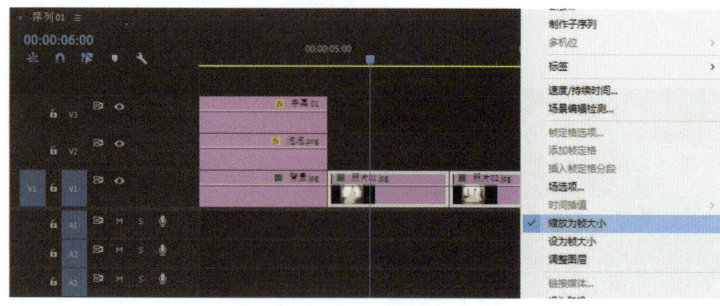

图 8-13

10 设置照片效果控件

选择V1轨道上的"照片01.jpg"素材文件,然后设置"缩放"为207、"位置"为(360,130),如图8-14所示,此时效果如图8-15所示。

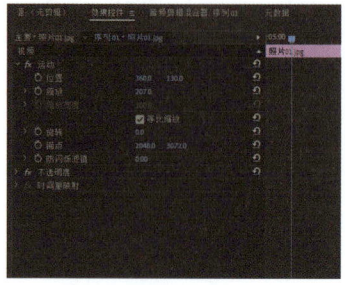

图 8-14

图 8-15

选择V1轨道上的"照片02.jpg"素材文件,然后设置"缩放"为207,位置为(360,119)如图8-16所示。此时效果如图8-17所示。

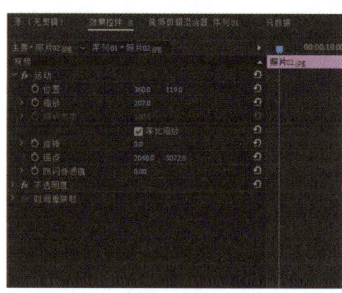

图 8-16

图 8-17

11 添加胶片溶解效果

在"效果"窗口中搜索"胶片溶解"效果,然后按住鼠标左键将其拖到"照片01.jpg"和"照片02.jpg"素材文件中间,如图8-18所示。

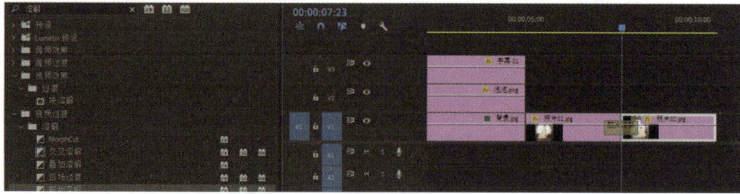

图 8-18

基于这一点,只需将一张要使用的背景素材处理成需要的背景即可。背景素材的合适与否不在于这张背景素材本身的内容,而在于它被处理后的效果。通常来说,背景在版面中是主体的衬托者,在任何时候都不建议它太过抢眼,多数时候以虚景的方式来表现会更保守一些,除非对背景的处理能够得心应手。除了要以虚的形式来表现背景以外,还要注意对背景的美化。如果数码原始照片中的人物是一朵红花,那么就需要好的绿叶来配。否则,照片拍得再好,也有可能被有缺陷的背景所破坏。

一些专家对画面的构图进行过详细的分析,并具体到构图的分类,如对比式构图可以分成面积对比、疏密空白对比、大小对比、动静对比、冷暖对比、虚实对比、明暗对比和补色对比等。

还有人给构图定了三大原则:平衡构图、简洁构图及多元构图。构图不应被某种框架所束缚,在任何有关构图的理论中,有一个主题非常重要,即平衡。只要在二维平面上达到画面组成各元素之间的平衡,什么构图都是科学的。

平衡让人产生心理协调感,和谐就是美。平衡的构成要素——重心点,其实就是整个版面的支点,它并不要求在整个版面的中心位置,而且支点的存在是不可见的,它和下面谈到的杠杆作用相互作用才会发生效应。没有这个重心点,也就不存在杠杆作用。杠杆作用在平面设计构图上至关重要,如果在设计时不能考虑到这一点,作品很可能是失败的。

假如需要对3张数码照片进行排版,通常情况下,3张照片大小都

12 拖曳素材

将"项目"窗口中的"字.png"素材文件拖到V2轨道上，并设置结束时间为第7秒15帧的位置，如图8-19所示。

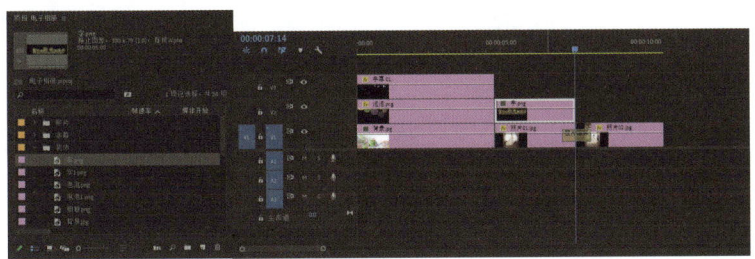

图 8-19

13 设置素材效果控件

选择V2轨道上的"字.png"素材文件然后设置"缩放"为187，位置为（324，501）；接着将时间线拖到第5秒04帧的位置，并设置"不透明度"为0%，最后将时间线拖到第5秒12帧的位置，设置"不透明度"为100%，如图8-20所示。

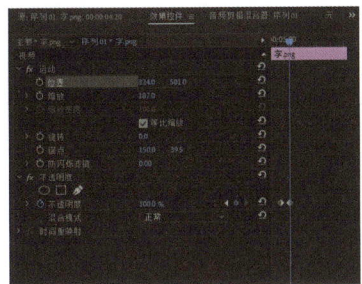

图 8-20

将时间线拖到第7秒08帧的位置，设置"不透明度"为100%，接着将时间线拖到第7秒12帧的位置，设置"不透明度"为0%，如图8-21所示。此时效果如图8-22所示。

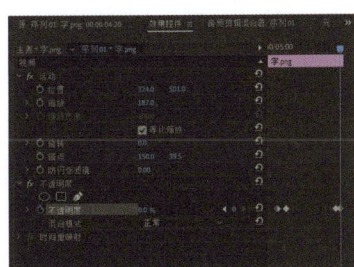

图 8-21

图 8-22

14 拖曳素材

将"项目"窗口中的"泡泡.png"素材文件拖到V4轨道上，并设置起始时间为第4秒06帧的位置、结束时间为第5秒06帧的位置，如图8-23所示。

是一样的，不然会显得很呆板。而3张不同大小的照片组合排放，也不可能是在一条平行线上（不然会显得太工整），一定是不规则地排放，并加入文字及其他设计元素。在排版过程中，如果把它们当成天平上的物体，是不是在天平的两端都要放上一样的重量？问题是不可能所有物体在天平两端的重量都正好是一样的，这样会导致天平两端发生倾斜。倾斜了就能平衡，这就是杠杆作用。也就是说，当人们在版面上排放照片时，可以按照这种思路去做，把3张照片在版面中按一种倾斜的角度去排放，从而得到一种平衡，只要做到这一点，如何构图的问题就迎刃而解。文字及设计元素也有一定的作用。只是在影楼商业化的数码设计中，面对大量的照片处理，对于文字本身所表达的内容已经不是很重要，只要能够表达诗意、浪漫、美好和祝福的意思即可。当然，这也需要配合版面的内容才比较恰当。

设计师经验
文字的作用

1.点缀作用

文字和设计元素毕竟不是版面的主体，但是它们可以起到美化画面的作用。没有了它们，设计的版面有可能会显得单调而缺少灵活性。就像人们做菜炒肉时会放一些有颜色的其他蔬菜和佐料，这样不仅可以让菜看看上去更美观，引起人的食欲，还可以增加菜肴的香味。文字和设计元素在具体使用时手法要流畅且灵动，并且和整体版面要浑然一体、运用得当，从而起到画龙点睛的作用。

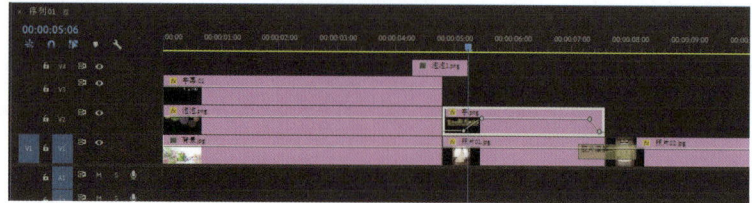

图 8-23

15 设置素材效果控件

选择V4轨道上的"泡泡.png"素材文件,并设置"缩放"为182。然后将时间线拖到第4秒06帧的位置,设置"不透明度"为0%;接着将时间线拖到第4秒13帧的位置,设置"不透明度"为90%;继续将时间线拖到第4秒23帧的位置,设置"不透明度"为58%;最后将时间线拖到第5秒05帧的位置,设置"不透明度"为0%,如图8-24所示。此时效果效果如图8-25所示。

微课:制作电子相册(3)

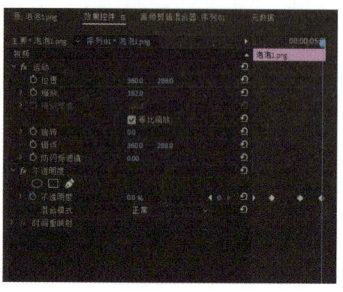

图 8-24

图 8-25

16 拖曳素材

将"项目"窗口中的"边框背景01.jpg""照片03.jpg"和"相框.png"素材文件分别拖到V1、V2和V3轨道上,并设置结束时间为第18秒11帧的位置,接着单击鼠标右键,在弹出的快捷菜单中选择"缩放为帧大小"命令,如图8-26所示。

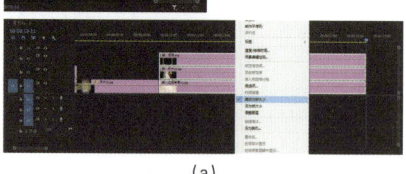

(a)　　　　　　　(b)

图 8-26

17 设置素材效果控件

选择V1轨道上的"边框背景01.jpg"素材文件,然后设置"缩放"为107,如图8-27所示。此时效果如图8-28所示。

2.构图作用

文字及设计元素的构图在整个设计版面过程中起到的是一种辅助作用。辅助构图即在设计构图时仅仅用主体(也就是数码照片中的人物)无法达到平衡构图要求时,可以利用文字及设计元素来达到目的。

3.关联作用

在设计版面时,人物和人物之间往往缺少一种关联,使画面显得过于松散,这样很容易造成版面杂乱无章而没有整体性。遇到这种情况,文字及设计元素就能起到一个很好的作用,将人物和人物之间很好地关联起来。

设计师经验
照片修饰

拿到照片后不知如何创意,可遵循以下制作设计的一般步骤:先期调色→修片→按需要建立新画布→确定主色调→背景处理→人物排放→文字及设计元素的补充→整体色调调整→输出处理→保存。

快速入手制作设计步骤如下。

①之所以要"先期"调色,其原因是刚打开一张原始图片时,并没有确定它的最终效果是怎样的色调。只有整个版面已经定局,才会再一次进行整体色彩调合的调整。从这个意义上来说,"先期"调色主要是通过对原始照片的提亮和提高反差来得到相对正常的灰阶度和相对正常的人物肤色的。

有的人喜欢修好片再进行调色,这种做法理论上是行得通的,但是在实际操作中,由于未调好色的片子灰阶通常处于一种狭窄的状态,通俗地说,即高光不足并且暗部也不够。在这种情况下,人的眼睛无法预知已修片在调色后是否能满足要求。而更多情况下,没有经过调色的已修片在进行调色后,会发现原来的层次感已经发生变化,无法恢复,除非

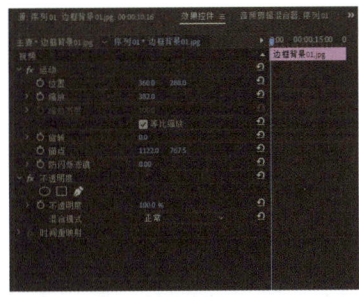 

图 8-27　　　　　　　　　图 8-28

选择V3轨道上的"相框.png"素材文件，然后取消选中"等比缩放"复选框，设置"缩放高度"为54、"缩放宽度"为46；接着将时间线拖到第10秒18帧的位置，设置"不透明度"为0%；最后将时间线拖到地11秒10帧的位置，设置"不透明度"为100%，如图8-29所示。

将时间线拖到第13秒的位置，设置"不透明度"为100%；接着将时间线拖到第13秒15帧的位置，设置"不透明度"为0%；继续将时间线拖到第17秒05帧的位置，设置"不透明度"为100%；最后将时间线拖到第17秒14帧的位置，设置"不透明度"为0%，如图8-30所示。

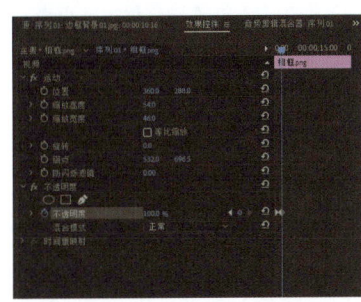 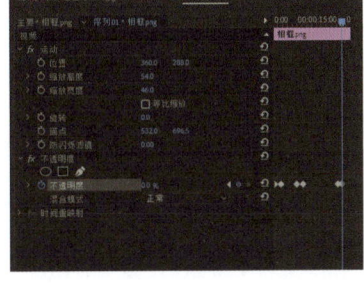

图 8-29　　　　　　　　　图 8-30

选择V2轨道上的"照片03.jpg"素材文件，然后设置"缩放"为49、"位置"为（205，286）。接着将"相框"素材文件的"不透明度"动画关键帧复制到"照片03.jpg"素材文件上，如图8-31所示，此时效果如图8-32所示。

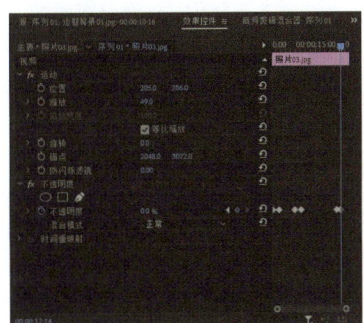 

图 8-31　　　　　　　　　图 8-32

有一整套非常规范而复杂的专业修片程序，不过针对影楼这样的实体而言，就显得有点不太现实。

②修片时的一个重点是快速进行磨皮处理。传统修片手法主要是通过Photoshop的修复工具或者印章工具来进行不断地复制和覆盖，以弥补照片中的缺陷。这一方法对于每天需要修复几百张甚至上千张数码照片的工作者来说，无疑是残酷的。所以现在采用以历史画笔为主，修复工具或者印章工具为辅的修片方式，这会大大减轻负担，并且可以最大限度地保证原始照片中人物主体的明暗关系不被破坏。在这里要注意以下几点。

使用历史画笔时，一定要确保人物的边缘轮廓不被破坏。

在使用历史画笔之前，对高斯模糊，分寸把握是一个关键，高斯模糊的数值大小直接影响人物皮肤质感的光滑程度及真实感。以实际操作时感觉人物皮肤是否已模糊平滑为准，但不能模糊太大，否实会使明暗层次发生损失。

运用历史画笔进行修片工作也有一定的缺点，它主要是以牺牲皮肤真实质感为代价。不过，影楼照片的产品质量要求和人们通常的艺术表现要求有所不同，影楼所面对的是普通顾客，而大多数顾客对婚纱照的要求只是停留在要求皮肤亮白光滑的层面上，有的甚至对皮肤质感很强的好作品持有异议，这也是中国顾客的一种审美特色。

③按需要建立新画布这一步比较容易理解。创建新画布除了要保证尺寸及分辨率正确之外，还可以在画布的中间用蓝色辅助线把中缝确定下来，以免在设计时把人物误放在中缝线上引起返工。

以此类推，制作出"照片04.jpg""照片05.jpg"和"相框.png"的动画效果，并设置起始时间为第13秒01帧和第15秒08帧的位置，如图8-33所示。

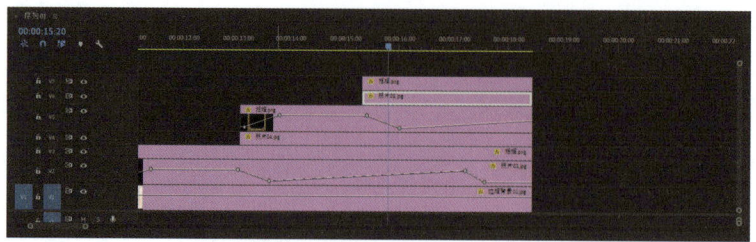

图 8-33

18 拖曳素材

将"项目"窗口中的"边框.png"素材文件拖到V8轨道上，并与V1轨道上的"照片03.jpg"对齐，如图8-34所示。

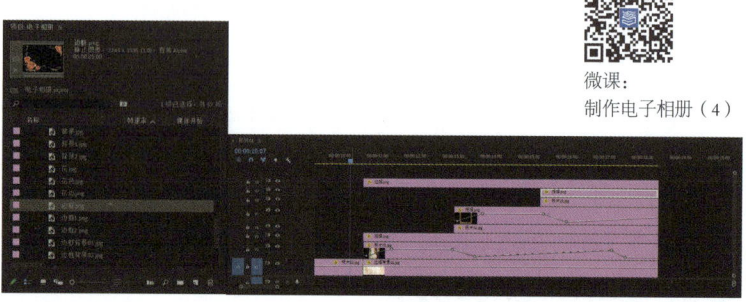

微课：
制作电子相册（4）

图 8-34

19 设置素材效果控件

选择V8轨道上的"边框.png"素材文件，然后设置"缩放"为37，如图8-35所示。此时效果如图8-36所示。

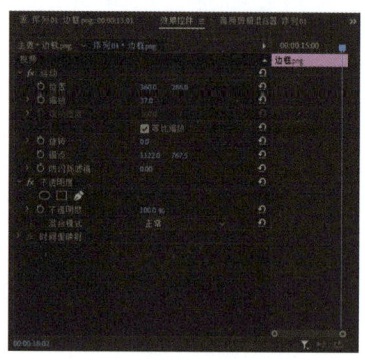

图 8-35

图 8-36

在"效果"面板中搜索"渐隐为黑色"效果，然后按住鼠标左键将其拖到V8轨道上的"边框.png"素材文件上，如图8-37所示。

④确定主色调。

⑤背景处理的最终效果在整个版面中作用很大，它是人物主体的一个重要衬托者，版面设计是否能将创意主题表达出来，背景非常关键。只要背景处理得当，后面人物的排放构图就简单了。在处理背景时要考虑需要排放的照片特点，如特写镜头和全身拍摄在背景处理上会有所不同，充分考虑这些照片的特点来进行背景处理，会为后面的构图起到事半功倍的作用。

⑥人物排放是构图的一个主要部分。这里提供一个构图口诀：有大有小、有前有后、有虚有实、有浓有淡、有上有下、有主有次，主要就是针对人物排放的。

事实上，人物的构图并不是一个简单的排放拼接，还必须考虑到排放过程中如何与背景及整个画面融为一体，这也是大多数数码后期工作者在工作过程中缺少考虑的一个方面，是导致版面设计不知所谓的"头号凶手"，人物与画面的融合首先来自于对照片的认识程度（这里以前所培养的审美理念会起到很大的作用），一旦在设计过程中抓住了一种感觉，就要想尽办法运用各种技巧来加强它。

有了感觉就会有灵感，灵感来自哪里呢？有经验的设计师可能一见到照片就会产生好几个方案。更具有挑战性的是，也许在设计排放之前并没有任何灵感，而在设计过程中，一个背景明暗过渡的路径方向、一个图层的合成模式或者某一张照片恰到好处的位置，都可能让设计师在刹那间找到一种感觉，这也是设计给人们所带来的乐趣。

Chapter 8 设计电子相册

图 8-37

将"项目"窗口中的"光效01.avi"素材文件拖到V9轨道上,并设置起始时间为第9秒01帧的位置、结束时间为第12秒01帧的位置,如图8-38所示。

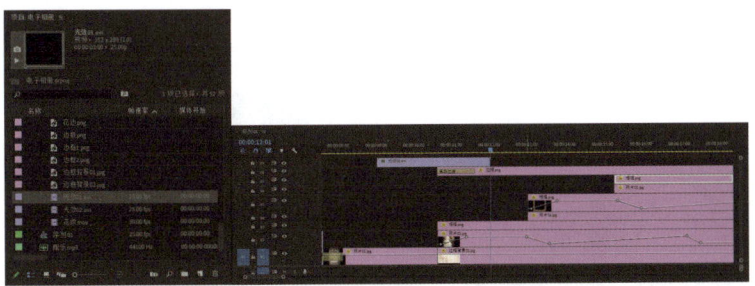

图 8-38

选择V9轨道上的"光效01.avi"素材文件,然后设置"缩放"为234、"混合模式"为"滤色",如图8-39所示。此时效果如图8-40所示。

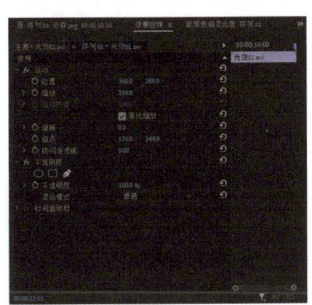

图 8-39

图 8-40

20 拖曳素材

将"项目"窗口中"照片06.jpg"~"照片10.jpg"这5个素材文件拖到V1轨道上,并设置结束时间为第33秒的位置。接着单击鼠标右键,在弹出的快捷菜单中选择"缩放为帧大小"命令,如图8-41所示。

设计师经验
多种版式的设计变化

一些影楼后期的设计师经常会说,看到一套照片会觉得无从下手,不知怎么做好,因此很苦闷。其实数码摄影发展到了今日,很多业外朋友的PS能力都已经非常强,影楼作为专业(至少是职业)机构,必须立足于专业技术之上。下面就以一套照片为例,结合当前实际谈谈如何根据各地方不同客户的心理状态来进行后期设计。

1.传统版

这类设计可能是这几年来影楼数码照片设计最常见的风格,设计灵感的起源可能来自电影,有著名的"蒙太奇"手法的影子,结构上参考了电影海报。对于这类设计,大多数读者都已驾轻就熟,重点在于画面饱满、构图厚实、版面平稳、标题醒目。不过在这一组版面中比较强调色调素材运用的统一。但是有些地域的客户可能会要求进行变化,那么也可以满足他们。

2.画册版

也有些客户会说他不要很花哨的设计,只要原汁原味的照片。针

传统版

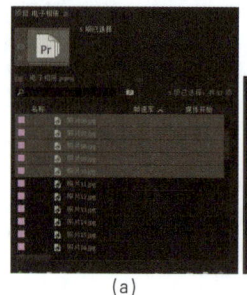
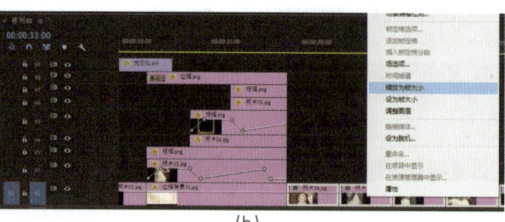

(a)   (b)

图 8-41

21 设置素材效果控件

选择V1轨道上的"照片06.jpg"素材文件，然后将时间线拖到第18秒22帧的位置，单击"缩放"前的按钮，开启自动关键帧，并设置"缩放"为250。接着将时间线拖到第20秒16帧的位置，设置"缩放"为158，如图8-42所示。此时效果如图8-43所示。

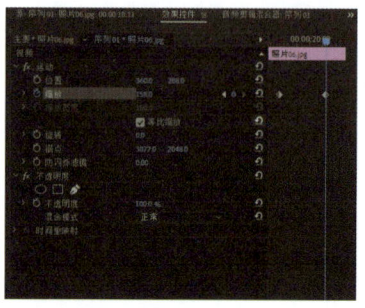

图 8-42   图 8-43

22 拖曳素材

再次从"项目"窗口中将"照片07.jpg"拖到V2轨道上，并与V1轨道上的"照片07.jpg"对齐，如图8-44所示。

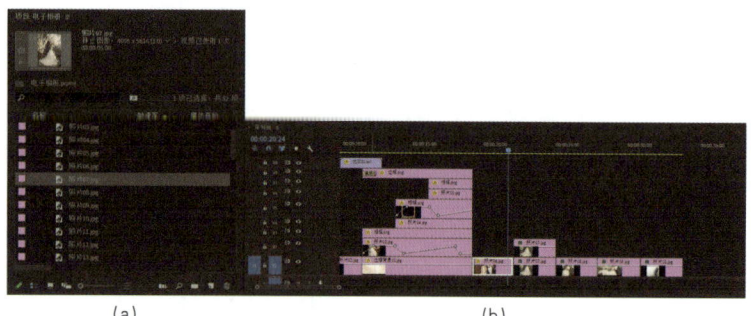

(a)   (b)

图 8-44

23 设置素材效果控件

分别选择V1和V2轨道上的"照片07.jpg"，然后设置V1轨道上"照片07.jpg"的位置为（170，288），设置V2轨道上"照片07.jpg"的"位置"为（552，288），如图8-45所示。此时效果如图8-46所示。

对这种要求，既不能只设计成以前"影集"般的单张照片的组合，又要满足客户不破坏照片本身的要求。因此设计版面要干净大气，色调明快，结构要严谨且穿插有序，文字精致，整体上每张照片的安排要错落有致，并非一动不动地单纯排列。这一类设计比较适合一些大城市中受过良好教育的客户。

现在影楼消费者主流已经是20世纪80年代出生的青年人，所以有一个难以回避的词——时尚。那么什么才算时尚呢？可能很虚无，但是总归有迹可循。

画册版

3.杂志版

当前的时尚新贵达人们接受时尚资讯除了通过电视、网络等，市面上也有不少于数十种的时尚类杂志，这也是一个非常重要的来源。因此在设计中也可以参照这种形式，只要注意内容跟照片的主题有关，格式上有杂志的特点，其他技术上的细节都可以参

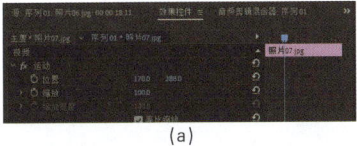
(a)

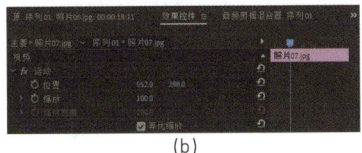
(b)

图 8-45

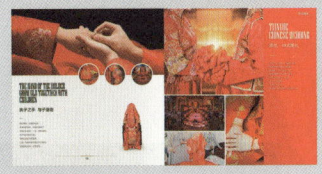

图 8-46

在"效果"面板中搜索"水平翻转"效果,然后按住鼠标左键将其拖到V2轨道的"照片07.jpg"素材文件上,如图8-47所示。

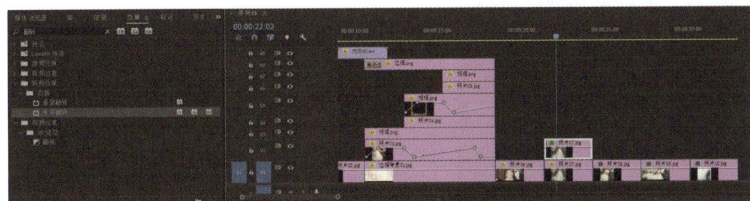

图 8-47

在"效果"面板中搜索"双侧平推门"效果,然后按住鼠标左键将其拖到V1和V2轨道的"照片07.jpg"素材文件上,如图8-48所示。

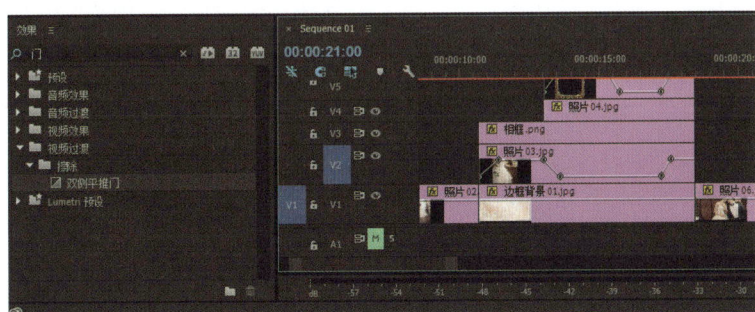

图 8-48

将"项目"窗口中的"花纹.mov"素材文件拖到V3轨道上,并设置起始时间为第20秒15帧的位置、结束时间为第22秒18帧的位置,如图8-49所示。

微课:
制作电子相册(5)

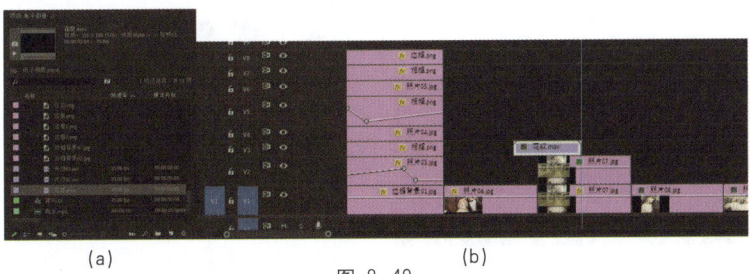
(a)　　　　　　　　　(b)

图 8-49

Chapter 8 设计电子相册

照实际发行的杂志版面。事实证明,这种杂志型相册也受到很多年轻人的青睐,对于影楼来说也增加了宣传机会。

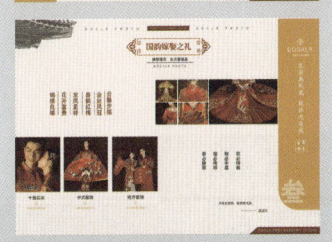

杂志版

4.个性版

当前年轻人还有一个重要的特点,那就是渴望个性。因此还可以开发一些独特化的版面设计。下图中运用了大量的手绘(根据客户照片进行绘制)手法,格局上也会采取一些突破常规的安排,以取得视觉上的独特性。

个性版

24 创建字幕

创建"字幕02",在"字幕"面板中单击"文字工具"按钮,然后输入文字The only present love demands is love,并设置"字体"为Giddyup Std、"字体大小"为57、"颜色"为浅红色(R:227,G:132,B:132)。接着单击"外描边"右侧的"添加"按钮,并设置"大小"为45、"颜色"为白色(R:225,G:255,B:225),如图8-50所示。

图 8-50

25 字幕拖曳到时间线

关闭"字幕"面板,然后将"字幕02"从"项目"窗口中拖到V2轨道上,并与"照片08.jpg"对齐,如图8-51所示。

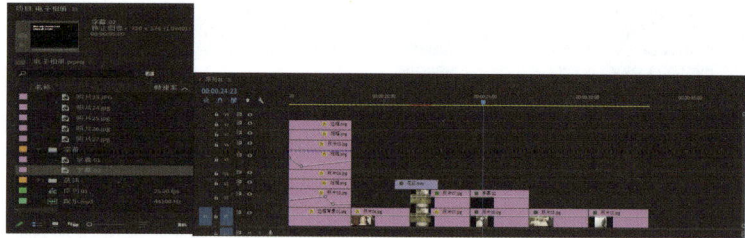

图 8-51

26 将素材"花色"拖曳到时间线

将"项目"窗口中的"花色.jpg"素材文件拖到V3轨道上,设置其起始时间为第23秒的位置、结束时间为第24秒21帧的位置,如图8-52所示。

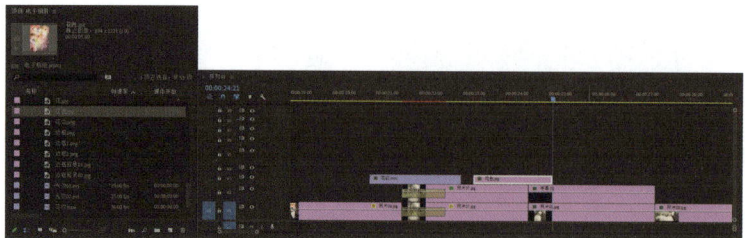

图 8-52

还有一些从某种概念上去定位的特别设计,版面上可能比较常规,但是在内容上就比较有针对性。

个性版

5.星座版

因为星座这类说法比较西化,而在婚纱照上由于新人的星座组合有很多种,所以这类针对性的版面开发既满足了当前年轻人对时尚的追求,又实现了个性化,这类内容的设计概念也被很多人所接受。

星座版

Chapter 8 设计电子相册

27 设置"花色"效果控件

选择V2轨道上的"花色.jpg"素材文件,然后设置"缩放"为78;接着将时间线拖到第23秒的位置,设置"不透明度"为52%;继续将时间线拖到第24秒01帧的位置,设置"不透明度"为100%;最后将时间线拖到第24秒19帧的位置,设置"不透明度"为52%,如图8-53所示。此时效果如图8-54所示。

微课:
制作电子相册(6)

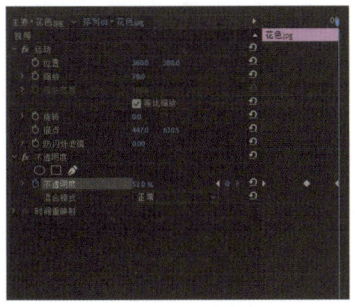

图 8-53

图 8-54

28 添加过渡效果

在"效果"面板中搜索"风车"效果,然后按住鼠标左键将其拖到V1轨道的"照片08.jpg"和"照片09.jpg"素材文件之间,如图8-55所示。

图 8-55

将"项目"窗口中的"字1.png"和"照片11.jpg"素材文件拖到V2轨道上,并分别与V1轨道上的"照片09.jpg"和"照片10.jpg"素材文件对齐。接着设置"字1.png"的起始时间为"风车"效果结束位置,如图8-56所示。

图 8-56

以较多数量的图片为例,目的无非是抛砖引玉。因为经过几年的发展,当前除了精研专业技术之外,还应该解放思想,明白影楼产品的设计仍需要结合市场,做到客户喜欢什么,就给他什么。而不是只依赖某种概念——网上经常会有朋友说影楼的客户就是喜欢某种风格,似乎影楼的后期设计只有一种套路。实际上,这是一种固步自封的思想。时代在飞速发展,消费者的喜好也在时刻变化着。所以希望读者能触发思路,将设计做得更专业、更全面。

设计师经验
图片的组合

图片组合需要花一点心思,在过程中要想象结果,按想要展示的方式去拍;图片组合需要一点创意,不要循规蹈矩,多尝试不同的排版;图片组合需要一点耐性,不要嫌麻烦。

虚实组合

横幅与竖幅组合

局部特写组合

29 添加效果控件

选择V1轨道上的"照片09.jpg"素材文件,然后设置"缩放"为110,如图8-57所示。此时效果如图8-58所示。

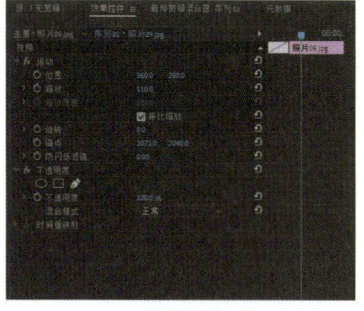
图 8-57

图 8-58

裁剪组合

选择V2轨道上的"字1.png"素材文件,然后设置"缩放"为139.4、"位置"为(212,191.4),如图8-59所示。此时效果如图8-60所示。

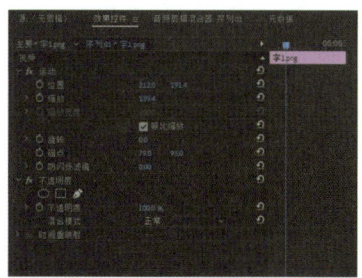
图 8-59

图 8-60

动作组合

在"效果"面板中搜索"交叉溶解"效果,然后按住鼠标左键将其拖到V2轨道的"字1.png"和"照片11.jpg"素材文件之间,如图8-61所示。

图 8-61

选择V2轨道上的"照片11.jpg"素材文件,然后单击鼠标右键,在弹出的快捷菜单中选择"缩放为帧大小"命令,接着设置"位置"为(181,288),如图8-62所示。此时效果如图8-63所示。

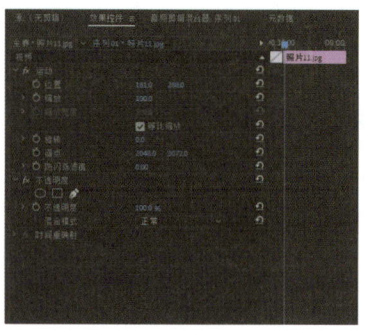
图 8-62

连拍组合

Chapter 8 设计电子相册

选择V1轨道上的"照片10.jpg"素材文件,然后将时间线拖到第30秒08帧的位置,单击"位置"前的按钮,开启自动关键帧,并设置"位置"为(191.0,288.0)。接着将时间线拖到第31秒09帧的位置,设置"位置"为(539.0,288.0),如图8-64所示。此时效果如图8-65所示。

图 8-63

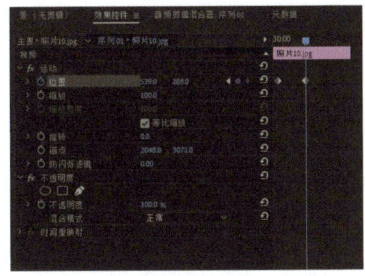

图 8-64

图 8-65

角度组合

将"项目"窗口中的"照片12.jpg"和"照片13.jpg"素材文件拖到V1轨道上,并设置结束时间为第38秒17帧的位置。接着单击鼠标右键,在弹出的快捷菜单中选择"缩放为帧大小"命令,如图8-66所示。

图 8-66

30 创建"字幕03"

创建"字幕03",单击"文字工具"按钮,然后输入文字Recall,并设置"字体"为Commercial Script BT、"填充类型"为"径向渐变"、"颜色"为粉色(R:254,G:95,B:124)和浅粉色(R:253,G:190,B:202),如图8-67所示。

微课:
制作电子相册(7)

图 8-67

设计师经验
甜美写真风格

鉴于写真操作的特点,往往更偏重造型风格的区分,通过服装、道具的简单搭配,把握一些关键要素,以此来体现不同的主题风格。在进行这类写真图片的版面设计时,可以从以下几个方面来考虑。

1.突出各组写真的主题特点

针对这一点,首先可以根据不同风格类型的照片进行分类。要抓住它们的特点,这样才可以根据不同的重点,突出该风格的表现形式,进行不同样式的版面设计。

2.整本相册在版式上的完整性

通过设计上的变化,实现"既丰富又统一"的目标,让系列照片呈现各自突出的优点。如版面与主体的联系,它们相互的主次关系等,并适当地使用素材为版面服务,体现更好的效果。

3.通过后期制作丰富照片内容

在这里,按照设计手法把图片分为3种类型来说明和分析,即简洁设计、底纹衬托和素材填补。需

关闭"字幕"面板,将"字幕03"和"边框1.png"素材文件拖到V2和V3轨道上,并与下面的素材文件对齐,如图8-68所示。

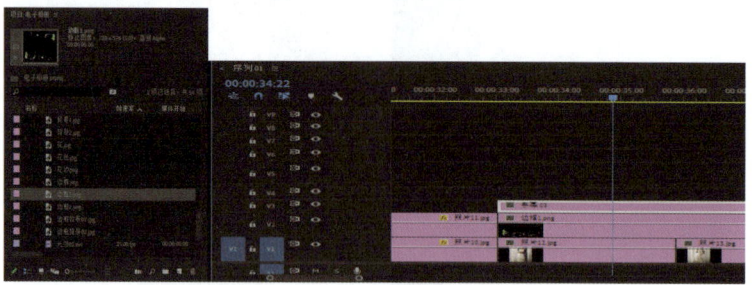

图 8-68

31 设置照片效果控件

分别设置"照片12.jpg"的"缩放"为212,"照片13.jpg"的位置为(360,374),如图8-69所示。

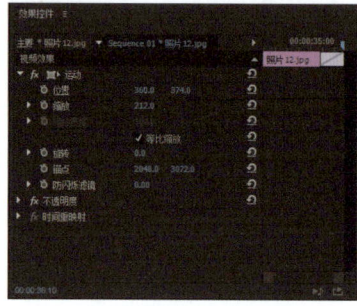

图 8-69

选择V2轨道上的"边框1.png"素材文件,然后取消选中"等比缩放"复选框,设置"缩放高度"为108、"缩放宽度"为128,如图8-70所示。此时效果如图8-71所示。

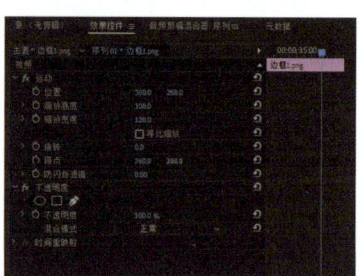 

图 8-70　　　　　　　图 8-71

在"效果"面板中搜索"时钟式擦除"效果,然后按住鼠标左键将其拖到V1轨道的"照片12.jpg"和"照片13.jpg"素材文件之间,如图8-72所示。

此时拖动时间滑块查看效果,如图8-73所示。

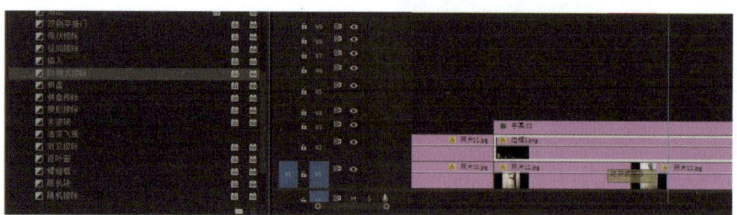

图 8-72

要说明的是,设计手法从来都不是单一的,只是在某组设计中有所倾向而已,不必拘泥于此。

简洁设计:简洁的设计要求原片最好为单色背景,照片本身不要过于花哨复杂。在进行设计时,可以加入少量的标志性文字素材;排版方面则选用简单的图片重叠或单一排列,以此来体现该片的主次之分;色调要求统一,减少过多的色彩反差元素,以免抢夺主题。

简洁设计

底纹衬托:对于底纹衬托的设计方法,需要注意的是,首先要依照图片的风格和色调选择底纹;其次底纹不能喧宾夺主,底纹的色彩要弱于主体;最后,可利用一些小的素材进行点缀。在选用与图片同样背景的底纹时,需要把照片做成立体效果,跳出底

图 8-73

32 拖曳素材"花"

将"项目"窗口中的"花.jpg"素材文件拖到V4轨道上,并设置起始时间为第32秒01帧、结束时间为第33秒20帧,如图8-74所示。

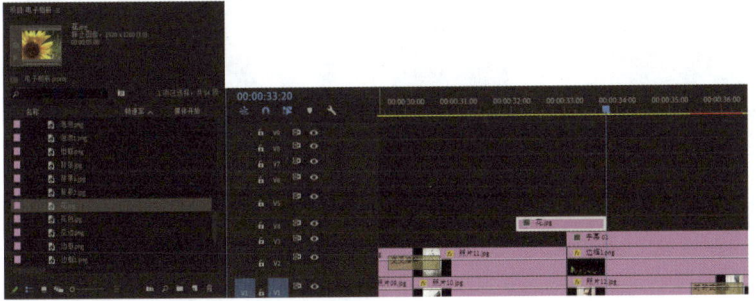

图 8-74

33 设置效果控件

选择V4轨道上的"花.jpg"素材文件,然后设置"位置"为(267,333)、"缩放"为77;接着将时间线拖到第33秒01帧的位置,设置"不透明度"为0%;继续将时间线拖到第32秒23帧的位置,设置"不透明度"为80%;最后将时间线拖到第33秒20帧的位置,设置"不透明度"为0%,如图8-75所示。此时效果如图8-76所示。

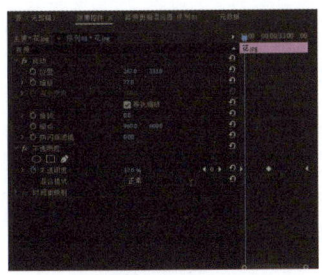

图 8-75

图 8-76

纹,突出主体。对于暗调背景的照片,后期制作时,底纹不太适宜用原图背景,否则画面会给人以昏暗沉闷的感觉。

与图片同样背景的底纹

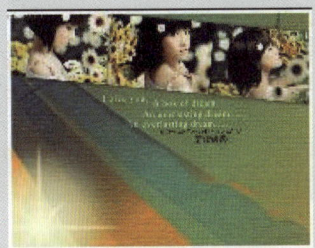

明亮同色系的背景打底

古典暗纹

素材填补:素材填补的设计手法要遵循"素材为辅,人物为主"的原则。在设计中首先需要注意的是素材的选择,对于这一点,每个设计师都有自己的一套规则,设计师可以在时尚图片中加入古典素材,也可以在古典风格中加入时尚味道;其次要注意的是素材添加的要点,在选好素材准备添加时,设计师头脑中就应该有一个大体的轮廓,照片中的一些元素一定要和这些添加的素材有关联或相互呼应。这些关联和呼应也许只是一朵小花、一个

34 拖曳素材到时间线上

将"项目"窗口中的"背景1.jpg"素材文件拖到V1轨道上，并设置结束时间为第42秒13帧的位置，如图8-77所示。

将"项目"窗口中的"照片14.jpg"和"照片15.jpg"素材文件拖到V2轨道上，并与下面素材文件对齐。接着单击鼠标右键，在弹出的快捷菜单中选择"缩放为帧大小"命令，如图8-78所示。

微课：
制作电子相册（8）

图 8-77

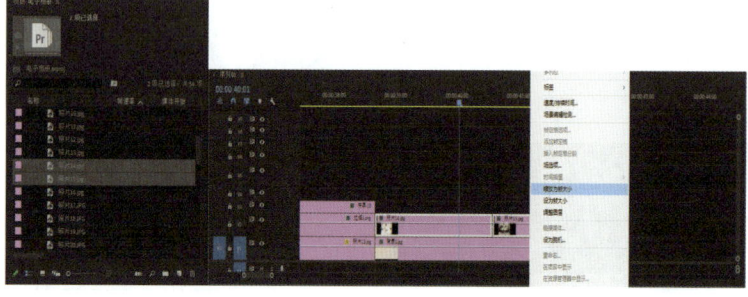

图 8-78

35 创建字幕

创建"字幕04"，在"字幕"面板中单击"文字工具"按钮，然后输入文字Love，并设置"字体"为Myriad Pro、"颜色"为浅橙色（R：255，G：214，B：195），接着选中"阴影"复选框，并设置"不透明度"为58%、"角度"为-235°、"距离"为3.6、"扩散"为3.6，如图8-79所示。

图 8-79

头饰甚至是一种色调。从下图可以看出设计师在排版时使用了色彩鲜明的头冠和坠饰的特写，将观者的视线引导到主画面中的人物脸部，突出了人物的表情，也弥补了整体背景颜色的单一，偏右上方的金色头冠平衡了整个画面。对整体背景色调偏暗的图片而言，用一些明亮的素材不失为一种好方法，搭配得当会使人物更加醒目。虚化的服饰花纹点缀于背景中，提亮了画面色彩，也和头饰风格相呼应。

古典暗纹

对于暗调的图片，排版时要注意画面的灵活度，避免整个画面都是死气沉沉的格调或者是华丽过度，可以选用一些颜色相对较亮的色彩、文字和图案。素材的选择也要避免过于复杂，复杂的素材容易使原图喧宾夺主。

设计师经验
卷轴中播放的动画

一般而言，这种类型的效果在特效软件（如After Effects）中制作会比较方便，Premiere虽然主要是一款剪辑软件，但也提供了一些特效，如使用轨道蒙版特效，使视频播放在一个非规则区域内。卷轴动画是一个相对独立的动画，同前面章节介绍的一样，首先新建一个时间线，创建动画，然后在最终的时间线中整合所有动画，这样工作流会比较清晰。

关闭"字幕"面板，然后将项目窗口中的"字幕04"和"花边.jpg"素材文件拖到V3和V4轨道上，并与下面的素材文件对齐，如图8-80所示。

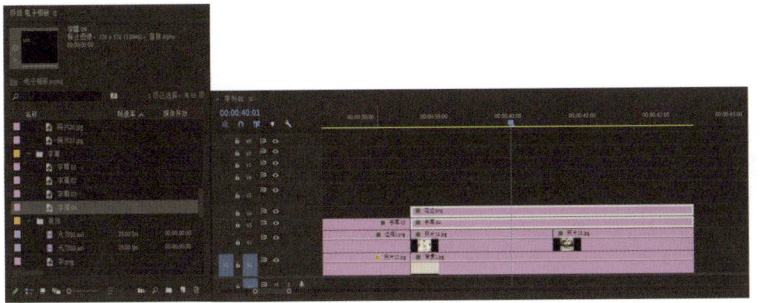

图 8-80

36 设置效果控件

选择V4轨道上的"花边.jpg"素材文件，然后设置"位置"为（94，285），如图8-81所示。选择V3轨道上"字幕04"，接着将时间线拖到第38秒21帧的位置，单击"位置"前的按钮，开启自动关键帧，并设置"位置"为（360，200）。最后将时间线拖到第39秒13帧的位置，设置"位置"为（360，386），如图8-82所示。

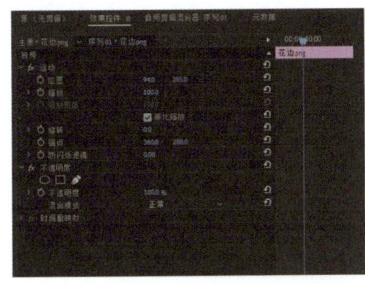

图 8-81　　　　　　　图 8-82

将"时间线"窗口中的"字幕04"和"花边.jpg"素材文件复制到V5和V6轨道上，然后为轨道上的"花边.jpg"素材文件添加"水平翻转"效果，如图8-83所示。

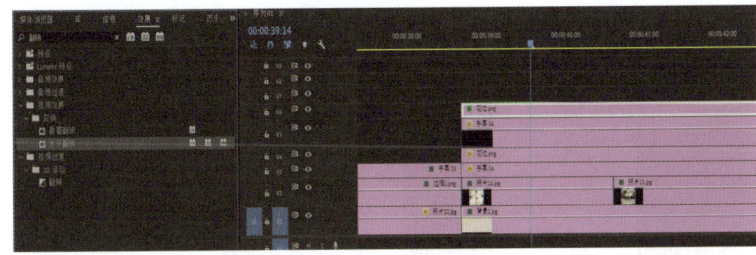

图 8-83

适当调整V5和V6轨道上"字幕04"和"花边.jpg"素材文件的位置，制作右边的花边和字幕动画效果，如图8-84所示。

图 8-84

行业知识

婚礼庆典中的剪辑

个人庆典中，婚礼庆典是目前最流行也是操作最规范的一个庆典活动。相对于其他个人庆典而言，这个庆典的视频工作者所获得的利润也最高。

一般而言，如今婚礼庆典中的拍摄工作会作为相当重要的组成部分来进行，而拍摄者与剪辑者绝大多数会是一个团队甚至是一个人，给剪辑者的后期剪辑工作带来了极大的方便。

从目前的婚礼庆典操作现状来看，基本的剪辑效果会单单体现在缩短流程上。因为在拍摄婚礼庆典时，大部分拍摄者会将整个流程拍下来，而剪辑者只是将这一流程缩短，这也造成了一个可怕的后果，如果整个片长不够，很多剪辑者就会再现一些毫无波澜但相对比较少见的环节，与现场时的唯一区别是加了配乐。

这是一种失败的剪辑，因为这种影像的观众是新郎、新娘及他们的亲戚朋友，他们在观看这一影像资料时，不是单纯地要再现那个庆典活动（如果想要单纯再现，可以把素材盘作为附赠礼物），而是想要在影像资料之中找到一些感动或者能唤起回忆的东西。

所以，当剪辑者觉得画面冗长时，如车队接新娘，为了免去画面枯燥，可以借助特效将新郎、新娘从前各个时期的照片叠加或以远方消失点的形式，放在车队行进的画面之中。

在剪辑重要的婚礼环节时，也要格外注意互动氛围的营造。

如果是近年渐渐有流行势头的个性婚礼视频，那么对于它的剪辑理念就会比较复杂，因为个性婚礼视频相对弹性较大，风格也各异，剪辑时要根据婚礼风格的不同选择剪辑的风格。

在"效果"面板中搜索"渐隐为白色"和"拆分"效果，然后将"渐隐为白色"拖到轨道上的"字幕03"和"字幕04"之间，将"拆分"特效拖到"照片14.jpg"和"照片15.jpg"素材文件之间，如图8-85所示。

此时拖动时间线滑块查看效果，如图8-86所示。

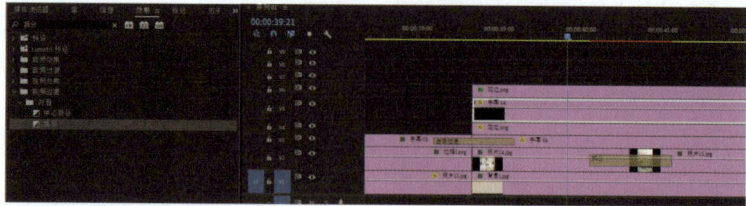

图 8-85

图 8-86

37 拖曳照片素材

将"项目"窗口中的"照片16.jpg"和"照片17.jpg"素材文件拖到V1轨道上，并设置结束时间为第46秒17帧的位置，接着单击鼠标右键，在弹出的快捷键菜单中选择"缩放为帧大小"命令，如图8-87所示。

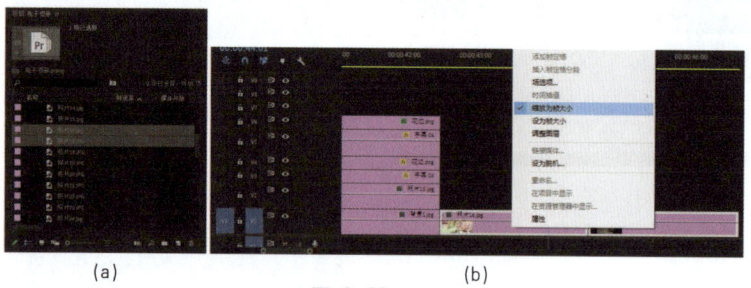

(a)　　　　　　　　(b)

图 8-87

在"效果"面板中搜索"盒形划像"效果，然后按住鼠标左键将其拖到V1轨道的"背景1.jpg"和"照片16.jpg"素材文件之间，如图8-88所示。

工具详解
轨道蒙版键控

属性中已经包含了Track Matte Key特效。该特效虽然参数不多，但是非常重要。

● Matte（蒙版）：指定选区。该选区需要在添加特效素材所在轨道的上面，如视频2轨的素材就需要指定视频3轨或3轨以上的素材作为自身的选区。

● Composite Using（合成方式）：分为Alpha Matte（透明蒙版）和Luma Matte（亮度蒙版）两种方式。Alpha Matte基于透明信息，即在指定选区的透明区域素材本身也会透明，非透明区域则不透明。Luma Matte基于亮度信息，即在指定选区的白色区域素材会不透明，黑色区域则不透明。在选区的半透明区域或灰色区域，素材也会产生不同程度的半透明。

● Reverse（反转蒙版）：反转透明结果，原本透明的区域会变为不透明，不透明的区域会变为透明。

知识摘要
蒙太奇理论

蒙太奇是外语音译（法语Montage）而成的，原为建筑学术语，意为构成、装配，最开始只是延伸到了电影艺术中，后来逐渐被视觉艺术等衍生领域广泛引用。在影视创作中，导演按照剧本或影片的主题思想，会分别拍摄许多镜头，然后按原定的创作思路把这些不同的镜头组接在一起，使之产生连贯、对比、联想、衬托悬念等联系以及不同的节奏，有选择地组成一部反映社会生活和思想感情，并为广大观众所理解和喜爱的影视作品。

镜头是组成影片的基本单位，若干个镜头构成一个段落或场面，若干个段落或场面构成一部影片。因此，从镜头的摄制开始，就已经在使用蒙太奇手法了。经过不同处理手法拍摄出来的镜

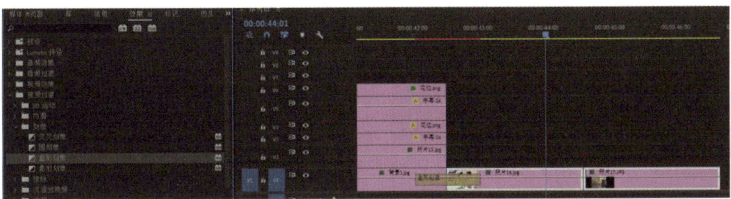

图 8-88

将"项目"窗口中的"照片18.jpg"素材文件拖到V2轨道上,并与下面素材对齐。接着单击鼠标右键,在弹出的快捷菜单中选择"缩放为帧大小"命令,如图8-89所示。

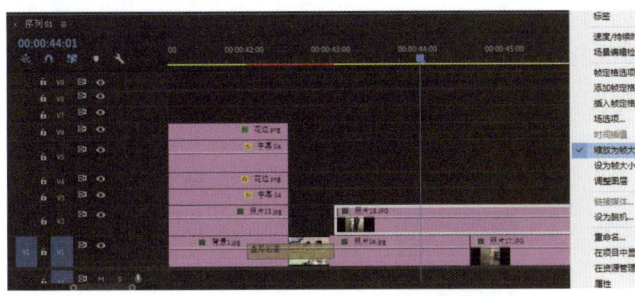

图 8-89

38 设置素材效果控件

选择V1轨道上的"照片16.jpg"素材文件,然后设置"缩放"为112,如图8-90所示。此时效果如图8-91所示。

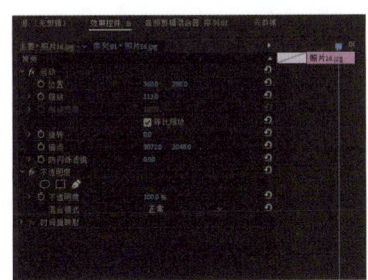

图 8-90

图 8-91

选择V1轨道上的"照片17.jpg"素材文件,然后将时间线拖到第44秒13帧的位置,单击"位置"前的按钮,开启自动关键帧,并设置"位置"为(188,652)。接着将时间线拖到第45秒14帧的位置,设置"位置"为(188,288),如图8-92所示。

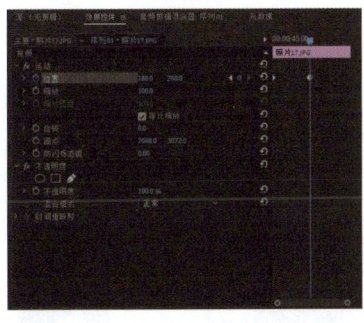

图 8-92

选择V1轨道上的"照片18.jpg"素材文件,然后将时间线拖到第44秒13帧的位置,单击"位置"前的按钮,开启自动关键帧,并设置"位置"为(548,-5)。接着将时间线拖到第45秒14帧的位置,设置"位置"为(548,288),如图8-93所示。此时效果如图8-94所示。

Chapter 8 设计电子相册

头,会产生不同的艺术效果。电影将一系列在不同地点、以不同距离和角度、用不同方法拍摄的镜头排列组合起来,用于叙述情节、刻画人物形象。当不同的镜头组接在一起时,往往又会产生各个镜头单独存在时所不具有的含义。

凭借蒙太奇的作用,电影享有时空上的极大自由,甚至可以构成与实际生活中的时间、空间并不一致的电影时间和电影空间。蒙太奇可以使影片产生演员动作和摄像机动作之外的"第三种动作",从而影响影片的节奏。

简要地说,蒙太奇就是根据影片所要表达的内容和观众的心理顺序,将一部影片分别拍摄成许多镜头,然后再按照原定的创作思路组接起来。通俗地讲,蒙太奇就是把分切的镜头组接起来的手段,是使用摄像机的手段,也是一种剪辑的手段。

蒙太奇具有叙事和表意两大功能,主要分为以下3种类型。

1. 叙事蒙太奇

叙事蒙太奇由美国电影大师大卫·格里菲斯(D.W.Griffith)等人首创,是较为常用的一种叙事方法。它以交代情节、展示事件为主旨,按照情节发展的时间流程、因果关系来分切组接镜头、场面和段落,从而引导观众理解剧情。这种蒙太奇手法的组接脉络清楚、逻辑连贯、通俗易懂。叙事蒙太奇又包含以下4种。

● 平行蒙太奇。平行蒙太奇通常用于并列表现不同时空(或同时异地)发生的两条或两条以上的情节线,将多头叙述统一在一个完整的结构之中。平行蒙太奇应用广泛,首先是因为用它处理剧情可以删减过程,利于概括集中、节省篇幅、扩大影片的信息量、加强影片的节奏感;其次,由于这种手法能让几条情节线并列表现、相互烘托、形成对比,易于产生强烈的艺术感染效果。

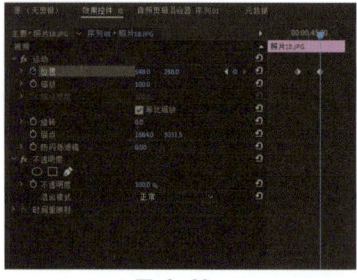

图 8-93   图 8-94

将"项目"窗口中的"照片19.jpg"素材文件拖到V1轨道上，并设置结束时间为第54秒07帧的位置。接着单击鼠标右键，在弹出的快捷菜单中选择"缩放为帧大小"命令，如图8-95所示。

微课：
制作电子相册（9）

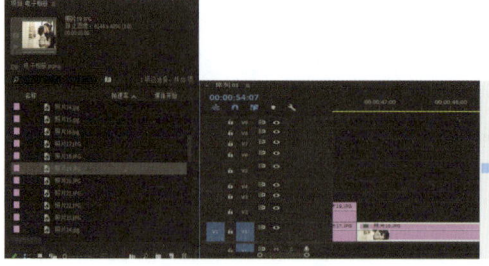

图 8-95

选择V1轨道上的"照片19.jpg"素材文件，然后设置"缩放"为112.0，如图8-96所示。此时效果如图8-97所示。

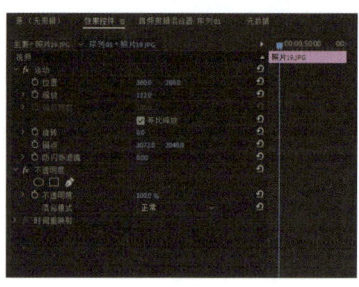

图 8-96   图 8-97

将"项目"窗口中的"照片20.jpg"素材文件拖到V2轨道上，并与下面的素材文件对齐。接着单击鼠标右键，在弹出的快捷菜单中选择"缩放为帧大小"命令，如图8-98所示。

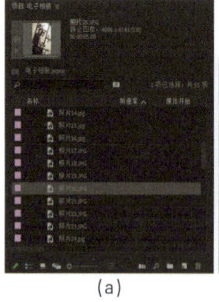
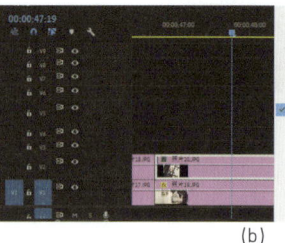

(a)   (b)

图 8-98

在"效果"面板中搜索"阴影"效果，然后按住鼠标左键将其拖到V2轨道的"照片20.jpg"素材文件上，如图8-99所示。

● 交叉蒙太奇。交叉蒙太奇又称"交替蒙太奇"，它将同一时间不同地域发生的两条或数条情节线迅速而频繁地交替组接在一起，其中一条情节线的发展往往会影响其他情节线，各条情节线相互依存，最后汇合在一起。这种剪辑手法极易制造悬念，营造紧张激烈的气氛，加强矛盾冲突的尖锐性，是掌控观众情绪的有力手段，冒险片、恐怖片和战争片常用这种手法呈现追逐和惊险的场面。

● 颠倒蒙太奇。颠倒蒙太奇是一种打乱结构的蒙太奇手法，先展现故事或事件的现有状态，然后再回来介绍故事的始末，表现为事件概念上过去与现在的重新组合。它常借助叠印、划变、画外音、旁白等方法转入倒叙。运用颠倒蒙太奇手法，打乱的是事件顺序，时空关系仍需交代清楚，叙事仍应符合逻辑关系，事件的回顾和推理都为这种结构方式。

● 连续蒙太奇。连续蒙太奇沿着一条单一的情节线，按照事件的先后顺序，有节奏地连续叙事。这种叙事手法自然流畅、朴实平顺，但由于缺乏时空与场面的变换，无法直接展示同时发生的多条情节线，难以突出各条情节线之间的对列关系，不利于概括故事情节，易使人有拖沓冗长、平铺直叙之感。因此，在一部影片中很少单独使用这一手法，多与平行、交叉蒙太奇混合使用。

2. 表现蒙太奇

表现蒙太奇是以镜头队列为基础，通过相连镜头在形式或内容上相互对照、冲击，从而产生单个镜头本身所不具有的丰富内涵，用以表达某种情绪或思想。其目的在于激发观众的联想，引发观众的思考。表现蒙太奇包含以下4种。

● 抒情蒙太奇。抒情蒙太奇在保证叙事和描写的连贯性的同时，还能表现超越剧情之上的思想和

Chapter 8 设计电子相册

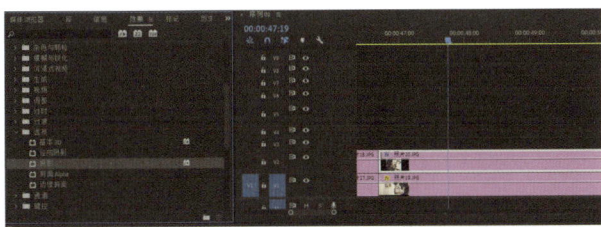

图 8-99

选择V1轨道上的"照片20.jpg"素材文件，然后设置"缩放"为49。接着将时间线拖到第46秒17帧的位置，单击"位置"前的按钮，开启自动关键帧，并设置"位置"为（121，-167）。再将时间线拖到第49秒17帧的位置，设置"位置"为（121，735），如图8-100所示。

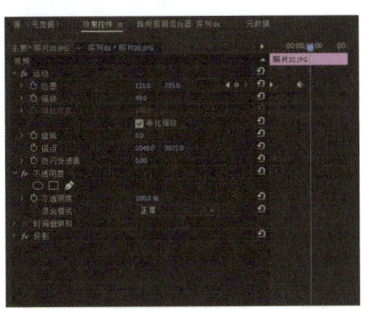

图 8-100

打开"投射阴影"效果，然后设置"方向"为232°、"距离"为14、柔和度为20，如图8-101所示。此时效果如图8-102所示。

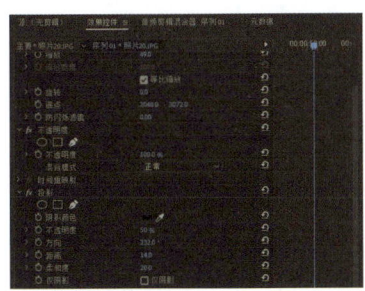

图 8-101

图 8-102

以此类推，制作出"照片21.jpg""照片22.jpg"和"照片23.jpg"素材文件的动画，并设置每个素材文件相隔1秒的位置，如图8-103所示。

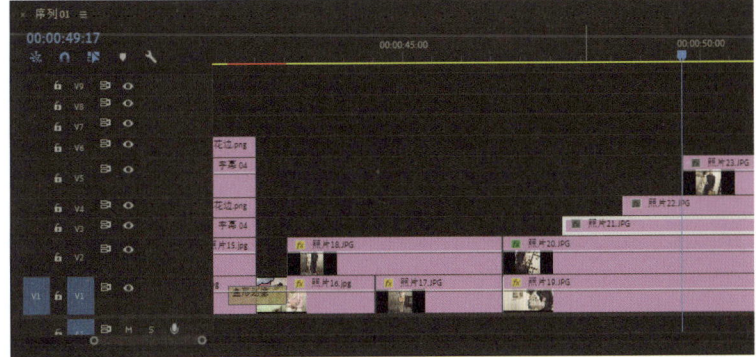

图 8-103

情感。当使用抒情蒙太奇手法时，意义重大的事件被分解成一系列近景或特写，拍摄者从不同的侧面和角度捕捉事物的本质含义，渲染事物的特征。较常见、易被观众感受到的抒情蒙太奇，往往是在一段叙事场面之后，恰当地切入象征情绪和情感的空镜头。

● 心理蒙太奇。心理蒙太奇是描写人物心理的重要手段，它通过画面镜头的组接或声画的有机结合，形象生动地展现人物的内心世界，常用于表现人物的梦境、回忆、闪念、幻觉、思索等精神活动。

● 隐喻蒙太奇。隐喻蒙太奇通过类比镜头或场面的对列，含蓄而形象地表达创作者的某种创作意图。这种手法往往将不同事物之间某种相似的特征凸显出来，引起观众的联想，从而使观众理解创作者的创作意图和事件的情绪色彩。

● 对比蒙太奇。对比蒙太奇类似文学中的对比描写，即通过镜头或场面在内容（如贫与富、苦与乐、生与死、高尚与卑劣、胜利与失败等）或形式（如景别大小、色彩冷暖、声音强弱等）方面的强烈对比，产生冲突的效果，来表达创作者的某种创作意图，或强化创作者表现的内容和思想。

3. 理性蒙太奇

理性蒙太奇通过画面之间的关系，而不是单纯的一环接一环的连贯性叙事手法来表情达意。理性蒙太奇与连贯性叙事的区别在于，即使它的画面属于实际经历过的事实，按这种蒙太奇手法组合在一起的事实也总是主观视像。理性蒙太奇包含以下3种。

● 杂耍蒙太奇。杂耍是一个特殊的时刻，其间一切元素都为"将导演打算传达给观众的思想灌输到他们的意识中"这个目的服务，使观众进入拍摄者所期待的

此时拖动时间滑块查看效果,如图8-104所示。

图 8-104

39 设置光效效果控件

将"项目"窗口中的"光效02.avi"素材文件拖到V3轨道上,并设置起始时间为第45秒20帧的位置,如图8-105所示。

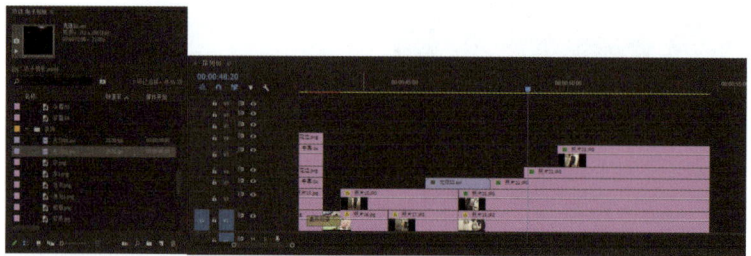

图 8-105

选择V3轨道上的"光效02.avi"素材文件,然后设置"缩放"为276,"位置"为(279,288);接着将时间线拖到第45秒20帧的位置,设置"不透明度"为0%;继续将时间线拖到第46秒14帧的位置,设置"不透明度"为100%;最后将时间线拖到第47秒17帧的位置,设置"不透明度"为0%,如图8-106所示。此时效果如图8-107所示。

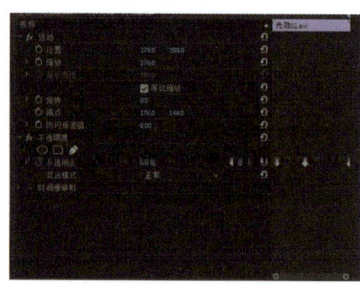

图 8-106

图 8-107

将"项目"窗口中的"边框2.png""照片24.jpg"和"边框背景.jpg"素材文件拖到V1、V2和V3轨道上,并设置结束时间为第57秒15帧。接着单击鼠标右键,在弹出的快捷菜单中选择"缩放为帧大小"命令,如图8-108所示。

选择V3轨道上的"边框2.png"素材文件,然后设置"缩放"为111,"位置"为(360,291),如图8-109所示。

思想的精神状况或心理状态中,造成观众情感上的冲击。这种手法在内容上可以随意选择,不受原剧情约束,达到最终能够说明主题的效果。

● 反射蒙太奇。反射蒙太奇所描述的事物和用来做比喻的事物同处一个空间,它们互相依存,或是为了与该事件形成对照、或是为了确定组接在一起的事物之间的反应、或是为了通过反射联想揭示剧情中包含的类似事件,以此影响观众的感官和意识。

● 思想蒙太奇。思想蒙太奇是对新闻影片中的文献资料重加编排,用于表达一种思想。这种蒙太奇手法较为抽象,因为它只表现一系列思想和被理智所激发的情感。观众冷眼旁观,在银幕和观众之间造成一定的"间离效果"(间离效果是指通过各种手段使观众意识到自己是在欣赏艺术作品,从而激发思考),其参与完全是理性的。

设计师技巧
镜头变速

学习镜头变速,首先要了解运动镜头。运动镜头能够创造视觉空间立体感,使观众产生介入影片事件、冲突的视觉感,能够展示动作的场面与规模,从而提升影片的节奏感。

镜头的运动方式是指摄像机镜头的调焦方式或摄像机的运动方式。常见的运动方式有推、拉、摇、移、跟、升和降。

镜头变速并不只是加快速度,镜头变速指改变一个镜头运动的原有速度,使这个镜头有快有慢,同时也可以利用这种方式脱离原有枯燥的节奏。

快镜头与慢镜头是影视剧拍摄时的一种技术手段,电影的拍摄标

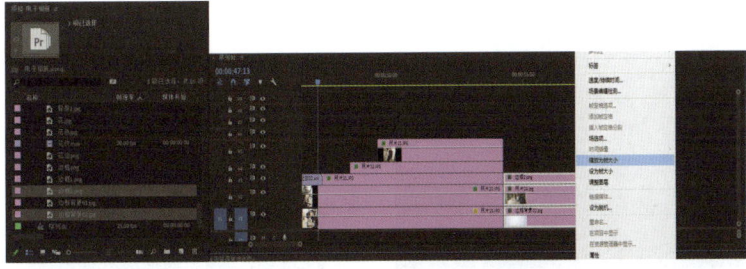

图 8-108

选择V4轨道上的"照片24.jpg"素材文件,然后设置"缩放"为79、"位置"为(421,253)、"旋转"为-8°,如图8-110所示。此时效果如图8-111所示。

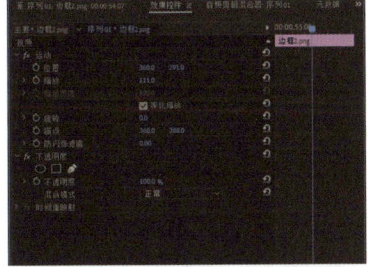

图 8-109

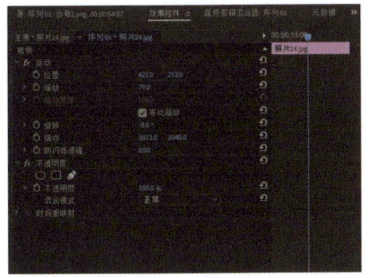

图 8-110

图 8-111

40 设置照片效果控件

将"项目"窗口中的"背景2.jpg""照片25.jpg""照片26.jpg"和"照片27.jpg"素材文件拖到V1、V2、V3和V4轨道上,呈阶梯状排列,并设置结束时间为第1分3秒15帧的位置。接着单击鼠标右键,在弹出的快捷菜单中选择"缩放为帧大小"命令,如图8-112所示。

微课:
制作电子相册(10)

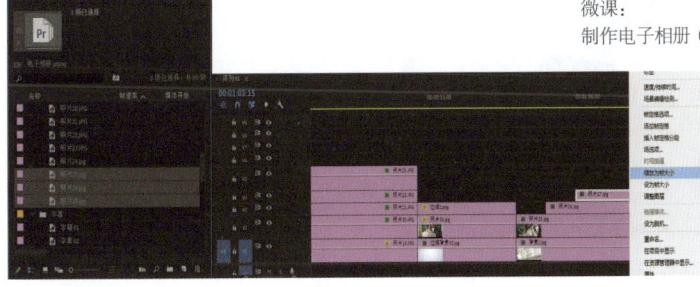

图 8-112

选择V1轨道上的"背景2.jpg"素材文件,设置"缩放"为113、"位置"为(371,288),如图8-113所示。选择V2轨道上的"照片25.jpg"素材文件,设置"缩放"为31、"位置"为(371,261)、"旋转"为-11°,如图8-114所示。

准是每秒24帧,也就是每秒拍摄24张,这样在放映影片时才会呈现出正常速度的连续性画面。但为了实现一些简单的效果,如慢镜头或快镜头,就要改变正常的拍摄速度,从而出现这两种镜头效果,在摄影中专业的叫法为"升格"和"降格"。升格镜头是指放映速度高于24帧/秒,它产生的拍摄效果是慢动作;降格镜头是指拍摄速度低于24帧/秒,它产生的放映效果是快动作。除了这两种镜头效果以外,还有一种镜头效果同降格镜头效果类似,叫"延时摄影",其概念如下。

延时摄影是以较低的帧率拍下图像或者视频,然后用正常或者较快的速度播放画面的摄影技术。它可以将物体或者景物缓慢变化的过程压缩到较短时间内实现,呈现出平时用肉眼无法察觉的奇异景象。

在Premiere中慢镜头与快镜头在后期处理中一般都是通过更改速度持续时间来实现效果。

将素材拖到时间线上,按快捷键R,切换到比率拉伸工具,直接拖曳素材可实现素材的快慢变化,如下图所示。

拖曳后,如果想还原素材的速度,可以按快捷键Ctrl+R,在弹出的"剪辑速度/持续时间"对话框中,将"速度"调整为"100",以恢复正常速度,如下图所示。在此对话框中,将"速度"调整为"25"或"50",可实现升格;将速度调整为"200",可实现降格。

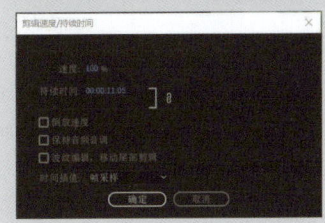

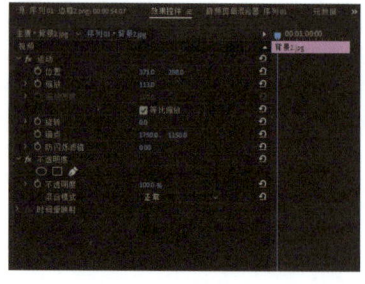

图 8-113　　　　　　　图 8-114

如果想实现更慢的慢动作，需要使用不同的时间插值，在"剪辑速度/持续时间"对话框中，可以调整"时间插值"，如下图所示。

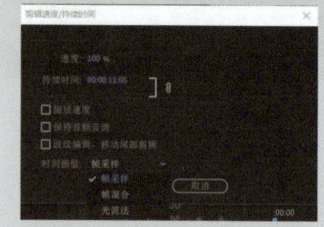

选择V2轨道上的"照片26.jpg"素材文件，设置"缩放"为17.7、"位置"为（625，208）、"旋转"为-12°，如图8-115所示。选择V2轨道上的"照片27.jpg"素材文件，设置"缩放"为14、"位置"为（55，463）、"旋转"为-32°，如图8-116所示。

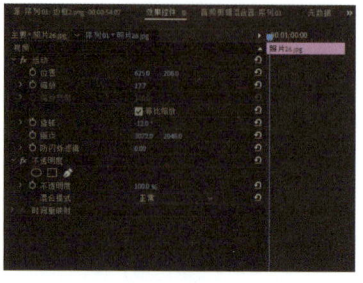 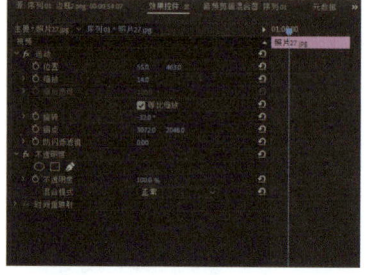

图 8-115　　　　　　　图 8-116

"时间插值"下拉列表框中有3个选项，分别是"帧采样""帧混合"和"光流法"。"帧采样"只是把同一帧展现两次或者更多次，所以视频看起来会卡顿；"帧混合"也是重复同样的画面，但是增加了一点渐变和叠加的效果，所以视频看起来会稍微流畅一些；"光流法"则是真正意义上添加了新的帧，它通过预测两帧画面之间像素的运动轨迹，重新计算出中间的帧数，画面总的帧数增加了，使视频看起来更流畅。

此时拖动时间滑块查看效果，如图8-117所示。

(a)　　　　　　　　　(b)

(c)　　　　　　　　　(d)

图 8-117

设计师技巧
Alpha通道应用

通道本质上就是选区，听起来好像很简单，无论通道有多少种表示选区的方法，无论用户看过多少有关通道的解释，至少从现在开始，可以将其理解为选区。

1. 通道的作用

在通道中记录了图像的大部分信息，这些信息从始至终与它的操作密切相关。具体来说，通道的作用主要如下。

● 表示选择区域，也就是要代表的部分。利用通道，用户可以建立像头发丝这样的精确选区。

● 表示墨水强度，利用信息面板可以体会到这一点，通道可以用256种灰度来表示不同的亮度。

在"效果"面板中搜索"翻转卷页"和"抖动溶解"效果，然后将"翻转卷页"特效拖到V1轨道的"边框背景02.jpg"和"背景2.jpg"素材文件之间。将"抖动溶解"特效拖到"照片25.jpg""照片26.jpg"和"照片27.jpg"上，如图8-118所示。

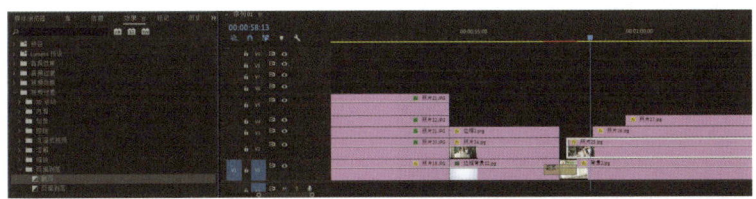

图 8-118

在"效果"面板中搜索"渐隐为黑色"效果,然后按住鼠标左键将其拖到V4轨道的"照片27.jpg"素材文件的末尾处,如图8-119所示。

此时拖动时间滑块查看效果,如图8-120所示。

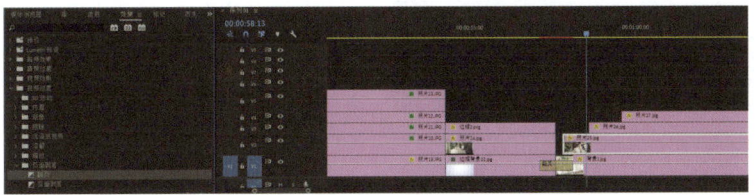

图 8-119

(a)

(b)

(c)

(d)

图 8-120

41 制作配乐

将"项目"窗口中的"配乐"素材文件拖到轨道上,如图8-121所示。

将时间线拖到第2分7秒12帧的位置,然后选择"剃刀工具",单击进行剪辑,如图8-122所示。

例如,在Red通道里有一个红色的点,在其他通道上显示的就是纯黑色,即亮度为0。

● 表示不透明度,其实这是平时最常使用的一个功能。

2. 通道的分类

通道作为图像的组成部分,与图像的格式密不可分。图像颜色、格式的不同决定了通道的数量和模式,在"通道"面板中可以直观地看到。在Photoshop中涉及的通道主要如下。

● 复合通道。复合通道不包含任何信息,实际上它只是同时预览并编辑所有通道的一个快捷方式。复合通道通常被用来在单独编辑完一个或多个颜色通道后使"通道面板"返回其默认状态。对于不同模式的图像,其通道的数量是不一样的。在Photoshop中,通道涉及3个模式:RGB模式、CMYK模式、Lab模式。其中,RGB模式和Lab模式为4个通道,CMYK模式为5个通道。

● 颜色通道。当用户在Photoshop中编辑图像时,实际上就是在编辑颜色通道。这些颜色通道把图像分解成一个或多个色彩部分,图像的模式决定了颜色通道的数量。RGB有3个颜色通道,CMYK有4个颜色通道,灰度只有一个颜色通道,它们包含所有将被打印或显示的颜色。在一幅图像中,像素点的颜色就是由这些颜色模式中原色信息来进行描述的,那么所有像素点所组成的某一种原色信息,便构成一个颜色通道。例如,一幅RGB图像的红色通道,便是由图像中所有像素点的红色信息所组成,绿色通道和蓝色通道也是如此,这些颜色通道的不同信息配比便构成了图像中不同颜色的变化。

每个颜色通道都是一幅灰度图像,它只代表一种颜色的明暗变化。所有的颜色通道混合在一起时,便可形成图像的彩色效果,也就是构成了彩色的复合通道。

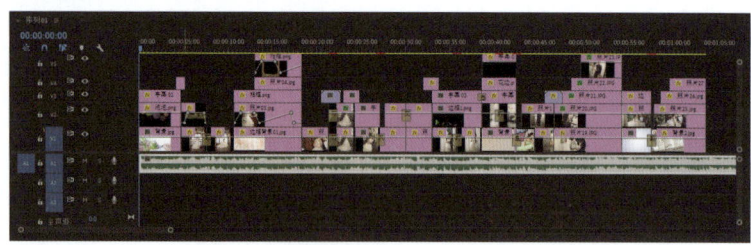

图 8-121

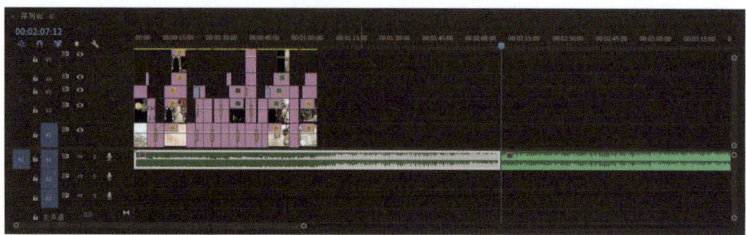

图 8-122

选择A1轨道上剪辑后的前半部分"配乐"素材文件，然后按Delete键删除，并将剩余的"配乐"素材文件向前拖动，将时间线拖到第1分3秒15帧的位置，然后选择"剃刀工具"，单击进行剪辑，如图8-123所示。

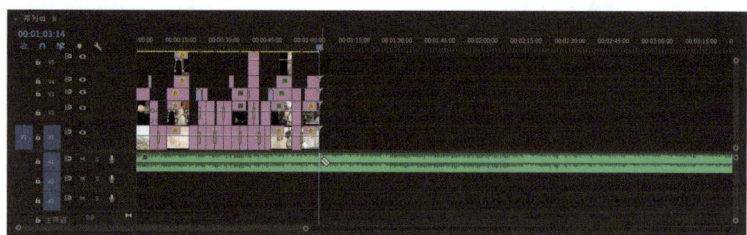

图 8-123

选择A1轨道上剪辑的后半部分"配乐"素材文件，然后按Delete键删除，如图8-124所示。

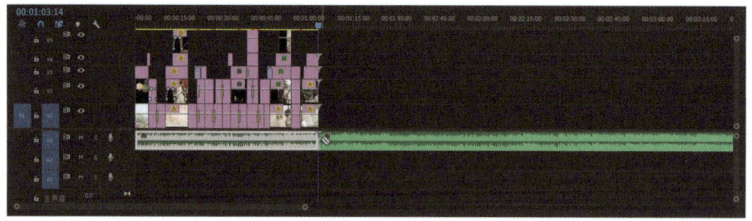

图 8-124

对于RGB模式的图像来说，颜色通道中较亮的部分表示该颜色用量大，较暗的部分表示该颜色用量少；而对于CMYK图像来说，颜色通道较亮的部分表示该颜色用量少，较暗的部分表示该颜色用量大。所以当图像中存在整体的颜色偏差时，可以方便地选择图像中的一个颜色通道，并对其进行相应校正。如果RGB原稿色调中红色不够，当对其进行校正时，就可以单独选择其中的红色通道来对图像进行调整。红色通道是由图像中所有像素点为红色的颜色信息组成的，可以选择红色通道来提高整个通道的亮度，或使用填充命令在红色通道内填入具有一个透明度的白色，便可增加图像中红色的用量，达到调节图像的目的。

● 专色通道。专色通道是一种特殊的颜色通道，它可以使用除了青色、洋红、黄色、黑色以外的颜色来绘制图像。专色通道一般用得较少且多与印刷相关。

● Alpha通道。Alpha通道是计算机图形学中的术语，指的是特别的通道。有时它特指透明信息，但通常的意思是"非彩色"通道。这是真正需要了解的通道，可以说在绘图软件中制作的种种特殊效果都离不开Alpha通道，其最基本的用处在于保存选区范围，且不会影响图像的显示和印刷效果。Alpha通道具有以下属性：每个图像（16位图像除外）最多可包含24个通道，包括所有颜色通道和Alpha通道。所有通道具有8位灰度图像，可显示256灰级，用户可以随时增加或删除Alpha通道，可为每个通道指定名称、颜色、蒙版选项、不透明度，不透明度影响通道的预览，但不影响原来的图像。所有新通道都具有与原图像相同的尺寸和像素数目。使用工具进行编辑后，将选区存储在Alpha通道中可使其永久保留，可在以后随时调用，也可用于其他图像中。

选择A1轨道上的"配乐"素材文件，然后单击"关键帧"按钮为配乐素材文件首尾创建4个关键帧，并按住鼠标左键将首尾两端的两个关键帧向下拖动，制作音频文件的淡入/淡出效果，如图8-125所示。

● 单色通道。这种通道颜色比较特别，也可以说是非正常的。如果用户在"通道"面板中随便删除其中一个通道，就会发现所有通道都变成"黑白"的，原有的彩色通道即使不删除也会变成灰度的。

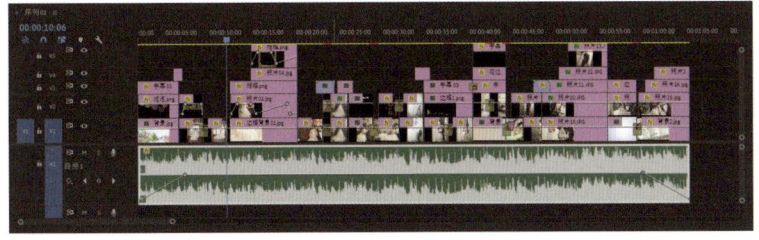

图 8-125

此时拖动时间滑块查看效果，如图8-126所示。

图 8-126

8.4 知识与技能梳理

　　电子相册是Premiere的重要功能。电子相册的制作一般包含以下知识模块，即导入素材和素材管理、层堆叠、转场的添加与修改、动画制作、字幕编辑等。它是一种综合的制作内容。在本例中还利用时间线的嵌套技术，单独建立时间线来制作动画，然后将时间线作为另一个时间线的素材来使用，可以让项目更流程化。

- 重要工具："时间线"面板、"字幕"窗口、"效果控件"面板、"效果"面板。
- 核心技术：导入分层素材和素材管理、层堆叠、转场、动画、关键帧差值、时间线嵌套与流程管理等。
- 实际运用：制作电子相册等图片动画。

8.5 拓展训练——设计宝贝电子相册

利用本节制作电子相册的相关知识，参考图8-127制作"宝贝电子相册"。

图8-127

◆ 技术盘点：建立项目与项目设置、素材组织、投影效果、关键帧动画。

◆ 制作要求：
① 使用合适的素材并使用Photoshop等软件拼贴出唯美场景。
② 项目大小：1280px×720px（高清），25帧/秒。
③ 根据学过的知识模拟照片的投影效果。
④ 照片会依次放大并在画面中间展示5秒。

Chapter 9

设计宣传片

  宣传片是影视公司非常重要的制作内容。随着公众的审美意识日益提高,对信息的要求也由传统的图文向集合文字、画面、声音的影像媒体转换,因此,催生了宣传片市场的兴起。任何内容的表现,都需要一定的行业专业性。本章将讲解宣传片的制作思路和制作手段,力求在短时间内让读者成为专业的宣传片制作人员。

学习要求	知识点 \ 学习目标	了解	掌握	应用	重点知识
	城市形象宣传片	🚩			
	企业形象宣传片	🚩			
	企业宣传片的定位			🚩	
	宣传片文案的要素			🚩	
	文案的创意				🚩
	剪辑技术				🚩
	轨道蒙版				🚩
	渐变转场			🚩	

能力与素质目标

9.1 认识宣传片

所谓宣传片,从字面上可理解为用于宣传的影片。宣传片的种类较多,从其目的和宣传方式不同的角度来看,大致可以分为城市形象宣传片、企业形象宣传片(可细分至企业产品宣传片、企业报告宣传片等)、公益宣传片,以及个体宣传片等。一般而言,城市形象宣传片和企业形象宣传片是人们接触最多的类型。

微课:
认识宣传片

9.1.1 城市形象宣传片

一般而言,以宣传某个城市为目的的宣传片都可以称为城市形象宣传片。随着城市之间的竞争加剧,各自对宣传形象要求的提高,城市形象宣传片的制作业务也越来越多,当前,人们所看到的城市形象宣传片,大体可分为以下几类。

城市整体形象:一般由市政府主持,对城市的政治、经济、城市建设、文化、历史、人文等做全方位陈述,主要用于宣传形象、突出业绩和招商引资。

城市旅游形象片:由市政府或城市旅游主管部门牵头,对城市的主要景观做详细介绍,以吸引游客,创造效益。

大型活动宣传片:与大型活动相配合的城市形象宣传片,如2008年北京奥运会前后北京的城市形象宣传片、2010年上海世博会之前的上海城市形象广告等。

尽管以上各类城市形象宣传片都在不同层面、不同角度展示了城市优势,但城市的主体性特征并不明显,缺乏独特的城市主张,因而难以形成特定城市的品牌识别。业界习惯从品牌形象构建角度界定城市形象广告,凝练城市的独特人文、准确表达城市的差异化定位、形成对城市理念的单一诉求,是城市形象宣传片的基本要素。因此,城市宣传片的定位和策划往往比制作阶段具有更多的价值。

9.1.2 企业形象宣传片

企业形象宣传片多是应企业要求而拍摄制作的宣传片。随着传媒技术的发展,企业对自身的宣传逐渐不满足于单纯的图片和文字性说明,而转向高品质的影像描述,大大小小的企业非常多,因此企业形象宣传片也成为影视公司非常大的业务来源。

1.品牌宣传

品牌的定义比较高端,多是以宣传企业形象或者是灌输某一企业理念为目的而筹划拍摄的宣传片。品牌宣传片要求较高,因为品牌宣传片的目的多用于主流媒体播放,所以,以品牌宣传为目的的宣传片在一定程度上更近似于广告。比较常见的品牌宣传片,更多的不是来自企业而是来自地方政府。

2.产品宣传

产品宣传不同于品牌宣传,一般是对某个新推出的产品进行介绍性的说明,经常会结合三维和特效技术,将产品制作得非常精美,技术表现精确到位。一般而言,产品宣传片也会具有一些品牌宣传的内容,如企业的专业性和企业文化等,用来增强客户对产品的认同。

产品宣传片最重要的是抓住客户心理和需求,通过漂亮的画面和准确的文案来达到促进营销的目的。

3.内部宣传

相对于对外企业宣传片而言，内部宣传片的大部分受众是该企业内部人员，所以广告的成分要少很多。这一类宣传片的目的多是为了纪念企业的某些重大变革成果，或将本部门的成就展现给其他同行。

对于剪辑者而言，要明确企业的目的，理清剪辑线索。这样的宣传片预算不会太高，制作者也需要考虑如何借助较少的预算，运用较简单的镜头来完成。

内部宣传片因为有"报告性质"的拍摄目的，又因为受众多是相对了解拍摄内容的人，所以在宣传片中，多要剪辑一些该企业或部门领导和员工的画面。如果想要"报告"内容相对复杂，完全通过镜头语言并不容易表达，可以选择剪辑一些领导和员工的谈话或宣言是值得采纳的有效方式。将这些跟企业取得成就的直观画面内容剪辑在一起，有序地安排顺序和长度，是内部宣传片的标准制作方式之一。

9.2 宣传片经典案例欣赏

Chapter 9 设计宣传片

9.3 设计风景旅游宣传片

实践●提高
难易程度 ★★★

◆项目创设
本例是旅游行业的宣传片,采用的是绿色调,视频素材选择的是山峦梯田,突出的是广角宽大和宏伟。

◆制作思路
首先导入素材,然后建立时间线,接着剪辑和编辑镜头,并设置转场及添加轨道蒙版特效,最后添加音频并输出。

 素材文件:本书配套资源\素材与源文件\Chapter9\9.3\素材

案例制作步骤

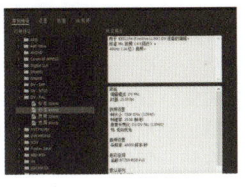 ▶  ▶  ▶

01 创建项目文件

打开Premiere,单击"新建项目"按钮,新建一个项目文件,命名为"宣传片",在"预设"中选择DV-PAL→"标准 48kHz"选项,然后在"序列名称"文本框中输入"宣传片片头",如图9-1所示,单击"确定"按钮。此时在"项目"窗口中可以看到新建立的时间线,如图9-2所示。

微课:
设计风景旅游
宣传片(1)

行业知识
企业宣传片的定位

企业宣传片的定位是宣传片制作过程中的关键环节,它决定了宣传片要传达的核心信息、目标受众以及整体风格。企业宣传片作为一种视听结合的传播工具,其定位应当紧密围绕企业的核心价值、产品特性、技术优势和市场定位等方面进行设计与规划。可以从信息传播学、市场营销策略以及心理学等多个角度进行解析。

首先,从信息传播学的角度看,企业宣传片定位是企业在策划和制作宣传视频时,对自身产品、服务或品牌形象在目标市场中的独特位置进行精确设定的过程。它需要提炼出企业的核心价值与竞争优势,并通过科学有效的信息编排与视觉呈现手段,确保这些关键信息能够精准传递给目标

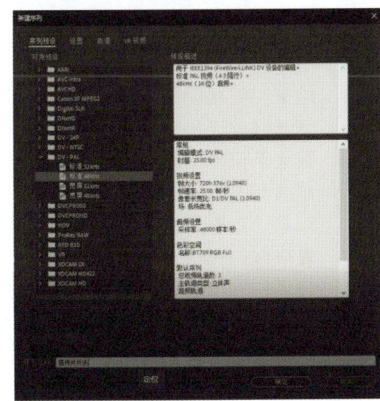
图 9-1

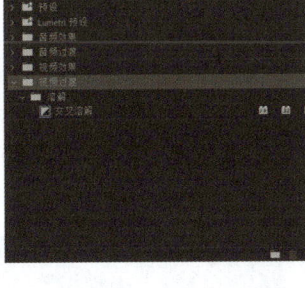
图 9-2

02 导入素材

在"项目"窗口的空白位置双击,打开"导入"对话框,在计算机中找到文件所在位置,框选所有素材,导入Premiere中,如图9-3所示。导入后可以在"项目"窗口中看到导入的素材,如图9-4所示。在制作宣传片片头时一般会用到很多不同类型的素材,在这种情况下,"项目"窗口中的素材管理就尤为重要。为素材分类会方便查找,也会让"项目"窗口更加整洁。

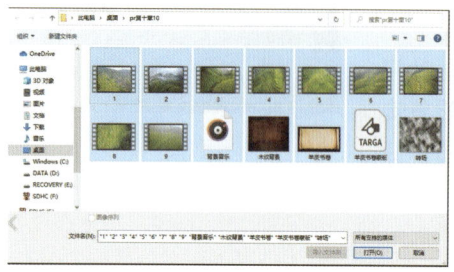 

图 9-3　　　　　　　　　图 9-4

03 建立素材文件夹

单击"项目"窗口底部的"新建文件夹"按钮,新建一个文件夹。这里建立3个文件夹,并将其命名为"视频素材""图片素材"和"音频素材",如图9-5所示。然后将不同类型的素材拖动到相应的文件夹中,如图9-6所示。至此,素材的分类管理工作完成。

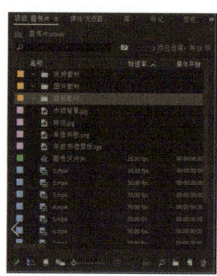 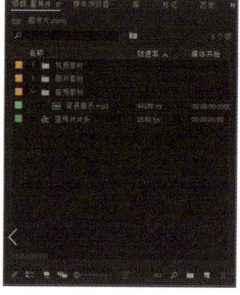

图 9-5　　　　　　　　　图 9-6

04 设置时间线参数

在"预设"中选择DV-PAL→"标准 48kHz"选项,然后在"序列名称"文本框中输入"卷轴动画",如图9-7所示。

05 将素材编辑到时间线上

将"羊皮书卷.tga"素材从"项目"窗口中拖动到"卷轴动画"时间线的"视频1"轨道上,并设置素材时间为20秒,如图9-8所示。

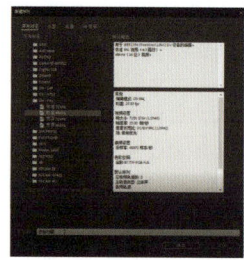

图 9-7　　　　　　　　　图 9-8

受众。

其次,结合市场营销策略,企业宣传片定位应当基于对市场需求和竞争对手分析,以及消费者行为研究等科学方法,明确宣传片的主题、风格和内容架构,旨在提升品牌知名度,塑造良好形象,激发消费者购买欲望或增强客户忠诚度。

再者,从心理学视角考虑,企业宣传片定位还应深入洞察受众的心理特征和接受习惯,运用视听心理学原理,如色彩心理、音乐情绪引导、叙事结构引人入胜等,以期在短时间内引起观众共鸣,并给其留下深刻印象。

国内外很多企业都有成功的宣传片案例。这些案例展示了它们如何通过宣传片来传达自身的核心信息和品牌形象。

1. 华为

华为的宣传片通常强调其技术领先、创新驱动的品牌形象。通过展示华为在通信、智能手机、云计算等领域的创新成果和技术实力,凸显其在科技领域的重要地位。同时,华为还注重展示其企业文化和价值观,如"以客户为中心,以奋斗者为本,长期艰苦奋斗"等,以树立其积极、正面的企业形象。

2. 航天科技集团

航天科技集团的宣传片深度诠释了其在航天科研、卫星应用、运载火箭研制、航天器等领域的卓越贡献和领先地位。宣传片不仅是一部彰显我国航天实力与辉煌成就的视觉史诗,更是向世界传递中国航天精神,弘扬自主创新、勇攀科技高峰的民族志气的重要载体。通过展示火箭发射、卫星等科研实况,以及航天员训

06 剪辑和编辑镜头

下面需要对拍摄的画面进行剪辑。在"项目"窗口中找到"素材1.avi",双击该文件,将其在"素材源"面板中打开,并可播放预览。拖动"素材源"面板底部的"入点"和"出点"滑块,设置"入点"时间为"00:00:02:21"、"出点"时间为"00:00:07:01",用鼠标直接在画面上拖动,可以将截取好的素材片段拖动到"视频2"轨道上,从时间线的视频起始位置视频开始出现,如图9-9所示。

07 剪辑和剪辑镜头

在"项目"窗口中找到"素材2.avi",双击该文件,将其在"素材源"面板打开,并可播放预览。设置"入点"时间为"00:00:05:05"、"出点"时间为"00:00:09:03",用鼠标直接在画面上拖动,可以将截取好的素材片段拖动到时间线的"视频2"轨道上,紧接着"素材1.avi"镜头开始出现,如图9-10所示。

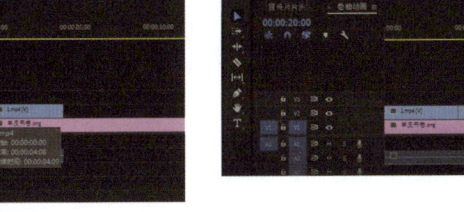

图 9-9　　　　　图 9-10

08 剪辑和编辑镜头

在"项目"窗口中找到"视频3.avi",双击该文件,将其在"素材源"面板中打开,并可播放预览。设置"入点"时间为"00:00:05:07"、"出点"时间为"00:00:08:25",用鼠标直接在画面上拖动,可以将截取好的素材片段拖动到时间线的"视频2"轨道上,紧接着"素材2.avi"镜头开始出现,如图9-11所示。

Chapter 9　设计宣传片

练、深空探测计划等内容,观众还可以深入了解我国在航天科技领域所取得的斐然成就以及为人类探索宇宙、利用太空做出的不懈努力,凸显文化宣传与科普意义。

3. 华大基因

华大基因是一家专注于基因组学研究与应用领域的知名企业。其宣传片深入浅出地介绍了自身在基因科技领域的领先地位,并通过展示先进的测序技术、海量的生物信息数据处理能力以及覆盖人类健康、农业育种、生物多样性保护等多元应用场景,传达企业致力于揭示生命奥秘,推动精准医疗、预防医学和生物科技产业发展的愿景和实践精神。宣传片通过介绍创新精神、科研伦理和社会责任感等企业文化,传递其作为行业领先者,不仅追求科技进步,更注重科技普惠、以人为本的核心价值观。

4. 海尔集团

海尔作为一家家电企业,其宣传片重在强调产品质量和品牌形象。通过展示海尔家电的卓越性能和外观设计,凸显其在家电领域的领先地位。同时,海尔还注重展示其企业文化和价值观,如"创造用户价值"等,以树立其诚信、可靠的企业形象。

图 9-11

09 剪辑和编辑镜头

在"项目"窗口中找到"视频4.avi",双击该文件,将其在"素材源"面板中打开,并可播放预览。设置"入点"时间为"00∶00∶04∶17"、"出点"时间为"00∶00∶07∶07",用鼠标直接在画面上拖动,可以将截取好的素材片段拖动到时间线的"视频2"轨道上,紧接着"视频3.avi"镜头开始出现,如图9-12所示。

图 9-12

10 剪辑和编辑镜头

在"项目"窗口中找到"视频5.avi",双击该文件,将其在"素材源"面板中打开,并可播放预览。设置"入点"时间为"00∶00∶08∶20"、"出点"时间为"00∶00∶14∶00",用鼠标直接在画面上拖动,可以将截取好的素材片段拖动到时间线的"视频2"轨道上,紧接着,镜头开始出现,选择全部音频文件,右击,在弹出的快捷菜单选择"取消链接"命令,将音频文件删除,如图9-13所示。

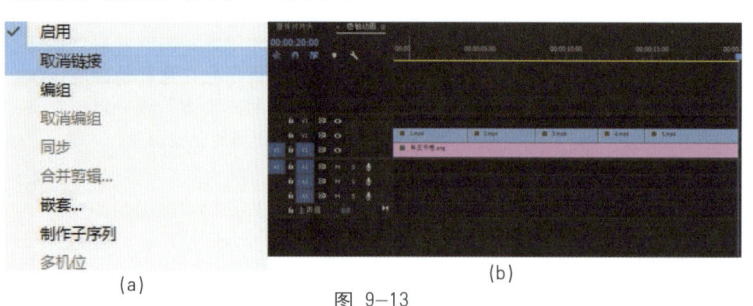

(a)　　　　　　　　　(b)

图 9-13

5. 苹果

苹果产品宣传片往往以科技创新为核心,强调产品的精密工艺、人性化设计与前沿技术的融合,精准定位为行业创新者和生活品质提升者。

以上这些案例展示了设计者如何通过精准的定位和创意的策划来制作具有吸引力和感染力的宣传片。通过深入了解自身品牌、产品和目标受众,任何单位或企业都可以制作出具有自身特色的宣传片,从而有效地提升品牌形象和市场竞争力。

总之,企业宣传片的定位需要综合考虑目标受众、企业特点、品牌价值等多方面因素,通过创意策划和传播策略的制定,实现宣传效果的最大化。

行业知识
宣传片文案内文

1.事实与情感

一篇好的文案内文,最主要的是讲事实,而不是装腔作势;赋予亲切感,注入真实的感情。

11 设置转场效果

播放预览可以看到画面较生硬。下面为镜头添加"交叉溶解"转场，将这种画面跳动感降低到最低。在"效果控件"面板中找到"交叉溶解"，在每个镜头前添加特效，如图9-14所示。

微课：设计风景旅游宣传片（2）

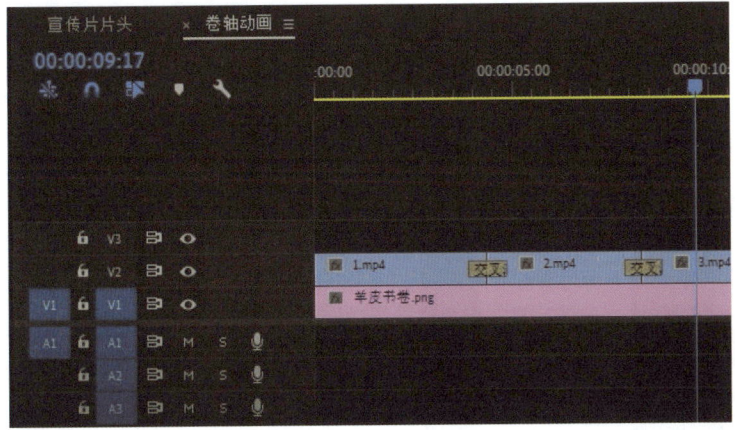

图 9-14

12 编辑素材到时间线上

将"羊书卷蒙版.tga"从"项目"窗口拖动到"卷轴动画"时间线的"视频3"轨道上，将时间延长至20秒，这是一个黑白素材。下面通过一个特效让剪辑好的视频镜头播放在白色区域内。

13 添加轨道蒙版特效

切换到"效果"面板，找到"视频效果"→"键控"→"轨道遮罩键"特效，如图9-15所示，一次只能赋予一个剪辑片段特效，读者可以首先将第一个剪辑片段的效果做好，然后将调整好的效果复制粘贴到其余所有的剪辑片段上。将"轨道遮罩键"特效拖动到"卷轴动画"时间线的"素材1"素材上，可以看到画面没有任何变化，这是因为有些参数还需要设置。

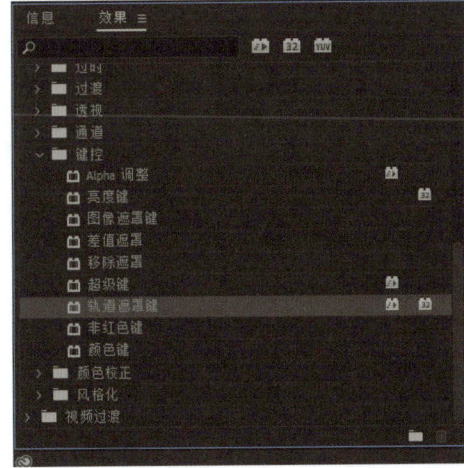

图 9-15

讲事实，最经典的就是奥格威创意的《当劳斯莱斯的行驶速度为60km/h时，车内最大的噪音来自电子仪表》，文案列举了大量的事实。广告内文一定忌讳空洞的说教，要告诉消费者一些非常实在、具体的数字。

赋予文案亲切感，是指编写者一定要以朋友说话的口气去写文章，不仅动听，且字里行间透露出真诚、可亲近，这种气质会带入产品中，消费者很可能会因为这一点而去购买产品。

用真实的情感去写，感动自己的文字一定也会打动其他人，在奥林蒸馏水系列广告中其中有一篇融入了作者的亲身经历，令不少人为之动容。

2. 面向目标

好的广告文案直接向目标人群打招呼。如果目标消费群是女性，最好在文案中出现女人、姐妹等字眼，如果是孩子的妈妈，那就出现"妈妈"，如果是男士，就出现"男人"这一字眼。

3. 文案长度

好的广告文案不一定就是短文案。许多人错误地认为没有人愿意读长文案，而事实上，一个写得引人入胜地长文案也会吸引很多读者。如果一个产品用短文案能表达清楚，那么就短，如果用长文案表达会更生动有力，促销力更强，那么就用长文案。

4. 抽奖与赠品

广告文案中如果安排抽奖、赠品、赠券等会更具有吸引力，在叙述这些赠品时或抽奖时要给人耳目一新的感受。

5. 结合活动

如果广告文案能够与某一事件、活动结合起来写会更加生动。西藏产品藏王宝所作的广告《藏族朋友向无锡人"送宝"来了！》，同时结合在广场的赠送活动，效果就不同凡响。

14 设置轨道蒙版特效并复制

找到并展开"效果控件"面板。该面板主要用于对素材所有属性控制,如基本的变换属性和添加的特效属性。在"时间线"窗口中选择"素材1"素材,可以显示该素材的属性。本例中需要设置"遮罩"为"视频3"、"合成方式"为"亮度遮罩"。单击"轨道1"上的"羊皮书卷",在"效果控件"面板中设置"缩放"为110,选择轨道上的"视频1",设置"缩放"为25。选择"轨道3"上的"羊皮书卷"蒙版,在"效果控件"面板中取消选中"等比缩放"复选框,设置"缩放高度"为150,"缩放宽度"为190,如图9-16所示。复制"视频1"中的特效,将属性粘贴到"视频2"~"视频5"上,如图9-17所示。

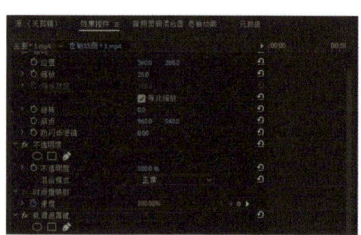
图 9-16

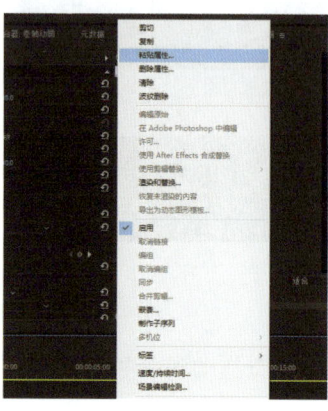
图 9-17

15 拖动素材到视频轨道

将"背景.psd"素材从"项目"窗口拖动到"宣传片片头"时间线的"视频1"轨道上,将时间延长至20秒,如图9-18所示。

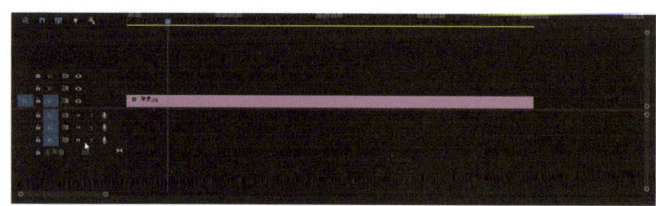
图 9-18

16 编辑素材到时间线上

将制作好的"卷轴动画"时间线从"项目"窗口拖动到"宣传片镜头"时间线的"视频2"轨道上,如图9-19所示,出现在时间线的开始位置,右击"卷轴动画"在弹出的快捷菜单中选择"取消链接"命令,将音频删除。

6.参考资料

要写好一篇文案,脑子里必须有足够的画面和参考资料。可以准备一个本子,记录下所见到的比较好的创意,当自己思路枯竭时,就打开这个"百宝箱"看看以启发自己的思路。可以经常花业余时间去剪报,剪下一个好的广告及新闻标题备选。写文章时顺便连插图一起想,这样就可以和设计师进行良性沟通。

7.切忌用很生僻的字

把读广告人看成具有初中文化水平的人比较好,不要绕弯,不要被自己的创意所感动而不肯放弃,想想如果对面坐着一个只有初中文化水平的妇女,可以和她"之乎者也"吗?

以下字眼可以常用,如免费、亲爱的、尊敬的、省钱的、惊人的、公布、曝光、新闻、崭新的、快乐的、舒服的、感动的、秘密、真相、底细、某年某月某日、今天、明天、后天等,还有多用问句、动词、感叹句,语言要有起伏、韵律,文风要流畅,少用因为、所以、不仅、而且等虚词。

8.数据

如果产品有一些数据非常有用,就用这些数据做标题,如《一个名字,十二年心血》(康达尔形象广告)。

9.要学会新闻编辑的本领

① 学会剪辑。能从人堆文字中剪辑出最精炼的几句。

② 会编排。平面广告最讲究阅读率,好的编辑和版面编排就格外引人注意。

③ 能安排到合适的版面中,从而显得与众不同。

10.证言广告

证言广告是有效的广告方式之一,但一定要真实,语言贴切才令人信服。

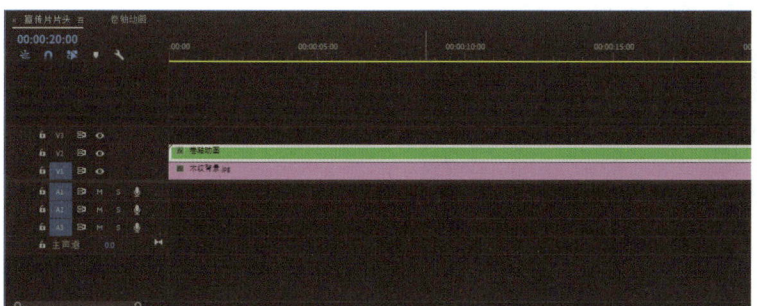

图 9-19

17 设置变换属性

下面为"卷轴动画"添加投影特效。在Premiere中,所有特效都放置在"效果"面板中。切换到"效果"面板,找到"视频效果"→"透视"→"投影"特效,将"投影"特效拖动到"镜头2"时间线的"卷轴动画"素材上,为素材添加投影效果,并设置"位置"为"360.0,288"、"缩放"为"90.0";展开"投影"特效,设置"不透明度"为88.0%、"方向"为212、"距离"为25、"柔和度"为67,如图9-20所示。

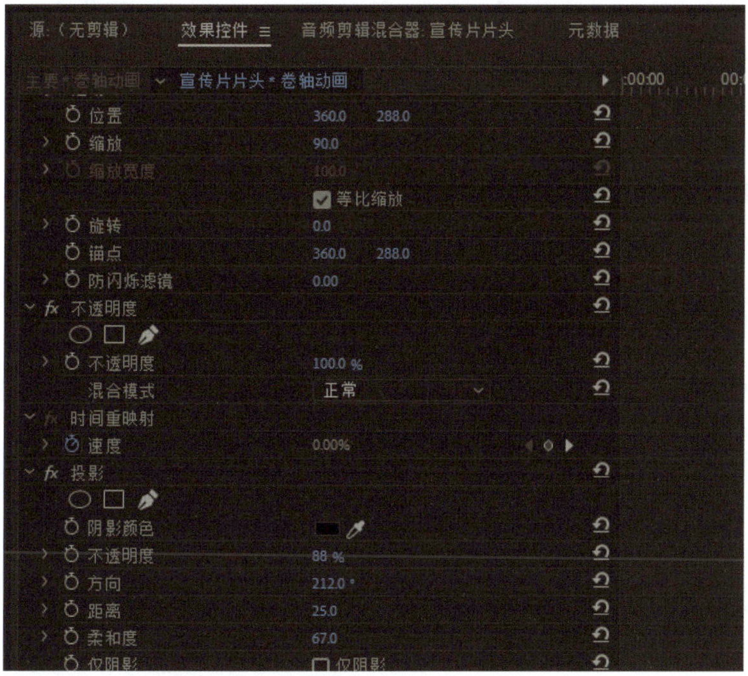

图 9-20

18 找到Gradient Wipe转场

切换到"效果"面板,找到"视频过渡"→"擦除"→"渐变擦除"特效,如图9-21所示。

Chapter 9 设计宣传片

11.集中

坚持一个广告中就集中说一点。说的点过多,容易让消费者遗忘甚至搞不清楚。

行业知识
宣传片文案的要素

好的企业宣传片文案要素是狠、稳、准。创作一篇好的宣传片文案,有如下规律可遵。

1.基础调研

消化产品与市调的资料,然后用20~30个文字描述产品,这些字要包括产品的特点、功能、目标消费群、精神享受4个方面的内容。

2.对消费者的承诺

要问自己:应该向消费者承诺什么?这一点很重要,若没有承诺,没有任何人会买,承诺越具体越好。"让你美丽"的承诺不如"消除你脸上的色斑"及"让皮肤变得洁白、有光泽"来得有力,"为你省钱"不如"让你省下100元钱"来得更有力。不要写下连自己都不能相信的承诺,承诺靠什么来保证,在文案中要考虑清楚。

3.为文案定个基调

接下来可以确定一个核心创意,也叫大点子、大创意(Big Idea)。这个核心创意一是很单纯,二是可延伸成系列广告的能力很强,三是很有原创性,可以震醒许多漠然视之的消费者。例如,奥林蒸馏水确定的核心创意是"有渴望,就喝奥林",围绕人的种种"渴望"及"口渴"的种种情景展开系列广告,轰动一时。为"红常青羊胎素"这一美容保健品所确定的大创意是"红常青,为女人除不平","不平"指脸上的皱纹、斑斑痘痘,又指心中的不平、怨言,展开的系列广告也颇引人注意。

图 9-21

19 编辑Gradient Wipe转场

将此特效拖动到"卷轴动画"镜头起始位置，添加转场效果，在打开的"渐变擦除设置"对话框中单击"选择图像"按钮，如图9-22所示，在计算机中找到文件夹所在位置，选择名为"转场"的图像，如图9-23所示，将其载入到转场中。

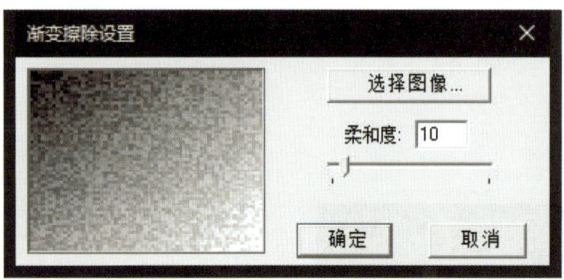

图 9-22

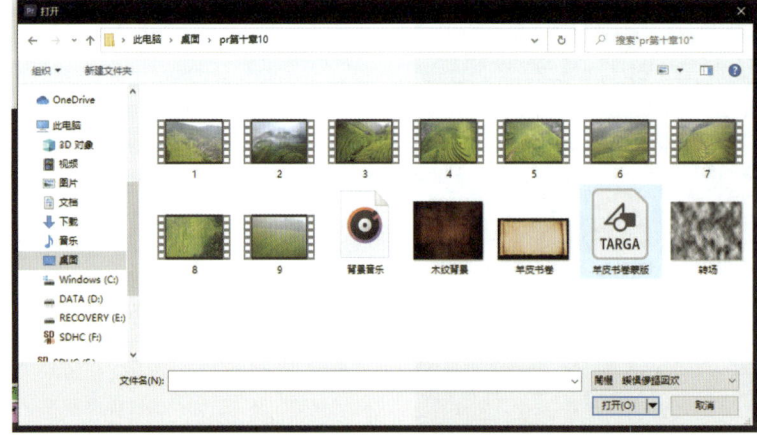

图 9-23

20 设置转场效果

参照此前操作，在"卷轴动画"镜头的结束位置进行相同的转场设置，使用相同的方法让卷轴消失。

4.富有吸引力的标题

每一则广告最重要的是标题。标题的创意请把握以下3个基本点。

故事性：标题具有故事性会吸引人认真读内文，例如，《意想不到，一部赛车开进了厨房》是火王97新款燃气炉"赛车一族"的创意广告，将"赛车"开进"厨房"产生了故事性，吸引了受众看广告的兴趣。

新奇性：一个可以引发好奇心的广告会吸引很多人阅读。广告标题一定要有新奇性，益生堂三蛇胆创意的广告《益生堂三蛇胆为何专作"表面文章"？》《上火啦》《战"痘"的青春》，为佳百娜红葡萄酒创意的《今晚，你准备"亲吻"佳百娜吗？》《佳百娜五岁了，尚未开封》《咦，怎么少了一个人？噢，他被佳百娜"迷"住了》，为一致全家福创意的《今天请倒过来看广告一致全家福到了！》。采纳自己的形象广告《老虎能飞起来吗？》《一个老总为何需要两个脑袋？》等广告都比较符合新奇性的特点。

新闻性：标题写得像新闻标题会比较受人瞩目。例如，采纳公司为宽飞仿生被所做的创意广告《独家披露被子里的新闻》，为海南啤酒创意的《海南将要"桶"获膨胀》《海南今年夏天可能要降"温"》，为古方三蛇胆创意的《可以全面停"火"了》，为益生堂三蛇胆创意的《从深圳开来的战"痘"特快已抵达本市》，为吾老七口服液创意的《这三个寻常女人引起全城女性关注》《曝光面子"丑"闻"》，为金汤减肥冲剂创意的《深圳女人可以"瘦下来"吗？》等广告都取得了很好的效果。

5.文案内容

最后，架构精彩的文案内容，进行愉快的交流。

21 添加落版镜头

在"项目"窗口的空白位置,双击打开"导入"对话框,在计算机中找到文件所对应的位置,选择素材文件"落版镜头.avi",导入Premiere中,如图9-24所示。

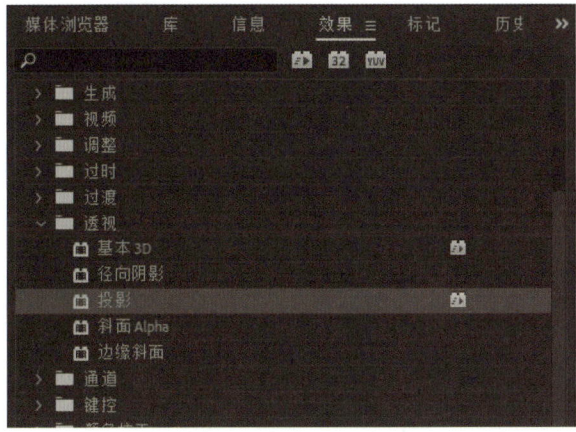

图 9-24

22 设置落版镜头

将"落版镜头.avi"从"项目"窗口拖到V1轨道的木纹背景后,并右击,在弹出的快捷菜单中选择"缩放为帧大小"命令,如图9-25所示。

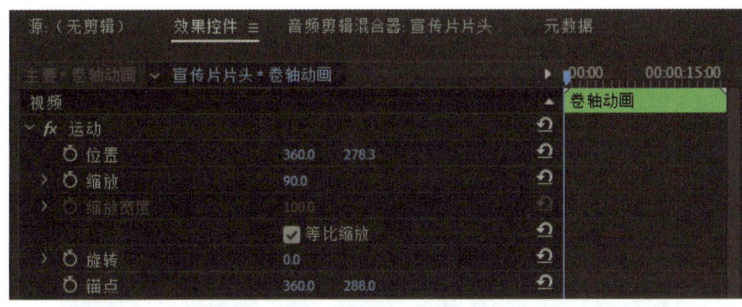

图 9-25

23 添加音频

将"背景音乐.MP3"拖动到音频轨道,剪掉多余部分,如图9-26所示。

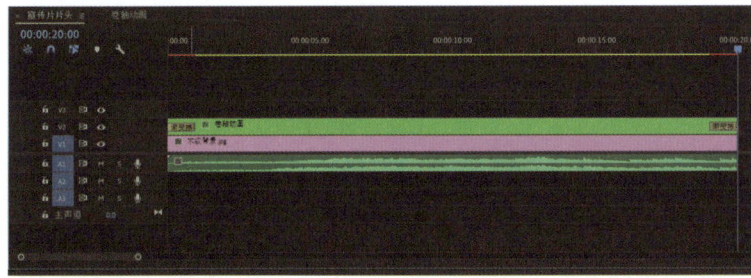

图 9-26

设计师经验
文案的创意

文案的创意是使其脱颖而出的关键,要求文案不仅要传达信息,还要具有吸引力和独特性。

1. 运用比喻和象征

通过比喻和象征,将品牌或产品与某种易于理解且具有吸引力的概念或形象相联系。这可以帮助观众更轻松地理解品牌或产品的价值,并留下深刻印象。

2. 创造情感共鸣

挖掘目标受众的情感需求,通过文案触发他们的情感共鸣。可以通过讲述感人故事、描绘动人场景或使用温暖、触心的语言来实现。

3. 采用幽默和轻松的手法

幽默和轻松的手法可以打破传统广告的刻板印象,吸引观众的注意力。通过巧妙运用幽默元素,可以让观众在轻松愉快。

4. 使用反转和意外

在文案中引入反转和意外元素,打破观众的预期,制造惊喜。这可以激发观众的好奇心,使他们更加关注宣传片的内容。

5. 强调创新和独特性

突出品牌或产品的创新性和独特性,强调其在市场中的与众不同之处。这可以帮助品牌在竞争激烈的市场中脱颖而出,吸引目标受众的关注。

6. 利用视觉元素

文案与视觉元素的紧密结合可以增强创意效果。通过巧妙运用图像、色彩、动画等视觉元素,可以使文案更加生动、有趣,增强观众的视觉体验。

7. 结合时事热点和流行文化

将时事热点和流行文化融入文案,使其更具话题性和吸引力。这可以使观众感到文案与其生活息息相关,从而增加对品牌或产品的兴趣。

9.4 知识与技能梳理

制作宣传片是Premiere重要的功能。宣传片的制作一般包含以下重要的知识模块：策划文案、镜头拍摄、镜头剪辑、片头片尾的动画制作、字幕编辑、配音和混音等，是一种综合的制作内容。本章介绍了宣传片片头的简单制作，讨论了两个非常重要的特效——蒙版特效和渐变转场特效，并使用这两个特效制作了比较好的效果。

- 重要工具：时间线、字幕窗口、"效果控件"面板、"效果"面板。
- 核心技术：导入素材和素材管理、层堆叠、渐变转场、蒙版特效、时间线嵌套与流程管理等。
- 实际运用：制作宣传片片头动画。

9.5 拓展训练——设计运动鞋广告宣传片

利用本节制作宣传片的相关知识，制作《匹克运动鞋》广告宣传片。

- 技术盘点：建立项目与项目设置、素材组织、影片剪辑、关键帧动画、配乐等。
- 制作要求：
  ① 样片中的所有素材都在电子资源中。
  ② 项目大小：352px×288px，VCD规格。
  ③ 根据学过的知识，对影片进行剪辑，要求剪辑流畅。
  ④ 画面的剪辑要根据音乐节奏，做到声画对位配合。
  ⑤ 可以在样片的基础上独立设计片头和字幕。

Chapter 10

设计栏目片头

  电视栏目片头是集科技、文化、艺术于一体的专业传播艺术，随着高新技术在电视节目制作领域的广泛应用，电视栏目片头的艺术创作发生了质的飞跃。通过技术手段把电视栏目片头的创意与构思、色彩与光效、构图与造型、音乐及艺术等元素融合在一起，构成和谐统一的整体，创作出美轮美奂的艺术作品，真正实现了技术与艺术的完美结合，最大程度地满足人们对电视作品的审美需求。

	知识点 \ 学习目标	了解	掌握	应用	重点知识
学习要求	栏目片头	🚩			
	栏目设计风格	🚩			
	电视栏目片头设计的风格		🚩		
	实拍与CG技术的结合		🚩		
	三维风格设计			🚩	
	二维风格设计			🚩	
	设置关键帧				🚩
	添加视频效果				🚩

能力与素质目标

10.1 栏目片头的基础知识

栏目片头设计是集科技、文化、艺术于一体的艺术创作，随着新技术在节目制作领域的广泛应用，栏目片头的艺术创作发生了质的飞跃。栏目片头的创意和构思得到淋漓尽致的展现，色彩和材质、构图与造型、音乐与节奏等元素得到有机融合，技术与艺术得到完美结合，构成和谐统一的整体，创作出精美的艺术作品。

微课：栏目片头的基础知识

10.1.1 栏目片头

片头的原意是指电影、电视栏目或电视剧开头，用于营造气氛、烘托气势、呈现作品名称、开发单位、作品信息等一系列信息的影音材料。随着计算机的普及，特别是多媒体技术的发展，目前片头的概念已经延伸到社会生活的各个领域，如多媒体展示系统、网站、游戏、各类教学课件、DV资料等，都离不开片头制作。由于片头给观众留下的是第一印象，从总体上展现了作品的风格和气势，以及作品的制作水平和质量，因此，片头对整个系统具有非常重要的影响。

片头的设计是一种将构思以视觉形式明确表现出来的创作活动。片头制作是通过光影、颜色、文字、图形、图像和动作等要素来表达一定的思想和信息，是属于视觉传达的一种艺术。

片头展示技法、展示方略是片头的思想内涵与"灵魂"，是具有感染力和说服力的要素，是决定片头成功与否的关键所在。片头的展示没有固定的规律可循，要依片头的种类、客观文化背景及科学技术发展等多重因素而定。

随着高新技术的不断发展，人们审美水平的不断提高，未来的片头设计只有从内涵出发，在意境上下工夫，特别是注重个性化的专业总体形象设计，注重个性形象展示，才能以差异化的形象战略赢得观众更深层次的情感认同。

10.1.2 栏目设计风格

1. 电视栏目片头设计的风格

电视栏目片头设计的风格丰富多彩、五花八门，大致有以下几种类型：实拍与CG技术结合、三维风格、二维风格、其他风格。在栏目片头制作中恰当地使用相应的风格，能突出栏目的个性特征，更好地确立栏目的品牌形象。

2. 实拍与CG技术的结合

电视制作技术的不断创新发展，尤其是CG技术的普及和运用，极大地推动了整个电视制作行业的变革。CG是英语Computer Graphics的缩写，指利用计算机技术进行视觉设计和生产。在创意和制作过程中，将实景拍摄与CG技术结合，便可无限制地发挥想象空间，带给观众前所未有的视觉体验。运用CG技术和后期特效，可以对实景拍摄的影像素材进行灯光、阴影、道具和背景等方面的设计处理，化"腐朽"为神奇，把不可能变为可能。这适用于绝大多数片头的制作。例如，为运动会设计宣传片，可以预先请运动员来到场地，导拍一组镜头，利用CG技术制作虚拟背景以及动感元素，通过快节奏的剪辑使两者有机地结合起来，呈现出青春动感的效果。

3. 三维风格设计

目前，全三维风格的包装设计在中国电视包装行业应用广泛，如频道呼号、新闻、专题及娱乐栏目片头、片花的功能包装设计品。三维风格的视频设计，对计算机三维技术的依赖性很强。计算机三维技术在表现虚拟的道具和想象的场景环境方面具有很大的潜能。它可建造场景、道具、灯光、材质等画面元素，能够实现人造的真实、又可呈现出计算机艺术的特有视觉效果。三维风格的视频设计，其镜头的调度非常灵活，可以实现制作者的想象。在计算机三维场景中，虚拟的摄像机可进行移动、推拉、旋转等动作，与传统的影像拍摄手法相比，优势非常明显。

4.二维风格设计

为顺应发展，二维风格的视频设计开始逐步走上前台。二维风格的视频设计并没有放弃计算机三维技术的使用，而是有意识地弱化三维风格中的立体造型、金属质感、炫目光效等特征，放弃金属或塑料质感的工业主义视觉风格，转而借力色彩构成和平面设计。相对三维风格的制作，这类风格的片头让人感觉更亲切，变化也更丰富。例如，在创作旅游栏目片头过程中，可以将各种画面元素平面化、图形化，以层间的排列、叠加、嫁接、分解为主要运动方式，努力塑造出清新、时尚、动感、轻松的栏目风格。时代在不断发展，观众的审美需求也呈现多元化。为了迎合各种层次的观众群，丰富电视片头风格，电视制作人员开始借助各种艺术表现形式。油画、版画、水彩、水墨、雕塑或民间艺术，几乎都被融合运用到电视片头制作中，电视片头风格更趋丰富多元化。总之，目前电视栏目片头制作风格各具特色，采用恰当的片头风格对于栏目片头的制作能起到事半功倍的效果。随着电视制作技术的不断进步和电视制作人员的不懈努力探索，电视片头的风格将更加丰富多彩。

10.2 宣传片经典案例欣赏

Chapter 10 设计栏目片头

10.3 设计栏目片头

实践●提高

● 难易程度 ★★★☆

▶项目创设

本案例是制作电影胶片栏目片头，采用的是深色调，视频素材选择的是怀旧电影，将人的思绪带到了遥远的过去。

▶制作思路

首先导入素材，然后建立时间线，接着插入胶片，并制作胶片底部及添加背景图片，最后添加视频效果并输出。

素材文件：本书配套资源\素材与源文件\Chapter10\10.3\素材

案例制作步骤

 ▶ 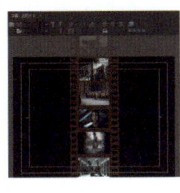 ▶  ▶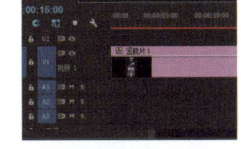

01 创建项目文件

首先打开Premiere，单击"新建项目"按钮，新建一个项目文件，然后在"名称"文本框中输入"电影胶片"，如图10-1所示，单击"确定"按钮。

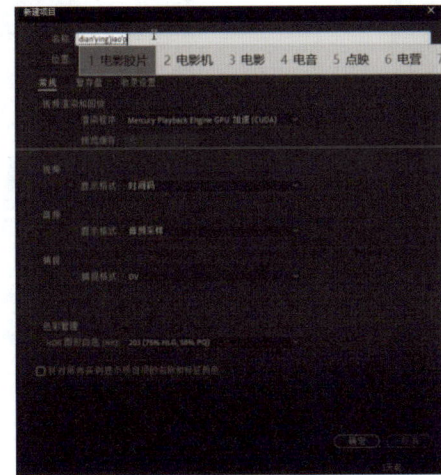

图 10-1

微课：
设计栏目片头（1）

行业知识

电视栏目片头创作色彩技术的运用

电视作为一门视听艺术，首先离不开光和色。电视栏目片头艺术创作中如何将色彩技术与色彩艺术融为一体，创作出美轮美奂的栏目片头是很值得思考的问题。

色彩担负着渲染气氛、深化主题、表达情感的重任，是构成电视画面的重要因素。从事片头制作的人都不同程度地体验到色彩的表达对艺术创作至关重要，色彩具有很强的设计感，如果为了强调画面的色彩感而脱离栏目片头色彩应用的特殊性，这样的色彩设计是失败的。

① 色彩体现视觉效果：电视画面的构成元素是动态的，电视栏目片头中的色彩是可以运动的，片头

02 新建字幕"竖胶片1"

选择"文件"→"新建"→"字幕"菜单命令，打开"新建字幕"对话框，输入字幕名称"竖胶片1"，单击"确定"按钮，打开"字幕"窗口。在其左上方单击"滚动/游动选项"按钮打开"滚动/游动选项"对话框，将字幕类型设置为"滚动"，单击"确定"按钮，如图10-2所示。

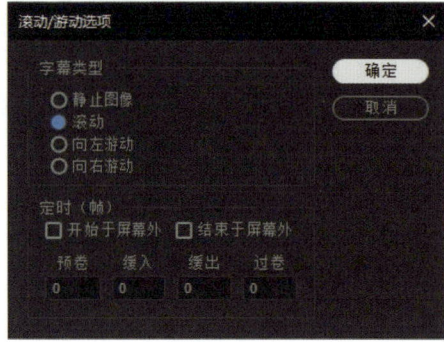

图 10-2

03 导入"竖胶片1"图片

字幕右侧有了上下滚动条，静态字幕转变成滚动字幕之后，右击，在弹出的快捷菜单中选择"图形"→"插入图形"命令，打开"导入"对话框，导入所需素材图片到"字幕"窗口中，如图10-3所示。

用同样的方法将其他图形也导入到"字幕"窗口中，并纵向放置为一列。当将图片向"字幕"窗口的下方拖动时，该窗口会自动滚动，向下扩展空间。

图 10-3

04 胶片对齐

大致确定好首尾图片的位置，然后按Ctrl+A组合键全部选中这些图片，在"中心"面板中单击"水平居中"按钮，在"分布"面板中单击"垂直平均"按钮，在"对齐"面板中单击"垂直居中"按钮，将图片整齐排列，图片之间有少量间隔，并居中放置在屏幕中，如图10-4所示。

所表现的视觉效果更是动感艺术的综合体现。因此，只有体现栏目特定内容的色彩，才能更好地体现视觉效果。

②色彩对人有心理影响：根据人们的视觉习惯，蓝色在视觉上有收缩感。因此，在电视节目包装中用得最多的是蓝色，蓝色又被称为永恒之色，明快、忧郁、自由等各种不同感受都可表达。新闻栏目片头大都采用蓝色为主色调，结合三维光效及强烈的空间感，来体现新闻节目的鲜明性、时效性、现代性。

③渐变色的应用：渐变色具有活泼、层次丰富的特点。合理地利用渐变色，可以使电视栏目片头的画面更有可变性和流动感。例如，中央电视台一套新闻栏目片头均选用蓝色为主色调，蓝色有冷静、客观、大气、庄重的气质。《新闻联播》《新闻30分》《晚间新闻》《焦点访谈》等栏目片头的包装色彩都体现了节目的风格，反映了央视一套以新闻为主的频道物质。

图 10-4

④色彩的节奏感：在片头色彩运用中，相同或相近的色彩，在画面上二次以上再现即可创造出最基本的视觉节奏。例如，色彩形象的重复、交替、渐变、突变等有节奏感的色彩，如果在画面上形成特定的线性连接关系，就能给人生机勃勃的色彩旋律。片头制作中巧妙运用色彩的点、线、面和它们之间的间隔、转换、变迁等技术手段，就能产生具有生命力的色彩节奏。

因此，作为栏目片头制作者，应考虑色彩艺术的特殊性，根据栏目定位和风格特征，合理使用色彩，使色彩更为简洁、有序，从而使栏目片头更具视觉冲击力，更富有想象力和表现力。将色彩技术与色彩艺术融为一体，创作出更多优秀的艺术作品。

05 制作胶片背景

选择"矩形工具"在这一列图片上绘制一个矩形条，将其"填充"下的"色彩"数值改为RGB（60，30，0），选择"字幕"→"字幕"→"排列"→"移到最后"菜单命令，将其移至图片之下，调整为适合的大小，如图10-5所示

设计师技巧

蓝幕绿幕抠像技术

蓝幕绿幕抠像技术是现在影视合成中最常使用的技术，在现代电影电视中使用得非常普遍。电影《星球大战》制作了超常的现实世界、令人难忘的人物形象和史诗般的战斗场面，整个影片达到了空前的逼真效果，杰迪武士拥有的那把具有超级力量的无所不能的"光刀"是每一个孩子的梦想。计算机特技师使用了特效系统中的Paint绘画、Action合成和批处理特性来使"光刀"发光，并用特效系统中的跟踪器来使光跟随刀移动。在影片的一个光刀决斗场面中，先将实拍中使用的道具刀进行对位，然后再用特效系统中的光刀效果进行替换，从而

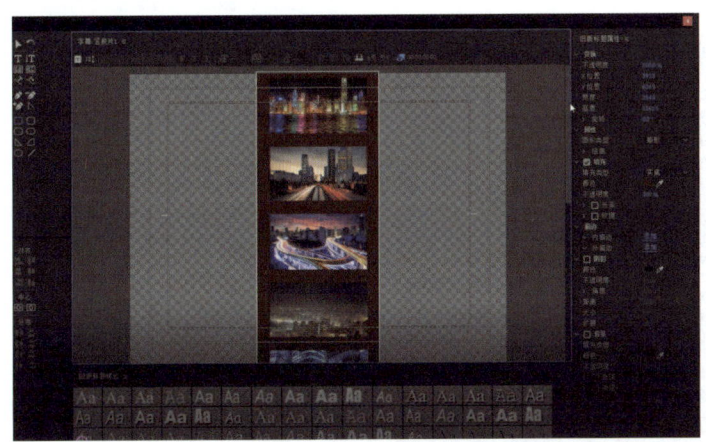

图 10-5

06 完成胶片背景

同样使用"矩形工具"绘制相同颜色的小矩形条，将其放置在窗口图片的顶部，复制多个，从上到下进行排列，在窗口图片的底部也放置好一个小矩形条，然后从一侧选中这些小矩形条框，在"对齐"面板中单击"垂直居中"按钮，在"分布"面板中单击

"垂直平均"按钮,等距离整齐排列这些小矩形条,并将其移至图片之后。再绘制一个相同颜色的长条矩形,放置在图片的另一侧,完成胶片制作,如图10-6所示。

图 10-6

07 建立"竖胶片2"

用同样的方法再建立一个滚动的字幕"竖胶片2",如图10-7所示。

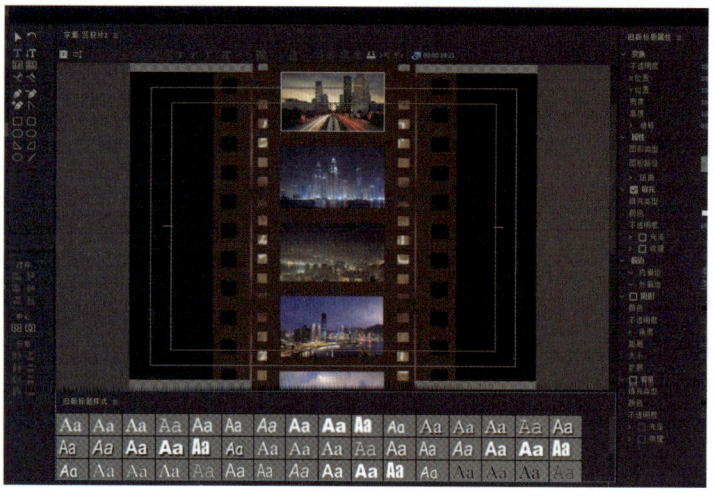

图 10-7

08 建立"竖胶片3"

在"竖胶片2"的基础上进行修改,制作完成"竖胶片3",如图10-8所示。

制作出所需的特效。演员的表演需要在蓝色背景下拍摄,然后经过大量的后期合成才能达到所期望的效果。

行业知识
栏目片头的基础知识

电视栏目片头是集科技、文化、艺术于一体的专业传播艺术,随着高新技术在电视节目制作领域的广泛应用,电视栏目片头的艺术创作发生了质的飞跃;通过技术手段把电视栏目片头的创意与构思、色彩与光效、构图与造型、音乐及艺术等元素融合在一起,构成和谐统一的整体,创作出美轮美奂的艺术作品,真正实现了技术与艺术的完美结合,最大程度地满足人们对电视作品的审美需求。

Chapter 10 设计栏目片头

图 10-8

09 建立"竖胶片4"

在"竖胶片3"的基础上进行修改,制作"竖胶片4",其中图片都换成文件"牛皮纸背景",如图10-9所示。

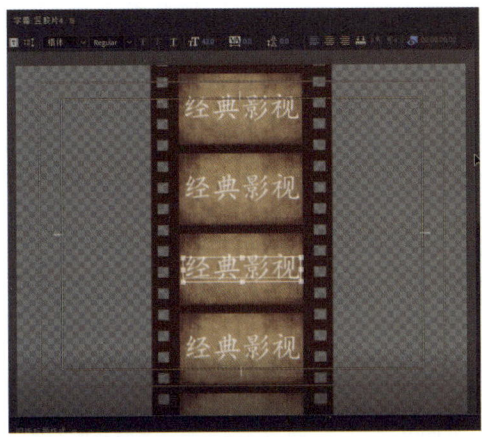

图 10-9

10 添加"经典影视"文字

选择"文字工具",在其中一个胶片中部建立文字"经典影视",设置合适的字体和大小,色彩设置为白色。在其他胶片的中部也复制相同的文字,如图10-10所示。

图 10-10

行业知识
栏目片头

片头的原意是指电影、电视栏目或电视剧开头,用于营造气氛、烘托气势、呈现作品名称、开发单位、作品信息等一系列信息的影音材料。随着计算机的普及,特别是多媒体技术的发展,目前片头的概念已经延伸到社会生活的各个领域,如多媒体展示系统、网站、游戏、各类教学课件、DV资料等,都离不开片头的制作。由于片头给观众留下的是第一印象,从总体上展现了作品的风格和气势,以及作品的制作水平和质量,因此,片头对整个系统具有非常重要的影响。

片头的设计是一种将构思以视觉形式明确地表现出来的创作活动。片头制作是通过光影、颜色、文字、图形、图像和动作等要素来表达一定的思想和信息,是属于视觉传达的一种艺术。

片头展示技法、展示方略是片头的思想内涵与"灵魂",是具有感染力和说服力的要素,是决定片头成功与否的关键所在。片头的展示没有固定的规律可循,要依片头的种类、客观文化背景及科学技术发展等多重因素而定。

随着高新技术的不断进步,人们审美水平的不断提高,社会经济文化的不断发展,未来的片头设计只有从片头的内涵出发,在意境上下工夫,特别是注重个性化的专业总体形象设计,注重个性形象展示,才能以差异化的形象战略赢得观众更深层次的情感认同。

11 建立嵌套时间线

在"项目"窗口中单击原来默认的时间线"序列01"名称上，将其重命名为"嵌套竖胶片1"，然后从"项目"窗口中将"竖胶片1"拖至时间轴中，并将长度设为15秒，如图10-11所示。

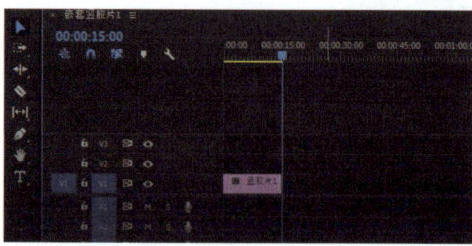

微课：
设计栏目片头（2）

图 10-11

12 新建"竖胶片4"序列

选择"文件"→"新建"→"序列"菜单命令（快捷键为Ctrl+N），新建一个时间线"嵌套竖胶片4"，然后从"项目"窗口中将"竖胶片4"拖至时间线中，并将长度设为15秒，如图10-12所示。

图 10-12

13 导入素材文件

选择"文件"→"导入"菜单命令（快捷键为Ctrl+I），导入素材，在打开的"导入"对话框中，选择动态背景素材"牛皮纸背景.jpg"文件和音频文件"背景音乐.mp3"，单击"打开"按钮将文件导入"项目"窗口中。

14 建立时间线

选择"文件"→"新建"→"序列"菜单命令（快捷键为Ctrl+N），新建一个时间线"电影胶片"，然后从"项目"窗口中将"牛皮纸背景.jpg"文件和"背景音乐.mp3"拖至时间轴中。其音频长度接近15秒，视频长度为10秒。选择"背景音乐.mp3"，按快捷键Ctrl+C复制，将时间滑块移至第10秒，再按快捷键Ctrl+V粘贴，并将15秒之后的部分减去。调整羊皮纸为合适大小，如图10-13所示。

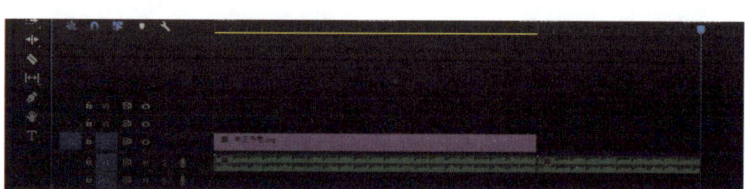

图 10-13

行业知识

胶片影像和数字影像的特性比较

电影已有一百多年的历史，随着科学技术的进步，电影技术一直在不断发展。然而，电影影像的拾取、记录和重放技术仍沿用当年电影发明时所采用的化学银盐感光胶片原理。由于数字摄影技术与传统化学银盐胶片成像技术的差异，所获取的影像视觉效果必然有所不同。这两种影像视觉效果的优劣，一直是人们不断讨论的话题。

自从盖达尔发明了照相术，人类对记录并再现更加完美的影像的努力就没有停止过。但究竟什么样的影像才算得上完美的影像？是不是完全忠实记录了现实世界的景物就是最终目标？这个问题已经不仅仅是技术本身所能解决的了。事实上，尽管直到今天人们还不能完全忠实地记录并再现这个世界复杂多变的景象，化学银盐感光胶片技术经过一百多年的不断发展和完善，人们已完全接受并习惯了银盐胶片材料所记录和再现的影像视觉效果。而基于数字摄影技术的电子成像原理与银盐胶片摄影技术的光化学成像原理有着本质的区别，但是人们仍然希望数字影像能够接近已经习惯的胶片影像的视觉效果。显然，不能简单地下结论说数字影像没有胶片影像好。随着科学技术的不断进步，未来数字摄影机的技术指标肯定能够超过银盐胶片材料。只有深入了解数字影像的技术原理并充分掌握数字摄影机的使用方法和技巧，才能够创造出更加清晰完美的影像。

Chapter 10 设计栏目片头

15 修整"嵌套竖胶片1"素材

从"项目"窗口中将"嵌套竖胶片1"拖至时间轴的"视频2"轨道中,并将6秒之后的部分剪切掉,解除视音频链接,并删除音频部分,设置"效果控件"下的"位置"为"570,288",如图10-14所示。

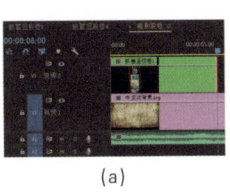 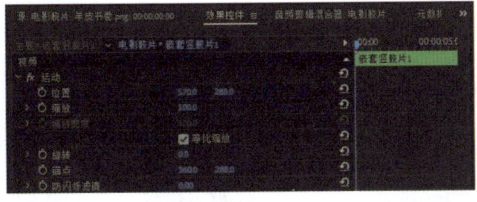
(a)　　　　　　　　　　　(b)

图 10-14

16 设置"竖胶片2"效果

将"竖胶片2"拖至"视频3"轨道中,将长度设为3秒14帧,设置"效果控件"下的"位置"为"270,288",如图10-15所示。

图 10-15

17 设置"嵌套竖胶片1"关键帧

在时间线中选中"嵌套竖胶片1",将时间滑块移至第2秒20帧,单击"位置"前面的码表,记录关键帧,当前位置为"570,288";将时间滑块移至第3秒10帧,将"位置"设为"126,288";将时间滑块移至第5秒10帧,单击"添加/移除关键帧"按钮,添加一个相同数值的关键帧;将时间滑块移至第6秒,将"位置"设为"-118,288",如图10-16所示。

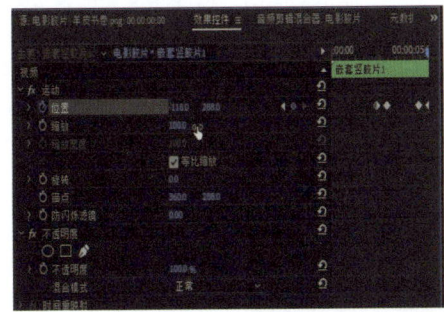

图 10-16

行业知识

现代多层彩色胶片的成像原理

现代彩色胶片感光乳剂层一般有三层,分别对红、绿、蓝三原色敏感。当胶片受到光线的照射后,乳剂层中的卤化银晶体将发生光电化学反应,在曝光的瞬间放出电子,并形成由金属银原子组成的潜影。在理想情况下,当白光照射乳剂层时,感蓝层感光材料首先感蓝光,并通过黄光,黄光使感绿层感绿光,并通过红光,使处于底层的感红层感光。这样,负载影像信息的白光,就以红、绿、蓝的形式将影像信息反映在各层感光材料的潜影的大小上。曝光后的胶片只有通过显影处理才能形成人眼能够看到的影像。胶片显影程度受显影液的成分、浓度、温度还有显影时间等因素的影响,而这些因素又影响着最终的影像清晰度、颗粒度等。

在实际应用中,显影过程是个严格的化学反应的控制过程,而且在现代胶片加工过程中,只有通过严格的工艺控制,才能够获取令人满意的影像。

对传统胶片成像系统来说,处于成像面的是银盐胶片,曝光期间银盐胶片发生了光化学反应,光学影像在银盐中形成银的潜影。对于电子成像系统来说,处于成像面的是基于硅晶体感光的固态传感器,曝光期间固态传感器发生了光电转换,光学影像在固态传感器上形成电子影像。传统感光材料与固态图像传感器除了感光原理和结构上存在不同之外,在成像过程的功能上也有着差异。传统银盐胶片在曝光后,影像信息以潜影的形式记录在银盐颗粒中,胶片同时起到了两个作

18 设置"竖胶片2"的"位置"数值

在时间线中选中"竖胶片2",将时间滑块移至第2秒20帧,单击"位置"前面的码表,记录关键帧,当前位置为(270,288);将时间滑块移至第3秒10帧,将"位置"设为(-263,288),如图10-17所示。

微课:
设计栏目片头(3)

图 10-17

19 "竖胶片3"添加到轨道

在"项目"窗口中将"竖胶片3"拖至时间线中V3轨道上方的空白处,会自动添加一个V4轨道放置"竖胶片3",将"竖胶片3"的入点移至第2秒20帧,出点设为时间轴中的第6秒,如图10-18所示。

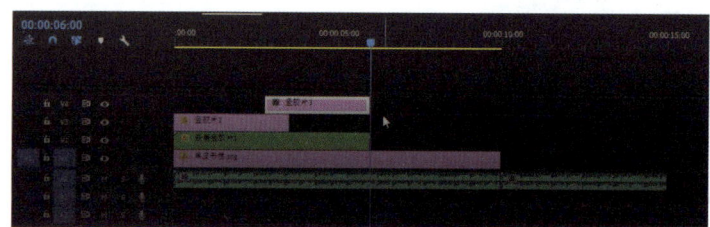

图 10-18

20 设置"竖胶片3"效果

在时间线中选中"竖胶片3",在"效果控件"面板中对其"位置"进行设置。将时间滑块移至第2秒20帧,单击"位置"前的码表,设置"位置"为"960,288";将时间滑块移至第3秒10帧,设置"位置"为"420,288";将时间滑块移至第5秒10帧,单击"添加/移除关键帧"按钮,添加一个相同数值的关键帧;将时间滑块移至第6秒,设置"位置"为"960,288",如图10-19所示。

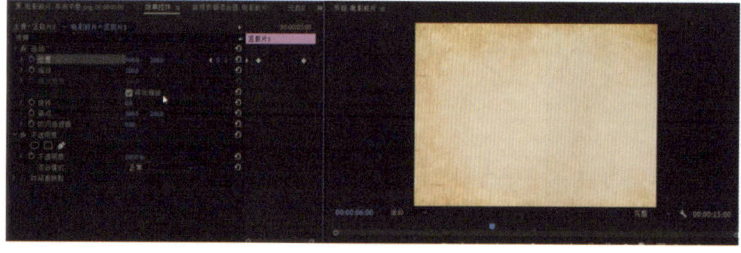

图 10-19

用:感光和记录。而固态传感器只完成感光,对于影像信息的记录由相应的存储设备来完成。因此,基于CCD技术的成像系统结构中,除了感光单元之外,还必须有信息暂存、信号转移通道、信号读取控制、信号放大以及模数转换等组成部分。

设计师经验

电影数字化与数字电影

数字化的含义是指将一切以其他模拟形式存在的信息转化成数字信息,这里的数字即是指由0、1组成的二进制数字。这是因为要使用计算机来处理,计算机的处理工作有着巨大的优点,但它只能处理数字化的信息。以往的信息都是以模拟的形式存在,必须转化成数字信息。这个转化过程称为数字化的过程。它不仅指电影电视所包含的模拟视听信息的转换,也包括其他领域中模拟信息的转换。数字化强调的是这个转换过程,因为目前正处在模拟与数字信息并存的时期,在过渡阶段就需要这个转化过程。当未来人们所获得的信息全部以数字形式存在后,数字化的工作就完成了。

电影数字化的核心是将以胶片为载体记录的影像转换成数字信号在计算机中进行处理,在数字化的环境中完成电影的前、后期制作,再转化成胶片放映或用数字电影放映机放映。

电影数字化在目前来说主要指电影制作数字化,即使用计算机技术对包括前期创作、实际拍摄乃至后期制作在内的完整的工艺过程的全面介入。例如,在前期创作中通过计算机辅助系统,对影片的场景、情节、画面等进行模拟设计及效果预演,以便找出最佳的叙事技巧和创造视觉冲击力的方案;又如,在实际拍摄中通过计算机控制技术,完成某些用传统方法无法完成的拍摄;再如,在后期制作中用计算机对影像和声音进行加工处理,将实拍

21 将"竖胶片2"添加到轨道

在"项目"窗口中将"整胶片2"拖至时间线V3轨道中,入点设置为第5秒10帧,出点设置为第8秒15帧,如图10-20所示。

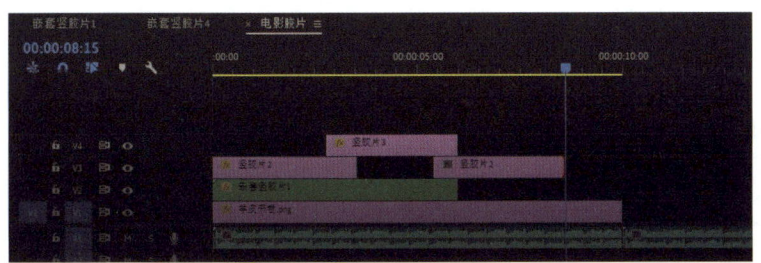

图 10-20

22 添加并设置"竖胶片2"视频效果

从"效果"面板中展开"视频效果"下的"透视"特效列表,将"基本3D"特效拖至V3轨道中新添加的"竖胶片2"上。在时间线中选中"竖胶片2",在"效果控件"面板中将"基本3D"下的"旋转"设为"-35",将"运动"下的"位置"设为"300,288",将"缩放"设为"130",如图10-21所示。

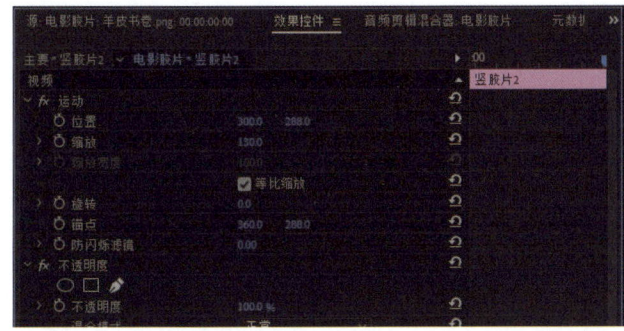

图 10-21

23 将"嵌套竖胶片1"添加到轨道

在"项目"窗口中将"嵌套竖胶片1"拖至时间线V4轨道上方的空白处,会自动添加一个V5轨道放置"嵌套竖胶片1",解除其视音频链接,再删除音频部分,并剪切掉前一部分,将其原来的出点移至第8秒15帧,剪切后的入点为第5秒10帧,如图10-22所示。

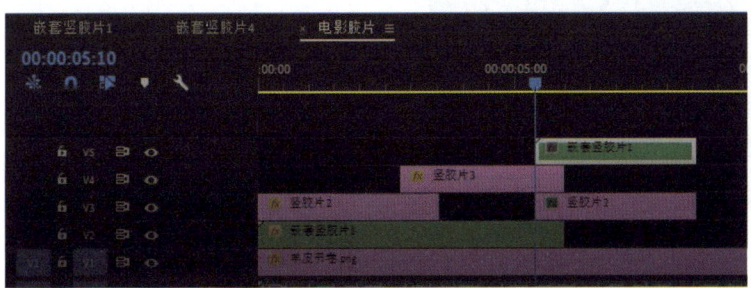

图 10-22

素材和计算机图像合成,乃至在计算机上自由方便地编辑影片。

电影数字化过程中仍需大量采用许多传统的制作工艺,因为电影所用的载体依然是胶片,这是它最本质的特征。在那些数字技术处理过的画面中,不仅输入的仍是实拍的胶片影像,就是经过复杂处理合成后的数字图像,在输出端仍需记录在胶片上,最终还原为胶片影像。这经过了一个转换过程,而这种转换过程非常耗时耗力,在某种程度上限制了数字技术的发挥。那么,是否能取消这个环节呢?能否从电影拍摄开始就采用数字信号呢?这就是数字电影的由来。

电影数字化是对传统手法、技巧与工艺的一种促进,而数字电影则是一场革命。相对于传统的以胶片为载体的电影来说,它最关键的进步是将胶片为载体、以拷贝为发行方式的传统电影改变成以数字文件形式发行或通过网络、卫星直接传送到影院、家庭等终端用户,从而让全球各地的观众在同一时间看到同一部电影。

数字电影从完整的意义上说,是指电影从制作工艺、制作方式到发行及播映方式的全面数字化,即从前期拍摄到后期制作乃至放映诸环节全部实现数字化。从严格的定义上说数字电影是以数字技术和设备摄制、存储,并通过卫星、光纤、磁盘、光盘等物理载体传送,将数字信号还原成符合电影技术标准的影像与声音,放映在银幕上的影视作品。

制作数字电影包括3个重要的环节,即数字制作、数字传输和数字放映。

数字制作是指电影的前后期制作全部采用数字设备来完成。采用高清晰度数字摄像机完成画面的拍摄,将获得的数字音视频信息在数字非线性剪辑和后期制作系统中完成剪辑、配音、动效、合成等工作,获得一个数字音视频文件。

24 添加并设置"嵌套竖胶片1"视频效果

从"效果"面板中展开"视频效果"下的"透视"特效,将"基本3D"特效拖至V5轨道中的"嵌套竖胶片1"上,在"效果控件"面板中将"基本3D"下的"旋转"设为"50",将"运动"下的"位置"设为"450,288",将"缩放"设为"120",如图10-23所示。

图 10-23

25 设置关键帧动画

分别为新添加的两端素材设置关键帧动画。将时间滑块移至第6秒,在时间线中选中V3轨道中的"竖胶片2",在"效果控件"面板中单击"运动"下"位置"前的码表,记录关键帧,当前数值为"320,288";再单击"基本3D"下"旋转"前的码表,记录关键帧,当前数值为"-35";将时间滑块移至第8秒,单击"位置"右侧的"添加/移除关键帧"按钮,添加一个关键帧,当前"位置"关键帧的数值为"320,288","基本3D"下"旋转"的数值为"-35";将时间滑块移至第5秒10帧,设置"位置"为"80,288",设置"基本3D"下"旋转"的数值为"-70",再将时间滑块移至第8秒15帧,设置"位置"为"-210,288",如图10-24所示。

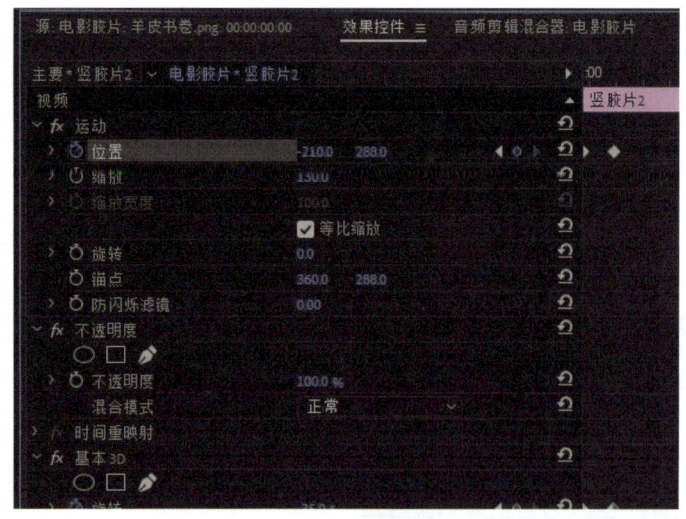

图 10-24

采用数字高清晰度摄像机直接获得数字视听文件的方式只是一个方面。另一方面,完全采用计算机生成的无胶片数字电影也是一种重要形式。例如,迪斯尼与皮克斯公司联合摄制的《玩具总动员》及续集,开创了数字电影的全新形式。在其后又不断有由计算机生成制作的影片问世,如《恐龙》《最终幻想》等。

数字传输与放映是指电影由版权所有者将数字电影文件通过卫星、光缆网络直接以数据流的形式传输到影院,或由光盘、磁盘这样的物理载体直接传送或发行到影院,影院则通过安装了一块压缩数百万个微型镜片的高亮度、高清晰度、高反差的数字电影放映机来放映到银幕上。

由卫星和网络传输是效率最高的传输方式,它依托宽带数字存储、传输技术来实现。它的成本较高,因此目前还主要以光盘的形式进行传输。

数字化的进程将带来电影制作、发行、保存等全过程的科技革命。1999年3月10日,在美国举行了一次演示会,数以千计的美国观众观看了数字电影的现场放映。演示会上数字电影和传统电影同时对比放映,抛弃了传统的电影胶片和放映机的数字电影在画面素质和音响效果方面都超过了传统电影。电影和影院的数字化进展正在加快,电影将直接通过数字网络媒体得以传播,数字放映走向更广泛的电影观众的时代已经到来。

今天人们谈论电影数字化时,其所指不仅仅是狭义的"电脑特技"概念。它指的是一个过程,随着数字技术对电影制作过程的介入,将来人们在谈到电影时就不必特指它是否是数字的,这将是一个新的电影时代。

26 设置"嵌套竖胶片1"效果

将时间滑块移至第6秒,在时间线中选中V5轨道中的"嵌套竖胶片1",在"效果控件"面板中单击"运动"下"位置"前的码表,记录关键帧,当前数值为"600,288";再单击"基本3D"下"旋转"前的码表,记录关键帧,当前数值为"50"。将时间滑块移至第8秒,单击"位置"右侧的"添加/刑除关键帧"按钮,添加一个关键帧,当前"位置"关键帧的数值均为"600,288","基本3D"下"旋转"的数值为"50";将时间滑块移至第5秒10帧,设置"位置"为"800,288"、再将时间滑块移至第8秒15帧,设置"位置"为"750,288"、"基本3D"下"旋转"的数值为"75",如图10-25所示。

微课:
设计栏目片头(4)

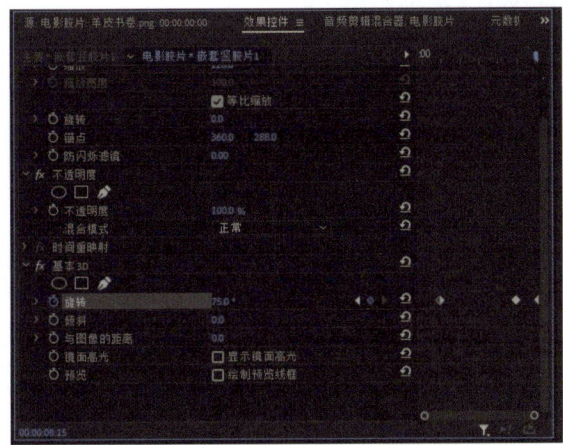

图 10-25

27 "嵌套竖胶片1"添加到轨道

将"嵌套竖胶片1"从"项目"窗口中拖至时间线V2轨道,并剪切掉前一部分,将其原来的出点移至第12秒,剪切后的入点为第8秒。将"竖胶片3"从"项目"窗口中拖至时间线V4轨道,入点为第8秒,出点为第11秒,如图10-26所示。

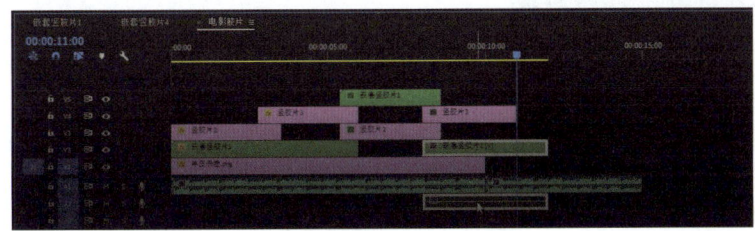

图 10-26

需要指出的是,有关数字电影的概念现在有些混淆,许多冠以数字电影之名的作品实际上多是由独立电影制作人用 DV 格式的数字摄像机拍摄的独立电影,虽然它也是通过数字方式拍摄与剪辑的,但采用的DV格式是采用5:1的压缩比,质量与真正意义上的数字电影是无法相比的。

数字电影比胶片电影具有如下优点。

①画面清晰、稳定、无磨损、放映场次无限制。以往人们在比较数字电影与胶片电影的优劣之处时所持的主要观点就是胶片电影的分辨率高于数字电影。其实这只是看到了问题的一个方面。从画面的素材源来看,胶片摄影机所拍摄画面的分辨率固然很高,可达3000多线,但这只是拍摄底片的质量,在经过了洗印、套底、剪辑、拷贝等一系列工序后,电影院得到的发行拷贝的质量已经大大降低,再加上电影放映机是机械接触式的,每一次放映都会划损胶片,一部拷贝的放映场次是有限的。另外,电影每秒24帧画面是靠放映光孔两次曝光来实现48帧/秒的放映速率的,机械快门的构造影响了它放映画面的平滑程度。

而由数字高清晰度摄像机拍摄的画面则不同。虽然在前期拍摄中所获得的第一版的质量不如胶片摄影机,如分辨率只有1920×1080dpi。但是画面因为是以数字形式存在,在后期的剪辑制作过程中是无损失的,再加上用高亮度的数字电影放映机来放映,它所获得的画面清晰度不逊色于电影胶片放映的效果。数字放映没有机械磨损,可以无限次放映。另外,数字电影的色彩也比以前丰富,饱和度高了许多,对比度范围也加大。放映时不存在抖动的问题,画面平滑流畅。

28 添加特效

再分别为这两段素材添加"基本3D"特效，并进行设置。将V2轨道中的"嵌套竖胶片1"下的旋转设为"-30"，将"运动"下的"缩放"设为"150"。 在第11秒时单击"位置"前的码表，记录关键帧，设置当前数值为"150，288"，将时间滑块移至第12秒，将"位置"设为"-110，288"，如图10-27所示。

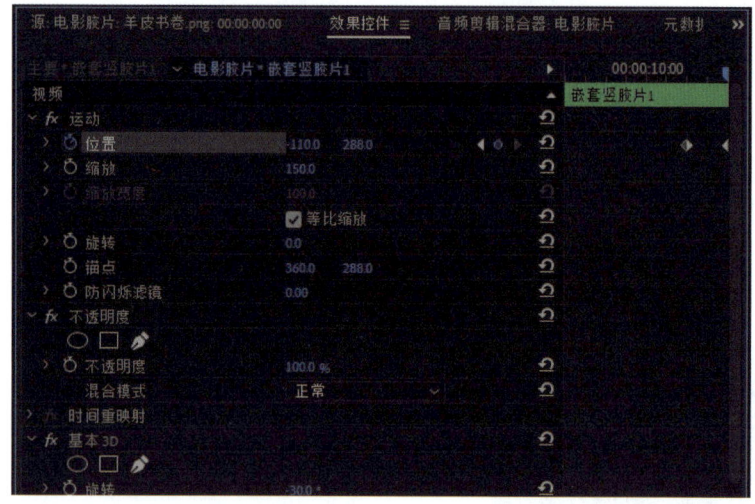

图 10-27

29 设置特效关键帧

将V4轨道中的"竖胶片3"的基本3D"旋转"设为"40"，将"运动"下的"缩放"设为"120"。在第8秒时单击"位置"前的码表，记录关键帧，设置当前数值为"950，288"，将时间滑块移至第8秒15帧，将"位置"设为"400，288"；将时间滑块移至第10秒10帧，单击"位置"右侧的"添加/删除关键帧"按钮，添加一个相同数值的关键帧，将时间移至第11秒，将"位置"设为"930，288"，如图10-28所示。

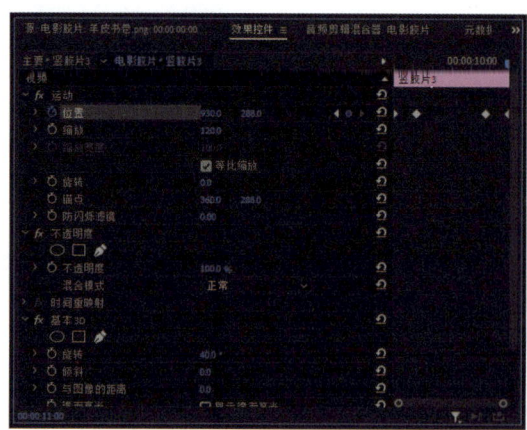

图 10-28

②降低后期制作成本、适合特技处理。以往要对画面进行特技处理的话，必须将胶片转换成数字形式。工序复杂，耗资巨大，也降低了图像质量。而数字电影直接以文件的形式存在，非常适合在数字后期制作系统中完成一系列制作。

③节省拷贝的洗印、存储、运输费用。由于数字电影是以数据流的形式存在，不像电影胶片拷贝那样占用大量的空间，节省了发行费用。当然现在租用卫星线路和网络投资也不菲，但随着数字电影的普及，这部分的成本会越来越低。

④杜绝化学污染、有利于环保。当今世界各个领域都非常重视环保，以前电影的洗印工业是化学污染的大户，每年都要耗巨资来进行环保，而数字电影则彻底摆脱了这个束缚。

⑤发行速度快、发行方式多样。如果采用卫星或网络的话，可以使全世界的观众同时观看同一部影片，这是一点对多点的发行方式。也可以点对点的方式，指定发行给某个电影院。

⑥减轻放映强度。多年来电影放映中承载了过多的体力劳动，放映人员的工作环境较差，机械劳动强度较大。数字电影的放映只需轻点鼠标即可实现放映工作，一切由计算机控制。

⑦拓展影院的使用领域。由高亮度、高清晰度的画面投射设备组成的电影院不仅可以用来放映电影，也可以用来进行现场转播，以及其他娱乐活动。

⑧有利于版权保护和影院收入稳定。多年来困扰电影发行商的一个严重问题就是电影版权的问题。尤其是在数字时代，影片可以无损失地复制的能力给版权保护带来了严重威胁，盗版的猖獗使电影发行商遭受了巨大损失。而采用数字电影放映手段，片源从一开始就掌握在发行商手中，各影院只能播放数字电影的数据流，影院本身不能复制，即使使

30 将"嵌套竖胶片4"添加到轨道

在"项目"窗口中将"嵌套竖胶片4"拖至时间线V5轨道中，将其入点移至第10秒10帧，如图10-29所示。

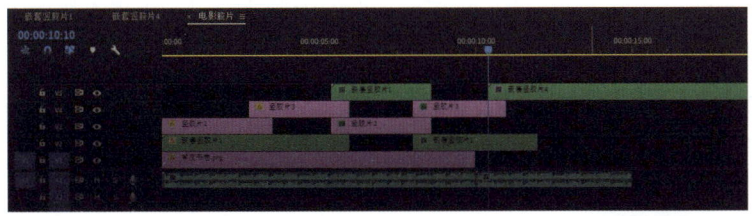

图 10-29

微课：
设计栏目片头（5）

31 添加"嵌套竖胶片4"效果

将时间滑块移至第10秒10帧，在"效果控件"面板中对"嵌套竖胶片4"进行关键帧动画设置。单击"位置"前的码表，记录关键帧，设置"位置"为"970，288"；将时间滑块移至第11秒，设置"位置"为"360，288"。将时间滑块移至第11秒24帧，单击"缩放"前的码表，记录关键帧，当前数值为"100"。将时间滑块移至第13秒15帧，设置"缩放"为"150"，如图10-30所示。

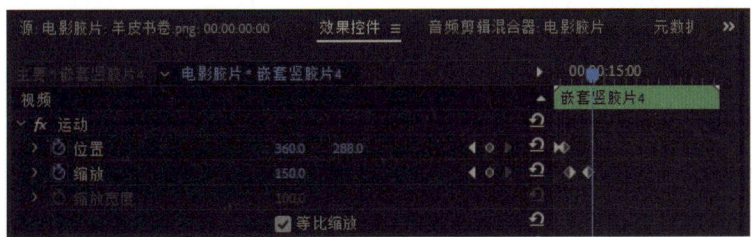

图 10-30

32 设置帧定格

将时间滑块移至第13秒17帧，使用"剃刀工具"在时间线中将"嵌套竖胶片4"分隔开，在后一部分素材上单击鼠标右键，在弹出的菜单中选择"帧定格选项"命令，在打开的对话框中选中"定格位置"复选框；单击"确定"按钮，这样将第13秒17帧之后"嵌套竖胶片"的画面定格在第13秒17帧，如图10-31所示。

图 10-31

Chapter 10 设计栏目片头

用光盘发行的话数字加密技术也能加上一道强有力的安全锁。另外发行场次也可以由发行商来控制，影院无法偷漏瞒报票房。

行业影响

数字化改变了观众的观影习惯

数字化的拍摄、数字化的制作、数字化的观影环境，给观众以全新的观看体验。在电视领域，以大屏幕、高画质的等离子体和液晶电视为代表的观看设备正占据主流。以光纤网、宽带网为代表的传输渠道将为观众提供大量的频道，观众观看的视角也不再是单一的，而是可以选择多维视角画面，看电视的习惯将大大改变。

数字化对电影观众产生的影响也很大。数字化不仅改变了电影自身，更重要的是使电影这种传媒形式的特性发生了根本性改变。数字化正在迅速变革着电影的载体形式和传输手段。电影的发行和放映可以不再以物理方式进行，而以比特流的形式通过光缆或卫星将一部影片直接传到影院，或者随着带宽的加大，观众可以在自己家的计算机前借助互联网络看电影。

10.4 知识与技能梳理

片头制作要做好整体规划，添加新创意，然后运用分镜头脚本设定、策划文案、镜头剪辑、字幕编辑等知识，制作出完整的片头动画。在本章中介绍了栏目片头的简单制作，讨论了两个非常重要的知识点："关键帧动画"和"视频效果"，也使用这两个功能制作出了比较好的片头。

- 重要工具：时间线、关键帧、"效果控件"面板、"效果"面板。
- 核心技术：导入素材和素材管理、层堆叠、时间线嵌套与视频效果等。
- 实际运用：制作栏目片头。

10.5 拓展训练——设计城市上空片头

利用本节制作宣传片的相关知识，制作《城市上空》片头制作。

- 技术盘点：建立项目与项目设置、素材组织、影片剪辑、特效制作等。
- 制作要求：
  ① 样片中的所有素材都在本书配套资源"Chapter10\10.4\素材"文件夹中。
  ② 项目大小：1920px×1080px，高清规格。
  ③ 根据学过的知识，对影片进行剪辑，要求剪辑流畅。
  ④ 画面的特效要追求视觉冲击力，给人留下深刻印象。
  ⑤ 可以在样片的基础上独立设计片头和字幕。

数字影像处理职业技能等级标准

数字影像处理职业技能等级分为初级、中级、高级,3个级别依次递进,高级别涵盖低级别职业技能要求。

数字影像处理(初级):能够采集来自不同介质的数字影像,可对数字影像进行管理、备份和安全存储。能对数字影像进行初步校正和修饰,能分离和重组影像内容元素,能增强图像视觉效果,能输出符合不同介质规范要求的图像文档。可面向电商展示、网络媒体、企业宣传、影视动漫、平面设计、界面设计、游戏美术等图像处理领域。

数字影像处理(中级):能够熟练掌握影像处理的技术要领,清晰识别不同商业应用领域的标准要求,熟练应用美学及处理规范,精确把握对象形态,深度处理图像的光感、质感和色感,有效营造图像的影调风格,大幅提升图像的整体观感。可面向广告宣传、时尚媒介、人物写真、电商展示、网络媒体、企业宣传、影视动漫、平面设计、界面设计、游戏美术等图像处理领域。

数字影像处理(高级):能够清晰突出主体调性,精准合成虚拟场景,有效组织创作要素,熟练控制创作过程,全面提升画面的表现力和精致度,并具备处理大型商业项目的综合能力。可面向品牌宣传、数字合成、艺术创作、VR、广告宣传、时尚媒介、人物写真、电商展示、网络媒体、企业宣传、影视动漫、平面设计、界面设计、游戏美术等图像处理领域。

本标准主要面向数字艺术设计行业、摄影及平面设计领域的数字影像处理职业岗位,主要完成各类媒体图像处理、企业宣传图像处理、电商宣传图像处理、平面设计图像处理、广告产品图像处理、各类商业人像图像处理、广告合成、游戏场景合成、3D贴图制作、商业图库修图、数字图像修复等工作。

参加数字影像处理职业技能等级水平考核,成绩合格,可核发数字影像处理职业技能等级证书。

登录"良知塾"官网,了解1+X数字影像处理相关课程。

良知塾1+X职业技能课程介绍

郑重声明

高等教育出版社依法对本书享有专有出版权。任何未经许可的复制、销售行为均违反《中华人民共和国著作权法》，其行为人将承担相应的民事责任和行政责任；构成犯罪的，将被依法追究刑事责任。为了维护市场秩序，保护读者的合法权益，避免读者误用盗版书造成不良后果，我社将配合行政执法部门和司法机关对违法犯罪的单位和个人进行严厉打击。社会各界人士如发现上述侵权行为，希望及时举报，我社将奖励举报有功人员。

反盗版举报电话　　（010）58581999　58582371
反盗版举报邮箱　　dd@hep.com.cn
通信地址　　北京市西城区德外大街4号
　　　　　　高等教育出版社知识产权与法律事务部
邮政编码　　100120

读者意见反馈

为收集对教材的意见建议，进一步完善教材编写并做好服务工作，读者可将对本教材的意见建议通过如下渠道反馈至我社。

咨询电话　　400-810-0598
反馈邮箱　　gjdzfwb@pub.hep.cn
通信地址　　北京市朝阳区惠新东街4号富盛大厦1座　高等教育出版社总编辑办公室
邮政编码　　100029

资源服务提示

授课教师如需获得本书配套的PPT课件、案例素材、习题答案等教学资源，请登录"高等教育出版社产品信息检索系统"（xuanshu.hep.com.cn）搜索下载，首次使用本系统的用户，请先进行注册并完成教师资格认证。